主编　赵东海

编委　包庆德　陈　智　陈亚明　段海宝　方国根
　　　　郭晓丽　李之美　乔还田　任玉凤　王金柱
　　　　许占君　张吉维

内蒙古哲学社会科学丛书

清代内蒙古地区灾荒研究

包庆德　著

人民出版社

责任编辑：段海宝
封面设计：畅想传奇
版式设计：汪　莹

图书在版编目（CIP）数据

清代内蒙古地区灾荒研究/包庆德 著. -北京：人民出版社，2015.4
（内蒙古哲学社会科学丛书）
ISBN 978－7－01－014176－3

Ⅰ.①清…　Ⅱ.①包…　Ⅲ.①自然灾害-历史-研究-内蒙古-清代
　Ⅳ.①X432-092

中国版本图书馆 CIP 数据核字（2015）第 261845 号

清代内蒙古地区灾荒研究
QINGDAI NEIMENGGU DIQU ZAIHUANG YANJIU

包庆德　著

人民出版社 出版发行
（100706　北京市东城区隆福寺街99号）

环球印刷（北京）有限公司印刷　新华书店经销
2015 年 4 月第 1 版　2015 年 4 月北京第 1 次印刷
开本：710 毫米×1000 毫米 1/16　印张：21.5
字数：280 千字

ISBN 978－7－01－014176－3　定价：49.00 元

邮购地址 100706　北京市东城区隆福寺街 99 号
人民东方图书销售中心　电话（010）65250042　65289539

总　序

陈田心

　　1957 年，新中国在少数民族地区创建第一所综合大学——内蒙古大学，时任国务院副总理、内蒙古自治区人民政府主席乌兰夫任首任校长，北京大学等十余所名校的学界精英响应国家号召，从四面八方，汇聚于斯，博学鸿儒，思敏文华。建校之初，内蒙古大学就特别重视哲学课程建设和教学实践。1971 年在"文革"期间恢复招生时，内蒙古大学文理科各开设一个专业，文科只开设了哲学专业。1978 年 12 月经内蒙古自治区人民政府批准，教育部备案，内蒙古大学成立哲学系，2008 年 2 月成立了哲学学院。期间，1979 年开设哲学专业研究生班，1980 年开设哲学专业本科班，1981 年面向蒙古族学生开设蒙哲专业本科班，1998 年设立科技哲学专业硕士点，2002 年设立马克思主义哲学硕士点，2010 年设立哲学一级学科硕士点。佛学大家杜继文先生、哲学家冯友兰亲炙弟子郝逸今先生等名师先后在此任教讲学，躬耕学术。五十载风雨兼程，传道授业，拓荒耕耘，孜孜求索，追随先哲脚步，融汇草原民族和地区特色，内蒙古大学哲学学科形成了敦品砺学、笃实践行、开放包容的优良学术传统，为国家和自治区培育了一大批知识积淀厚、理论素养高、思辨能力强的各民族优秀人才，为中西哲学在边疆民族地区的传播发展作出了突出贡献。

　　新时期，内蒙古大学在国家"211 工程"、省部共建和中西部高校综合实力提升计划的支持下，各项事业蓬勃发展。内蒙古大学哲学学科也迎来新的发展局面，在马克思主义哲学与社会发展研究、中国哲学与传统文化的现代性研究、西方哲学知识论及其逻辑研究、北方民族哲学与宗教文化研究、生态哲学研究和技术哲学与地方性知识研究等领域取得了一系列成果。通过挖掘原典，会通现实，审视科学，彰显人文，使内蒙古大学的哲学研究既有思辨理论历史渊源的生长点，又具时代精神现实指向的创新点，为哲学学术发展作出了自己的贡献。

　　本丛书是哲学学科教师近年来学术研究成果的一次汇集，内容涉及马克思主义哲学、中国哲学、外国哲学、伦理学、逻辑学、宗教文化、科技哲学研究等诸多领域，体现了内蒙古大学哲学学科教师继承传统、反思现实、批判创新的深入思考，是内蒙古大学哲学人思想的一次系统阐发，读来受益良多。

　　哲学是人类的诉求和创造。具有两千多年发展历史的哲学对人类文明的发展具有不可替代的作用，在整个人类文化体系中占有至关重要的地位。哲学提供给人类自我发现、自我批判、自我超越的力量，启蒙时代，教化人心，反思当下，放眼未来。正如马克思所言，哲学作为时代精神的精华，乃优秀民族一刻也不能离开的理论思维。每一时代的个体心灵都受到哲学的影响，每一时代都在书写影响下一历史进程的哲学。哲学在中国的发展不仅深刻影响着中国社会的历史进程，改变和丰富了中国文化的构成与内涵，也促进了中国人思维方式的变革。作为引领未来时代知识体系和精神航标的哲学社会科学，在认识世界、传承文明、创新理论、咨政育人、服务社会等方面都发挥着不可替代的作用。哲学更为大学提供思想的源泉、反思的利器、批判的激情、践行义理的逻辑、慎思明辨的气质、入世而不为俗世所累的定力。无论是"象牙塔"还是"服务器"，从人才培养到学术研究，潜移默化、润物无声中，高屋建瓴的哲学在大学都发挥着不可或缺的根本作用，哲学与具体科学的互动共生促进着大学人才培养和学术研究的升华。

北宋理学大家张载所教"为天地立心、为生民立命，为往圣继绝学，为万世开太平"，诚乃学术大道，更堪称哲学人的座右铭。哲学当直面现实，返本开新，然思想繁复，创新维艰，前程远大而任重道远。我们共同期许，当代内大哲人，在关切当今内蒙古、当今中国和当今世界中，师古圣先贤，隔世俗浮华，甘于寂寞拓荒，在独立精神和自由思想中，冷峻而庄严求索，传承精神火炬，开创美好未来。

（作者系内蒙古大学校长）

目　录

导论　内蒙古地区灾荒史的研究价值

　　关于灾荒史的研究是当今国内外学界特别是史学界研究的热点之一。但遗憾的是到目前为止，学界对于内蒙古地区灾荒史的研究只停留和徘徊在资料汇编或散见于有关农业发展的论著当中，系统深入的研究尚付阙如。因此，历史的发展与时代的需要亟待进行专题深入研究。在导论部分就本书的国内外研究之背景与选题的缘起及其意义，本专题研究状况的学术回顾，本书所要达到的目标等基本问题，进行简要的梳理和扼要的规范。

一、内蒙古地区灾荒史的研究背景及其价值

（一）关于研究背景

　　一是国际灾荒背景　全球性生态环境危机，无疑是当今人类普遍关注的焦点问题之一。而所谓的生态环境危机，简约地说就是由于人类不合理的实践活动超出生态的自我恢复能力、非规范的污染排放超出环境

的自我净化阈值、超常规的资源利用超出资源的自我循环路径，导致生态系统结构紊乱、环境有序功能下降、资源利用难以为继，从而影响甚至威胁人类的可持续生存与发展。

据联合国20世纪80年代的估算，全世界每年大约发生20起严重的自然灾害，平均造成经济损失40亿美元，死亡83000人。20世纪70年代初到90年代初的20年中，全世界受自然灾害影响的人口达8.2亿人，财产损失1000亿美元。其中一些大的自然灾害使数十万人乃至数百万人丧生。①值得注意的是，进入20世纪下半期以来，无论在全世界还是在中国，自然灾害都呈现增多的趋势，就世界范围而言，20世纪六七十年代以来，大范围灾害的发生频率增长了10%。据瑞典红十字会不完全统计，20世纪60年代全球死于自然灾害的人数是2万人，70年代为14万人，80年代增加到98万人。②

"人本身是自然界的产物，是在自己所处的环境中并且和这个环境一起发展起来的"③，"我们连同我们的肉、血和头脑都是属于自然界和存在于自然之中的"④。"人直接地是自然存在物。人作为自然存在物，而且作为有生命的自然存在物，一方面具有自然力、生命力，是能动的自然存在；这些力量作为天赋和才能、作为欲望存在于人身上；另一方面，人作为自然的、肉体的、感性的、对象性的存在物，和动植物一样，是受动的、受制约的和受限制的存在物，也就是说，他的欲望的对象是作为不依赖于他的对象而存在于他之外的。"⑤"一个存在物如果在自身之外没有自己的自然界，就不是自然存在物，就不能参加自然界的

---

① 参见袁林：《西北灾荒史》，甘肃人民出版社1994年版，"前言"第1、5页；刘继纯编著：《人类灾难全纪录1900—1999》上卷，兵器工业出版社2001年版，第56—57页。

② 参见袁林：《西北灾荒史》，"前言"第2页。

③ 《马克思恩格斯选集》第3卷，人民出版社1995年版，第374—375页。

④ 《马克思恩格斯选集》第4卷，人民出版社1995年版，第384页。

⑤ 《马克思恩格斯全集》第42卷，人民出版社1979年版，第167页。

生活。"①换言之，人与自然的关系是自然界内部的关系。人类归属并生存于大自然，既受到自然界的恩惠，又受到自然界的惩罚。20世纪虽然是人类社会大发展的重要时期，但是，在人类进步过程中仍然遭受各种自然灾害的严重威胁，干旱、洪水、地震等灾害不但十分频繁，而且一次死亡万人以上或经济损失上百亿元的巨灾屡有发生。我们仅以20世纪一次死亡10万人以上的特大自然灾害为例（见表1）：

表1　20世纪人类一次死亡10万人以上自然灾害举例

时间	地点	灾型	灾情
1908 年 12 月 28 日	意大利墨西拿市	地震	发生 7.5 级地震，90% 建筑物被毁，死亡人数超过 16 万
1921—1922 年	俄南部和乌克兰	干旱	遭到干旱灾害，3500 万人陷入饥饿之中，500 万人丧生
1943 年	印度	饥荒	因饥荒数百万人死亡，犹如一场没有硝烟的战争
1946—1947 年	欧洲	寒 / 洪	因寒冷、洪水灾害数百万人死亡，几百万头牲畜冻死
1968—1991 年	非洲	干旱	持续干旱使三十多个国家数百万人死亡，数亿计的人口受灾
1970 年 11 月 13 日	孟加拉国	飓风	30 万人死亡，50 万头牲畜被海水吞没，100 万人无家可归

资料来源：根据刘继纯编著《人类灾难全纪录 1900—1999》上卷（兵器工业出版社 2001 年版）相关资料制表。

在此背景下，美国科学院前院长、著名地球物理学家 F. Press 以其远见卓识，于 1984 年向联合国发出"国际减灾十年"倡议。1987 年第 42 届联大通过了 169 号决议，决定把 1990—2000 年定为"国际减灾十年"。1989 年第 44 届联大通过《国际减轻自然灾害十年》决议及附件《国

---

① 《马克思恩格斯全集》第 42 卷，第 168 页。

际减轻自然灾害十年国际行动纲领》，其目的是通过一致的国际行动，特别是在发展中国家，减轻由地震、风灾、海啸、水灾、土崩、火山爆发、森林火灾、蚱蜢和蝗灾、旱灾和沙漠化以及其他自然灾害所造成的生命财产损失和社会经济失调。

二是国内灾害背景　中国自古以来就是世界上自然灾害最严重的国家之一，有史以来经历了多次自然灾害群发期。大的灾害群发期往往具有宏观天文背景，故又称宇宙期，并出现大量的天象异常、气象异常、地象异常、生物异常和多种自然灾害群发现象。已划分的灾害群发期有①：

夏禹灾害群发期／宇宙期　夏禹宇宙期主要自然灾害是洪水泛滥，频次之高和时间之长为历史上少见。王守春认为，撒哈拉、西南亚、塔尔沙漠等干旱地区从距今5000年以前（某些地区还要晚些，为距今4000—3000年前）自然条件开始恶化（王守春，1987年）。任振球等根据对九星会聚的推算，认为距今4000年前应有一个低温期。

两汉灾害群发期／宇宙期　为第二个多类灾害群发期。高建国（1987年）将两汉时期共计13条地象、气象、天象异常分别列举出来，并比较了相关史料，发现这一时期的异常确实严重。与明清宇宙期相类似，汉代太阳活动处于衰弱期，故将公元前200年至公元200年命名为"两汉宇宙期"。

明清灾害群发期／宇宙期　国内外许多人对这一时期灾害群发现象进行了研究。徐道一等人（1984年）将美国天文学家J.A.Eddy（1976年）发现的太阳活动在"1645—1715年间处于极度衰弱"和英国气象学家H.H.Lamb（1977年）提出的欧洲1400—1900年处于较为寒冷时期，称为"欧洲现代小冰川期"。他们将这两种现象联系起来，结合王嘉荫

① 灾害群发期的划分参见马宗晋、高庆华：《中国21世纪的减灾形势与可持续发展》，《中国人口·资源与环境》2001年第2期。

的发现，并利用中国大量的地震、洪涝、干旱、蝗灾等史料，进行综合研究，认为1500—1700年为灾害群发期，由于有着异常天象背景，故命名为"明清宇宙期"。此外，张淑媛、马宗晋（1984年）也将16、17世纪的灾害异常进行了综合分析，为了纪念他们的老师，将这一时期的灾害群发异常定名为"嘉荫期"。李树菁（1987年）将这个时期的史料进一步充实，发掘了天象异常、地象异常、气象异常、生物异常的共生现象。如1877年黄河中下游干旱饿死1300多万人；1870年长江洪水是过去的800年中最大的一次；1876—1895年上海连续年均温度低于15.1℃，1879年喀什冻死10万人；1883年印尼喀拉喀托火山大爆发……又因太阳黑子活动处于极弱，1900年前后地球自转率变化尤为剧烈，故而命名。

清末灾害群发期/宇宙期 19世纪末到20世纪，为又一灾害群发期。中国东濒世界最大的太平洋，西倚全球最高的青藏高原，南北跨度50个纬度，天气系统复杂多变。中国又地处世界最强大的环太平洋构造带与特提斯构造带交汇部位，地质构造复杂，新构造活动强烈，生态环境多变，加之人口众多、经济社会和科技比较落后的农业大国，承受灾害的能力较低，所有这些因素叠加在一起，使我国成为世界上自然灾害种类最多、活动最频繁、危害最严重的国家之一。我们以20世纪中国一次死亡10万人以上的特大自然灾害为例（见表2）：

表2 20世纪中国一次死亡10万人以上自然灾害举例

时间	地点	灾型	灾情
1900年	陕、晋、内蒙古	干旱	受灾县130个，本次灾害死亡总人数至少20万人以上
1910—1911年	内蒙古、冀、鲁	鼠疫	东北死4.6万人，传染至冀鲁9万人，是20世纪世界鼠疫之最
1917年	京、津	洪水	华北水漫京津，海河全流域暴雨，灾民2000万，死亡30万人

续表

时间	地点	灾型	灾情
1920 年 12 月 16 日	宁夏	地震	海原 8.5 级地震，毁城 4 座，60 个县遭损，23.4 万人丧生
1927 年	鲁	蝗灾	山东本年灾区共 56 县，灾民达 20860121 之众
1929 年	陕	干旱	死 250 万人，出逃 40 万人，被卖妇女 30 万人，20 世纪世界十大灾害
1931 年	长江、淮河、珠江、辽河	洪水	从南至北受灾 16 省 672 县，其中江淮流域受害人口 5127 万，死亡 40 万人
1931 年	黄河流域	洪水	死亡 300 多万人
1942—1943 年	河南	干旱	死亡 300 万人
1976 年 7 月 28 日	河北唐山	地震	7.8 级地震，死 242769 人，伤 164851 人，是 20 世纪人员伤亡最大的震灾

资料来源：根据钱钢、耿庆国《二十世纪中国重灾百录》（上海人民出版社 1999 年版）相关资料制表。

我们换一个角度——从荒漠化灾害及其经济损失看，我国荒漠化土地面积达 262.2 万平方公里，占陆地国土面积的 27.3%，其中沙化土地为 161 万平方公里，占陆地国土面积的 16%，而且我国西部风沙灾害有不断加剧之势。这种趋势表现在：一是西部特别是内蒙古地区强沙尘暴呈急速上升态势；二是沙化土地扩展速度加快，如 20 世纪 50—60 年代，沙化土地每年扩展 1560 平方公里，70—80 年代沙化土地每年扩展 2100 平方公里，90 年代沙化土地每年扩展 2460 平方公里。据最新测算，全国每年因荒漠化灾害造成的直接经济损失 642 亿元，间接经济损失 2899 亿元。① 我们再看下列 1989—1998 年自然灾害造成的经济损失

---

① 参见卢琦、吴波：《中国荒漠化灾害评估及其经济价值核算》，《中国人口·资源与环境》2002 年第 2 期。

值（见表3）：

表3　中国1989—1998年自然灾害经济损失简表

项目 年份	直接经济损失 （亿元）	相当于国民生产 总值（%）	相当全国财政 收入（%）
1989	525	3.3	18.0
1990	616	3.5	19.0
1991	1216	6.1	34.0
1992	854	3.6	20.0
1993	993	3.2	22.5
1994	1876	4.3	36.2
1995	1863	3.2	30.1
1996	2882	4.3	39.1
1997	1944	2.6	22.6
1998	3007.4	3.8	30.5
十年平均	1578	3.8	27.2

资料来源：王昂生：《中国减灾十年》，《科学对社会的影响》1999年第2期。

由表3可知，我国自然灾害造成的直接经济损失值由1989年的525亿元增至1998年的3007.4亿元（均按当年值计），平均已达1578亿元。这一数字相当国民生产总值（GNP）最高为6.1%（1991年），最低为2.6%（1997年），平均为3.8%。这与美国、日本等发达国家的损失率相比，竟高出10倍。

三是区内灾害背景　内蒙古自治区位于东经97°02′至126°04′，北纬37°24′至53°23′之间，呈东北—西南向的狭长地带，东西直线距离2400公里以上，南北直线距离约有1700公里。它东与黑龙江、吉林、辽宁三省接壤，西与甘肃为邻，南与河北、山西、陕西、宁夏四省区毗邻，北与俄罗斯、蒙古国交界，国境线长达4221公里。全区118.3

万平方公里（合 17.740 亿亩），占全国总面积的 12.3%，在全国各省、市、自治区中，仅次于新疆、西藏，居第三位。

由于种种原因，近年来内蒙古的生态环境不断恶化，自然灾害频频发生。不仅五大沙漠和五大沙地呈蔓延扩大之势，还有 5.8 亿亩草场严重退化，水土流失占国土总面积的 27.3%，遍及 18 个省、市、自治区，近 4 亿人口受其影响。其中，荒漠化面积 74 万平方公里，占全国荒漠化面积的 28.2%，占内蒙古国土面积的 62.6%。仅阿拉善盟土地荒漠化面积就达到 34.46 万平方公里，比三个浙江省面积的总和还要多 3.92 万平方公里。自 1993 年以来，阿盟连连发生沙尘暴，2 万牧民成为生态难民。1999 年，阴山北麓的 6 个县 20 万人因沙化严重陆续迁徙他乡。据史料记载，1949 年新中国建立前的 2154 年中，内蒙古阿拉善地区平均 30 年发生一次沙尘暴，1950—1990 年平均每两年发生一次，1990 年以后，每年都会发生几次大的沙尘暴，而且时间序列间隔越来越短，发生频率越来越高，波及空间范围越来越广。据记载统计，17 世纪时，内蒙古地区的沙尘暴发生率为 0.3—1 次，至 20 世纪 90 年代发生频率已达 3—5 次。20 世纪下半叶以来，我国西部特别是内蒙古地区强沙尘暴呈急速上升趋势：50 年代共发生 5 次，60 年代共发生 8 次，70 年代共发生 13 次，80 年代共发生 14 次，90 年代共发生 23 次，2000 年一年就发生 13 次，2001 年则发生 18 次。研究表明，沙尘暴的频繁发生与荒漠化扩展步伐是一致的：50—60 年代，沙化土地每年扩展 1560 平方公里，70 年代沙化土地每年扩展 2100 平方公里，90 年代沙化每年扩展 2460 平方公里。目前，在全国荒漠化造成的 540 亿元（最新测算是 642 亿元）的直接经济损失中，内蒙古就占到 1/3。

更为严重的是，我国现有荒漠化土地 262.2 万平方公里，假定荒漠化不再扩展，如果按 1990 年以前每年 8 万公顷的治理速度，约需要 3275 年才能全部治理完；如果按"八五"（1991—1995 年）期间每年

107 万公顷的治理速度，约需 244 年；即使治理水分条件好的半干旱和半温润地区的荒漠化土地，也分别需要 1587 年和 113 年。而问题是就"三北"地区的荒漠化面积基本上是每治理 1 亩，荒漠化的速度以 1.32 亩在扩展，或就全国荒漠化面积每治理其 0.3%，退化扩展 0.5%，因此荒漠化点上治理、面上破坏，局部好转、总体恶化的格局未得到根本改观。①

钱钢、耿庆国主编《二十世纪中国重灾百录》②中，内蒙古或涉及内蒙古的重灾就有近 20 条。如旱灾当中有 1900 年北方大旱（2000 万人坐以待毙）、1920 年的北方大旱等。距 1900 年大旱 80 年后，中国科学家编成《中国五百年旱涝图集》，该书根据各地区天气史料，将每一年度的旱涝状况统一划分为五度：一度区涝，二度区偏涝，三度区正常，四度区偏旱，五度区旱。图集显示，1900 年，中国北方的"五度区"包括赤峰、百灵庙、呼和浩特、陕坝、鄂托克、北京、天津、邯郸、德州、大同、太原等 23 个地区。

再以鼠疫为例，较为具体的记载有：1893 年（光绪十九年）新巴尔虎右旗的牧人伊达尔扎音，在满洲里附近的扎赉诺尔站一带捕到病旱獭后剥皮吃肉感染了鼠疫，而且传给全家人和周围邻居 30 余户，死亡百余人。进入 20 世纪后，内蒙古地区多次出现人间鼠疫大流行。据不完全统计，自 1901 年至 1949 年的 49 年，曾有 41 年次鼠疫大流行，其中发病 2000 人以上的就有 8 次，波及全区 10 个盟市的 58 个旗县 2458 个村屯，面积 47 万平方公里，发病 93252 人，死亡 81143 人。在上述半个世纪中有 5 次鼠疫大流行最为严重。5 次流行的概况作为背景简介于下（见表 4）：

---

① 参见包庆德：《内蒙古荒漠化现状与对策研究》，《中国社会科学文摘》2003 年第 1 期。
② 钱钢、耿庆国主编：《二十世纪中国重灾百录》，上海人民出版社 1999 年版。

表4　20世纪5次人间鼠疫大流行波及地区和病例

流行年代	波及地区	疫点数（村屯）	发病人数	死亡人数
1910—1911年满洲里肺鼠疫	齐齐哈尔、长春、哈尔滨、沈阳、河北、山东			60468
1917—1918年西部地区肺鼠疫	乌拉特前旗、五原县、磴口县、乌拉特中旗、达拉特旗、东胜县、伊金霍洛旗、准格尔旗、集宁市、察右中旗、四子王旗、丰镇县、兴和县、察右后旗、卓资县、武川县、固阳县、土默特左、右旗、托克托县、和林县、清水河县、凉城县、苏尼特左、右旗、二连浩特、正镶白旗、呼和浩特、包头	788	13798	13782
1920—1921年满洲里肺鼠疫	海拉尔市、满洲里市、牙克石市、扎兰屯市	6	2339	2339
1928年鼠疫大流行	突泉县、通辽县、科左中旗、开鲁县、奈曼旗、达拉特旗、杭锦旗、准格尔旗、乌审旗、伊金霍洛旗、鄂托克旗、土默特右旗、托克托县、固阳县、乌拉特前旗、包头市、阿鲁科尔沁旗	327	3365	3039
1947年东部鼠疫大流行	通辽市、科左中旗、开鲁县、奈曼旗、科左后旗、扎鲁特旗、科右前旗、突泉县、科右中旗、赤峰市、敖汉旗、翁牛特旗、喀喇沁旗、巴林右旗	419	30306	25098

资料来源：刘纪有、张万荣主编：《内蒙古鼠疫》，内蒙古人民出版社1997年版。

　　其中，20世纪第一次，即1910—1911年满洲里地区肺鼠疫大流行，是内蒙古有史料记载以来的第一次肺鼠疫大流行，也是20世纪以来全国乃至世界最大的一次肺鼠疫流行。这次流行从1910年9月下旬开始，至1911年4月终息，在不到8个月的时间里先后传到东北及河北和山东等地，死亡60468人。

（二）关于选题价值

第一，有利于开拓这一研究领域，加大系统研究力度。灾荒史的研究是目前国内外学术界特别是史学界研究的热点之一。人类生存环境的日益恶化日渐受到国内国际学术界及社会各界的广泛关注。造成环境恶化的原因是多方面的，但自然灾害、人为灾害以及这些灾害造成的社会后果——灾荒是一个重要原因。所谓灾荒"乃是由于自然界的破坏力对人类生活的打击超出了人类的抵抗力而引起的损害；而在阶级社会里，灾荒基本上是由于人和人的社会关系的失调而引起的人对于自然条件控制的失败所招致的社会物质生活上的损害和破坏"[①]。如果说一部二十四史，几无异于一部中国灾荒史（傅筑夫语），那么，一部中国古近代史，特别是近三百年的清代史，就是中国历史上最频仍、最严重的一段灾荒史。这一方面是几千年来人类活动造成的环境破坏层累叠加的结果，另一方面也是自然界本身大范围周期性变迁演化的产物。对于灾荒史中的研究，前辈学者已经做了非常有意义的工作，各自从不同的角度涉猎了这一问题。[②] 但遗憾的是到目前为止，学术界对于内蒙古地区灾荒史的研究主要散见于一些有关农业发展的论文当中，如周清澍先生的著名论文《试论清代内蒙古农业的发展》[③]，系统的研究尚付阙如。因此，极有

---

① 邓拓：《中国救荒史》，北京出版社 1998 年版，第 5 页。

② 其中最突出的代表就是竺可桢先生和邓拓先生。如果说前者是运用自然科学理论对中国水旱灾荒进行具体研究的开创者，那么，后者则是运用马克思主义的历史观和方法论系统地分析中国灾荒问题的奠基人。邓拓在 1937 年由商务印书馆作为中国文化丛书之一出版的《中国救荒史》，是一部具有划时代意义的巨著，代表了当时灾害研究的最高水平。还可以提到的有近年来李文海先生对近代中国灾荒的系统研究，如李文海先生等编著的《近代中国灾荒纪年》及《近代中国灾荒纪年续编》，湖南教育出版社 1990、1993 年版；李文海先生等著的《中国近代十大灾荒》，上海人民出版社 1994 年版；李文海先生著的《世纪之交的晚清社会》，中国人民大学出版社 1995 年版等。

③ 周清澍：《试论清代内蒙古农业的发展》，《内蒙古大学学报》1964 年第 2 期。

必要进行重点选题开展深入系统的研究。

第二，有利于探讨灾荒实际状况，加深揭示复杂关系。内蒙古地区，在历史地理研究中泛称内蒙古高原。"内蒙古"这一名称，来自清代的"内扎萨克蒙古"。内扎萨克蒙古指哲里木、昭乌达、卓索图、锡林郭勒、乌兰察布、伊克昭6个盟49旗，套西2旗（额济纳、阿拉善两个扎萨克旗）和直属于清廷管辖的呼伦贝尔、察哈尔、归化城土默特等总管旗的广大地域范围。在地域上它大致相当于今天的内蒙古自治区。在漫长的历史过程中，曾经有许多民族生活在这一地区，宋、元以来，这一地区成为蒙古民族生活、游牧的主要地区。今天的内蒙古自治区是一个以蒙古族为主体民族的少数民族自治区，亦是西部大开发战略重点之一。系统研究这一地区的灾荒，对于我们深入认识历史上各民族的社会经济、社会生活、各民族之间的关系以及他们与中原王朝的关系等问题都有所裨益。更为重要的是，它将有助于我们更进一步地了解这一地区历史上自然灾害及其所造成的社会后果，灾荒形成的原因，游牧经济与生态环境的关系，草原植被的破坏和生态环境的退化等问题，从而为我们正在实施的西部大开发战略从历史的角度提供借鉴。

第三，有利于探求灾荒形成原因，加快退耕还林还草。根据目前所掌握的史料和研究的进展，我们初步认识到，自然灾害的发生是不可避免的，在某种程度上是人力所无法抗拒的，但灾荒的成因主要是社会性的。因此，明清以来特别是清代中后期至民国以来对内蒙古地区的大规模无序滥垦，是造成这一地区生态退化、环境恶化的主要原因。当然还有由此而导致的大自然的淫威和惩罚了。鉴于正史对内蒙古地区灾荒的记载较少且不成系统，我们在研究过程中将尽可能地运用档案史料，尤其是关涉内蒙古灾荒的蒙文、满文档案史料。通过系统深入研究以期探索内蒙古地区灾荒形成原因及其影响，并认真地汲取惨痛的教训来"揭示人类在大自然的淫威和惩罚之下挣扎搏斗的种种悲剧情景，了解我们这个民族对近代中国国情和社会发展规律的认识，而且从某种意义来说，也可以为我们透视历史时期环境、灾害与社会发展之间的关系提供一个最贴近我们这个时代的颇有意义的窗口"①。在当前应加快退耕还林还草进程，以扎实的工作、不懈的努力和可持续的奋斗确实实现山川秀美的宏伟目标。

第四，有利于探索灾荒时空规律，加强环保生态建设。内蒙古地区灾荒史研究是对整个中国灾荒史研究的一种重要的区域性研究，它作为一个有机构成，包容于中国乃至全球灾害史研究的整体之中。因此通过收集较为系统完整的灾荒史料并对其以科学加工整理和统计学分析，认识和把握内蒙古地区各种灾害在时空分布上的规律，探寻其发生演化的时间周期密度、空间分布广度和灾荒危害程度，为进一步了解灾害物理的、化学的、地质的、生物的、人为的、社会的等机制提供历史线索和科学依据。通过灾害史文献资料的梳理、分析与整合，把握内蒙古地区灾荒对经济社会的广泛影响、社会生产力的全面发展对赈灾能力的有效支撑，科学合理积极的救灾政策的制度化、规范化及其积极有序的实施，对最广大人民群众根本利益及时体现等，均具有重大的现实价值和深远的历史意义。

总之，研究历史上内蒙古的灾荒的目的在于古为今用。今天，内蒙古地区的生态环境日益恶化，2000 年以来沙尘暴频仍。党中央、国务院在西部开发战略中亦明确地提出加强基础设施、环境保护和生态建设。胡锦涛于 2003 年 1 月 5 日在内蒙古考察工作结束时的讲话中指出："做好内蒙古的各项工作，不仅关系到内蒙古二千三百多万群众的福祉，而且对党和国家工作的全局具有重要意义。……尤其要把生态建设作为最大的基础建设来抓。内蒙古是我国北方的重要的生态屏障，切实把生态环境保护好、建设好，事关全国的生态安全。"② 研究内蒙古地区的灾

---

① 夏明方：《民国时期自然灾害与乡村社会》，中华书局 2000 年版，第 5 页。
② 胡锦涛：《在内蒙古考察工作结束时的讲话》，《行政管理动态》2003 年第 1 期。

荒，能够进一步了解内蒙古生态环境恶化的历史，从而为我们今天和未来的环境保护和治理、生态维护和建设提供科学决策依据，确实实现内蒙古资源环境与经济社会的可持续发展。

二、内蒙古地区灾荒史研究的研究进展和存在问题

任何一种思想与发明，均不可能无端产生，必然是建立在已有相关文明基础之上。本节将系统整理和择要梳理内蒙古地区灾荒研究文献资料，并主要以清代内蒙古地区灾荒研究为专题从史料整理、相关著作和论文研究进展以及现有成果存在的不足等若干层面进行述评。

（一）关于史料整理类和相关论著的研究进展

首先，史料整理类的研究进展　《内蒙古历代自然灾害史料》（前244—1949 年，上下册，以下简称《史料》），记载了从战国末期至中华人民共和国成立两千二百余年间，内蒙古各种自然灾害的情况。全书共分 10 篇近 14 万字，分别记载了旱灾、水灾、风灾、雪灾、霜灾、雹灾、虫灾、震灾、疫灾以及其他灾害，并附有内蒙古历代自然灾害统计表和部分历史地名注释。每篇的内容包括内蒙古地区自然灾害及毗邻省区自然灾害两个部分。

《史料》主要来源于史书、地方志、文献档案、群众调查材料四个方面，按照灾害分类、年代顺序编写。这部史料编印成书，断断续续经历了 20 年。1960 年，董必武同志提出关于写好自然灾害大事记的建议。1962 年，内蒙古政协组织了自然灾害大事记编写小组，积极开展了搜集、整理资料等工作。"文化大革命"期间，这项工作被迫中断，部分

资料散失。十一届三中全会以后，内蒙古参事室继续进行了资料的整理、编辑、补遗、印制等工作。

《内蒙古历代自然灾害史料续辑》(1949—1987 年，以下简称《续辑》)，亦按前述十类灾型分为 10 篇近 30 万字，另外还附有内蒙古自治区行政区划沿革表，绥远省行政区划沿革表。

《史料》从各类史籍、地方志、档案、群众调查中共统计出有关内蒙古的各类灾害 1133 次，其中旱灾 469 次、水灾 163 次、风灾 77 次、雪灾 59 次、霜灾 75 次、雹灾 88 次、虫灾 61 次、震灾 94 次、疫灾 29 次、其他灾害 18 次 (详见表 5)。

表 5　内蒙古历代自然灾害统计表

朝代 次　数 灾名	战国	秦汉	魏晋 南北朝	隋唐 五代	宋辽 金	元	明	清	中华 民国	合计
旱	4	27	39	30	96	51	87	124	11	469
水		13	21	5	17	30	11	44	22	163
风		7	24	3	5	11	10	6	11	77
雪		5	15	5	13	4	3	6	8	59
霜			14	4	12	14	5	20	6	75
雹		6	1		6	28	20	15	12	88
虫		3	7	3	9	7	14	13	5	61
震	1	11	20	7	10	16	20	3	6	94
疫		3	2	3		1	8	4	8	29
其他			3	4	2	4	1		4	18
合计	5	75	146	64	170	166	179	235	93	1133

由表 5 可知，在清代共发生各类灾害 235 次，是所统计历代中最频仍的，占整个总统计量 1133 次的 20.74%，是历代灾害发生最严重的时期之一。另据《续辑》，新中国成立以来 (1949—1987 年) 的灾害状况

是，旱灾 215 次、水灾 256 次、风灾 164 次、雪灾 78 次、霜灾 96 次、雹灾 283 次、虫灾 173 次、震灾 11 次、疫灾 27 次、其他灾害 34 次，合计 1337 次。

《史料》和《续辑》的编者们这些功德无量的工作，不仅具有重要的史料价值，还对我们的后续系统的研究工作提供了重要的参照和有效的线索。

《内蒙古大事记》①（以下简称《大事记》）编纂历时 12 个春秋，全书共分 10 个历史阶段，从各个不同的角度，采用了以编年体为主的编纂体例，从历史长河和传世的典籍中采摘并论述内蒙古地区从远古至 1995 年之间的自然、社会、政治、经济、文化、人文等诸方面的重大事件。从我们已查阅的清代至民国时期的大事记看，其记载各类灾害 225 次，其中清代灾害 101 次，民国灾害 124 次。这些记载也从一个侧面，在一定程度上反映了内蒙古地区的灾害在特定历史时期的状况。

《蒙荒案卷》②，是李澍田主编的大型东北地方史料丛书《长白丛书》的第四集之一种。全书计 38 万字。该书收录了清末放垦蒙地时期哲里木盟科尔沁右翼三旗，即扎萨克图旗、图什业图旗、镇国公旗的垦务档案总计 592 件，并附录了《督办赴洮南城齐齐哈尔沿途日记》。其中第一部分为"办理扎萨克图蒙荒案卷"计 421 件，形成时间为 1902 年 2 月至 1904 年 4 月；第二部分为"办理扎萨克图蒙荒案卷"计 136 件，形成时间为 1904—1905 年；第三部分"办理图什业图蒙荒案卷"计 35 件，形成时间为 1906 年。

该书所收这三部分档案资料的内容涉及上述清末哲里木盟科尔沁右翼三旗，并关涉今辽宁省西北部、吉林省西部和黑龙江省西南部的

① 乌日吉图主编：《内蒙古大事记》，内蒙古人民出版社 1997 年版。
② 张文喜等整理：《蒙荒案卷》，吉林文史出版社 1990 年版。

政治经济、历史沿革、山川地貌、民俗文化、生态环境等众多层面，亦是研究清末东部蒙古地区土地制度、生态环境和灾害饥荒的重要参考文献。

《清末内蒙古垦务档案汇编》①（以下简称《汇编》）。从光绪二十八年（1902 年）到民国 26 年（1937 年）三十余年间，清政府、北洋军阀政府和国民党政府相继在内蒙古地区放垦了大量土地，形成了数量庞大的垦务档案。《汇编》上限从光绪二十八年（1902 年）开始，下限至宣统三年（1911 年）止，前后共 10 年。反映的是清末清政府对绥远、察哈尔地区蒙旗土地的放垦、添厅设治以及内蒙古中西部地区生产活动方式的深刻深化。《汇编》按历史发展阶段，结合地区特点和问题的多层分类方法，将所收编的档案分为 25 类。其中绥远部分共分 18 类：垦务大臣综合类；垦务大臣行辕机构；综合开垦类；西盟垦务总局机构、人事、综合开垦类；乌兰察布盟开垦；清理土默特地亩；绥远城八旗牧场开垦；杀虎口驿站地开垦；赔教款及赔教地；经费开支类；西路垦务公司；抗垦类；垦务弹劾案；河套水利；添厅设治；开设学堂及拔留学田；军事类；其他事项。察哈尔部分共分 7 类：综合类；察哈尔左翼四旗及张家口、独石口、多伦三厅的开垦；察哈尔右翼四旗的开垦；王公马场的开垦；牧群地的开垦；东路垦务公司；抗垦类。

《汇编》的公开出版发行，对清史以及近代内蒙古政治、经济、文化、军事变迁，特别是土地制度、土地的开发利用，历史上内蒙古生态环境变迁，尤其是荒漠化灾害的成因，均具重大的史料参考价值和现实借鉴意义。

其次，相关著作类的研究进展 从我们目前掌握的资料看，内蒙古地区灾荒史系统研究尚属空白。但在有关论著的部分章节或相关专题中

---

① 内蒙古自治区档案馆编：《清末内蒙古垦务档案汇编》（绥远、察哈尔部分），内蒙古人民出版社 1999 年版。

有所涉及。主要的有：

《内蒙古鼠疫》①，是对内蒙古地区50年防鼠疫工作全面、科学的总结。该书论述了内蒙古鼠疫自然源地的特点、人间鼠疫和动物鼠疫的流行规律，特别是在分析疫源地现状的基础上，提出了今后长远的防治鼠疫的策略和措施。其中第一章"鼠疫流行简史"可资借鉴。

成崇德主编的《清代西部开发》②的第三篇即"蒙古篇"中蒙古地区土地开发问题的提出、18世纪中叶至19世纪中叶的封禁与开发、19世纪下半叶蒙古地区开发政策的变化、20世纪初清朝对蒙古的全面开放政策和余论——清代蒙古地区开发的若干问题，从比较宏观的角度对内蒙古土地开发与封禁、开发与人口迁移、开发与生态环境等一系列问题进行了系统的探讨，颇具参考价值。

刘海源主编的《内蒙古垦务研究》③一书，收入卢明辉《清代内蒙古地区垦殖农业发展与土地关系嬗变》等22篇专题文章，这部文辑的作者们根据各自掌握的资料，从不同角度、不同层次、不同范围和不同时段，对内蒙古垦务作了较深入的剖析，我们可以从中获取相关信息和线索。

牛敬忠的《近代绥远地区的社会变迁》④第五章"社会问题及其治理"中的"鸦片的泛滥"和"连年的匪患"，第六章"灾荒及其救治"中的"严重的灾荒"和"灾荒的成因和救治"等内容具有较高的参考价值，是不可多得的直接涉及近代内蒙古中西部地区灾荒的重要文献。

陈桦的《清代区域社会经济研究》⑤第六章"以牧业为主的蒙古经济区"中关于蒙古经济区的基本特征、清政府的经济政策及其影响、蒙古

---

① 刘纪有、张万荣主编：《内蒙古鼠疫》，内蒙古人民出版社1997年版。

② 成崇德主编：《清代西部开发》，山西古籍出版社2002年版。

③ 刘海源主编：《内蒙古垦务研究》（第一辑），内蒙古人民出版社1990年版。

④ 牛敬忠：《近代绥远地区的社会变迁》，内蒙古大学出版社2001年版。

⑤ 陈桦：《清代区域社会经济研究》，中国人民大学出版社1996年版。

地区社会经济的发展等问题的论述，以及第七章"清代自然经济区的基本特征"中对与地区经济发展相关的诸因素、清代社会的经济格局等问题的论述，也值得参考。

乌云毕力格等著的《蒙古民族通史》（第四卷）① 第二章第五节"漠南蒙古经济的复苏"、第三章第四节"漠南蒙古地区农牧业经济"和第四章"十八至十九世纪中叶蒙古社会经济的发展"中的第一节"畜牧业与农业经济"等章节，从不同侧面涉及内蒙古地区的灾害问题，可资参考和借鉴。

色音的《蒙古游牧社会的变迁》② 一书援引日本学者松田寿男于昭和十二年（1937 年）在《蒙古学》杂志上发表的《蒙古游牧民及其历史作用》一文中阐发的"游牧经济 +x= 发展"模式，对其蒙地放垦后蒙古游牧社会变迁的历史过程进行的若干分析有一定的说服力。

需要指出的是，日本学者田山茂早在 1954 年刊出的《清代蒙古社会制度》③ 一书的附录二："汉民族向蒙古移民的沿革"（系作者早年的一篇专论）中关于汉人占耕蒙地的过程、中国农民及商人进入蒙古的原因，引用的若干史料可供参考。

此外张研的《清代经济简史》④，卢明辉的《清代蒙古史》⑤ 及主编的《清代北部边疆民族经济发展史》⑥，阿岩、乌恩的《蒙古族经济发展史》⑦，王玉海的《发展与变革——清代内蒙古东部由牧向农的转型》⑧，

① 乌云毕力格等：《蒙古民族通史》第四卷，内蒙古大学出版社 1993 年版。
② 色音：《蒙古游牧社会的变迁》，内蒙古人民出版社 1998 年版。
③ 田山茂：《清代蒙古社会制度》，潘世宪译，商务印书馆 1987 年版。
④ 张研：《清代经济简史》，中州古籍出版社 1998 年版。
⑤ 卢明辉：《清代蒙古史》，天津古籍出版社 1990 年版。
⑥ 卢明辉主编：《清代北部边疆民族经济发展史》，黑龙江教育出版社 1994 年版。
⑦ 阿岩、乌恩：《蒙古族经济发展史》，远方出版社 1999 年版。
⑧ 王玉海：《发展与变革——清代内蒙古东部由牧向农的转型》，内蒙古大学出版社 2000 年版。

陈耳东的《河套灌区水利简史》①，内蒙古畜牧经济研究会的《蒙古族经济发展史研究》②，沈斌华的《内蒙古经济发展史札记》③等众多相关文献，亦有一定的参考价值。

另外国外学者的相关论著亦很多。其中代表性的成果有矢野仁一的《蒙古近代史研究》④，此书虽云近代，实际贯穿了有清一代，特别是用相当大的篇幅讨论了清朝的牧业政策和内蒙古农业经济的历史。该书问世较早，唯受政治观点左右，持论偏颇。后藤富男（后藤十三雄）的《蒙古的游牧社会》⑤和《内陆亚洲游牧民社会研究》⑥，侧重探讨清代至近现代蒙古地区的游牧经济形态。另外，苏、蒙合编的《蒙古人民共和国通史》（第一卷）⑦、菊池杜夫的《鄂尔多斯汉人殖民史》⑧（《内陆亚细亚》第一辑），以及矢野仁一的《近代蒙古史研究》、后藤十三雄的《汉人的蒙地殖民》、川久保悌郎的《清末吉林省西北部的开垦》、安斋库治的《绥远的开垦》、安达生恒的《北满蒙地开放过程》、小竹文夫的《近代中国经济史》（其中"清代的人口"和"清代的耕地开垦"尤为重要）等，也有重要的参考价值。

相关论文类 直接论及清代内蒙古地区灾害的研究论文有：牛敬忠的《近代绥远地区的灾荒》⑨，以1840—1930年绥远地区的灾荒为研究对

---

① 陈耳东：《河套灌区水利简史》，水利电力出版社1998年版。
② 内蒙古自治区蒙古族经济史研究组编：《蒙古族经济发展史研究》（内部资料），第一集1987年版；第二集1988年版。
③ 沈斌华：《内蒙古经济发展史札记》，内蒙古人民出版社1982年版。
④ ［日］矢野仁一：《蒙古近代史研究》，京都弘文堂1925年版。
⑤ ［日］后藤富男（后藤十三雄）：《蒙古的游牧社会》，生活社1942年版。
⑥ ［日］后藤富男（后藤十三雄）：《内陆亚洲游牧民社会研究》，吉川弘文馆1968年版。
⑦ 苏联科学院、蒙古人民共和国科学委员会编：《蒙古人民共和国通史》第一卷，科学出版社1957年版。
⑧ ［日］菊池杜夫：《鄂尔多斯汉人殖民史》，载日本"蒙古善邻协会"编：《内陆亚细亚》第1辑，东京生活社1941年版。
⑨ 牛敬忠：《近代绥远地区的灾荒》，《内蒙古大学学报》2000年第3期。

象，指出在此期间，绥远地区共发生 3 次大的灾荒，即 1877—1878 年、1892—1893 年、1928—1929 年，灾荒造成了严重的社会后果；吴彤、包红梅的《清后期内蒙古地区灾荒研究初探》① 一文，主要以《清实录》为文本研究对象和文献史料依据，整理 1800—1911 年内蒙古地区灾荒记载，分析灾荒存在类型、发生特征及对内蒙古地区社会演化的不良影响，通过对这一特定时期及区域灾荒状况的史实分析、统计，描绘出一幅比较全面的清后期内蒙古地区灾荒的图景；方修琦的《内蒙古呼和浩特及邻区历史灾情序列的初步研究》②，根据历史文献中有关灾情灾害的记载，划分了呼和浩特及邻区 1851—1950 年逐年灾情等级，并建立了相应的灾情指数序列，讨论了灾情序列在振动幅度、变化的阶段以及周期性，并发现灾情的变化与降水和温度的变化有着对应的关系；史培军等的《晋陕蒙接壤区环境演变及环境动态监测研究》③，利用涉及该区域的大量的环境演变的信息，重建了距今 2500 多年降水与植被变化状况，并在此基础上对该区域环境动态进行了多种途径的监测；赵之恒的《清初内蒙古地区流民问题析论》④，文章就清初流民的成因，清廷对迁入内蒙古地区流民（主要来自邻近省区的山东、直隶、山西、陕西等省）的态度和政策，以及灾荒与饥馑等一系列问题进行了详细的探讨。

　　早在 20 世纪 80 年代，陈育宁曾撰《鄂尔多斯地区沙漠化的形成和发展述论》⑤ 一文，认为历史上对该地区的第三次大规模的开垦是从清

---

① 吴彤、包红梅：《清后期内蒙古地区灾荒研究初探》，《内蒙古社会科学》1999 年第 3 期。

② 方修琦：《内蒙古呼和浩特及邻区历史灾情序列的初步研究》，《干旱区资源与环境》1989 年第 3 期。

③ 史培军等：《晋陕蒙接壤区环境演变及环境动态监测研究》，《自然资源》1995 年第 5 期。

④ 赵之恒：《清初内蒙古地区流民问题析论》，《内蒙古师范大学学报》2000 年第 6 期。

⑤ 陈育宁：《鄂尔多斯地区沙漠化的形成和发展述论》，《中国社会科学》1986 年第 2 期。

末开始的。光绪二十八年至三十四年（1902—1908年）清政府为了缓解内外交困的危机，对内蒙古地区实行所谓的"新政"，其中的内容是"开放蒙荒""移民实边"。该地区是实行垦务的重点地区之一。光绪二十七年（1901），山西巡抚岑春煊在给光绪帝的上奏中说："伊克昭之鄂尔多斯各旗，环阻大河，灌溉便利……若垦十之三四，当可得田数十万顷。"清政府采取了这一建议。在这一期放垦的六年中，以各种名目开垦的土地共计23800余顷。这无疑对该地区的荒漠化灾害起到了推波助澜的作用。

间接涉及或与内蒙古地区灾荒研究相关的论文有：竺可桢的《中国近五千年来气候变迁的初步研究》（《中国科学》1973年第2期）；戴逸的《边疆开发活动中的人和环境》（《清史研究通讯》1988年第3期）；周荣的《康乾盛世的人口膨胀与生态环境问题》（《史学月刊》1990年第4期）；李文海的《论近代中国灾荒史研究》（《中国人民大学学报》1998年第6期）、《清末灾荒与辛亥革命》（《历史研究》1991年第5期）；李向军的《清代前期荒政评价》（《首都师范大学学报》1993年第5期）；赵毅的《清代蒙地政策的阶段性演化》（《东北师范大学学报》1993年第1期）；李向军的《清代救灾的基本程序》（《中国经济史研究》1992年第4期）、《清代救荒措施述要》（《社会科学辑刊》1997年第4期）、《清代救灾的制度建设与社会效果》（《历史研究》1995年第5期）、《清代前期的荒政与吏治》（《中国社会科学院研究生院学报》1993年第3期）；康沛竹的《晚清时期对灾因中社会因素的认识》（《社会科学辑刊》1997年第4期）、《晚清灾荒频发的政治原因》（《社会科学战线》1999年第3期）；梁景之的《自然灾害与古代北方草原游牧民族》（《民族研究》1994年第3期）；陈安丽的《论康熙对蒙古政策产生的历史背景和作用》（《内蒙古大学学报》1999年第3期）；行龙的《人口压力与清中叶社会矛盾》（《中国史研究》1992年第4期）；呼格吉勒的《论清朝前期呼和浩特土默特地区土地的使用状况》（《内蒙古师范大学学报》1992年第2期）；张植华的《近代内蒙古牧区生产关系及其对生产力的束缚》

（《内蒙古大学学报》1989 年第 4 期）；白拉都格其的《关于清末对蒙新政同移民实边的关系问题》（《内蒙古大学学报》1988 年第 2 期）；况浩林的《评说清代内蒙古地区垦殖的得失》（《民族研究》1985 年第 1 期）；田志和的《清代东北蒙地开发述略》（《东北师范大学学报》1984 年第 1 期）；沈斌华的《近代内蒙古的人口及人口问题》（《内蒙古大学学报》1986 年第 2 期）；张植华的《清代至民国时期内蒙古地区蒙古族人口概况》（《内蒙古大学学报》1982 年第 3、4 期）；贾允河等的《清朝吏治与钱粮亏空》（《河北师范大学学报》1998 年第 2 期）；肖正洪的《清代陕南的流民与人口地理分布的变迁》（《中国史研究》1992 年第 3 期）；马永山等的《清朝关于内蒙古地区禁垦政策的演变》（《社会科学辑刊》1992 年第 5 期）；张天周的《乾隆防灾救荒论》（《中州学刊》1993 年第 6 期）；李向军的《清代荒政研究》（《文献》1994 年第 2 期）；赵冈的《清代的垦殖政策与棚民活动》（《中国历史地理论丛》1995 年第 3 期）；邹逸麟的《明清时期北部农牧过渡带的推移和气候寒暖变化》（《复旦学报》1995 年第 1 期）；曹树基的《鼠疫流行与华北社会的变迁（1580—1644）》（《历史研究》1997 年第 1 期）；王金香的《乾隆年间灾荒述略》（《清史研究》1996 年第 4 期）；刁书仁的《论乾隆朝蒙地的封禁政策》（《史学集刊》1996 年第 4 期）；吕美颐的《略论清代灾赈制度中的弊端与防弊措施》（《郑州大学学报》1995 年第 4 期）；孙喆的《清前期蒙古地区的人口迁入及清政府的封禁政策》（《清史研究》1998 年第 2 期）；叶依能的《清代荒政述论》（《中国灾史》1998 年第 9 期）；晏路的《康熙、雍正、乾隆时期的赈灾》（《满族研究》1998 年第 3 期）；李凤飞的《清代对水患与生态环境关系的认识》（《光明日报》1998 年 9 月 4 日第 7 版）；王业健等的《清代中国气候变化、自然灾害与粮价的初步考察》（《中国经济研究》1999 年第 1 期）等。

　　档案类有：宝玉的《蒙旗垦务档案史料选编（上、下）》（《历史档案》1985 年第 4 期、1986 年第 1 期）；张瑾瑢的《清代档案中的气象资料》

（《历史档案》1982 年第 2 期）；李保文的《天命天聪年间蒙古文档案译稿（上、中、下）》（《历史档案》2001 年第 3 期、2001 年第 4 期、2002 年第 1 期）；方裕谨的《顺治八年黄河及其支流河工题本》（《历史档案》1987 年第 4 期）；方裕谨的《康熙初年有关屯垦荒地御史奏章》（《历史档案》1990 年第 1 期）；王澈的《雍正元年垦荒史料选》（《历史档案》1990 年第 1 期）；张莉的《雍正清理钱粮亏空案史料（上、下）》（《历史档案》1990 年第 3 期、1990 年第 4 期）等。

相关综述类文章有：史培军的《国内外自然灾害研究综述及我国近期对策》（《干旱区资源与环境》1989 年第 3 期）；张波的《中国农业自然灾害历史资料方面观》（《中国科技史料》1992 年第 3 期）；卜风贤的《中国农业灾害史研究综述》（《中国史研究动态》2001 年第 2 期）；葛剑雄的《二十世纪的中国历史地理研究》（《历史研究》2002 年第 3 期）；余新忠的《20 世纪以来明清疾疫史研究述评》（《中国史研究动态》2002 年第 10 期）等。

（二）关于相关研究的存在问题

一是区外灾害研究的繁荣　我们有必要先对内蒙古地区以外的其他省区的灾害史研究概况作一初步了解。在前述国内外自然灾害日趋严重的情势以及后来"国际减灾十年"运动的强力推动下，一批全国性或区域性的以自然灾害及其防治为对象的综合性研究成果不断涌现，如郭雅儒主编的《山西自然灾害》[1]，梁必骐的《广东的自然灾害》[2]，陕西减灾协会编的《陕西省重大自然灾害综合研究及防御对策》[3]，黄文、陈仕

---

[1]　郭雅儒主编：《山西自然灾害》，山西科学教育出版社 1990 年版。
[2]　梁必骐：《广东的自然灾害》，广东人民出版社 1990 年版。
[3]　陕西减灾协会编：《陕西省重大自然灾害综合研究及防御对策》，陕西科学技术出版社 1993 年版。

等编著的《福建旱涝灾害》①，高秉伦、魏光兴主编的《山东省主要自然
灾害及减灾对策》②，袁林的《西北灾荒史》③，马宗晋主编的《中国重大自
然灾害及减灾对策》(分论、总论)④，宋正海总主编的《中国古代重大自
然灾害和异常年总集》⑤，以及最近出版的山西省水利厅水旱灾害编委会
编的《山西水旱灾害》⑥，山东省水利厅水旱灾害编委会编的《山东水旱
灾害》⑦，甘肃水旱灾害编委会编的《甘肃水旱灾害》⑧，黄河流域及西北片
水旱灾编委会编的《黄河流域水旱灾害》⑨，张海仑主编的《中国水旱灾
害》⑩，高文学主编的《中国自然灾害史 (总论)》⑪，王振忠的《近600年
来的自然灾害与福州社会》⑫，敖文蔚的《中国近代社会与民政》⑬ 等。

　　另外还有：广西区的《广西自然灾害史料》⑭，云南省气象科学研究
所的《云南天气灾害史料》⑮，新疆气象局科研所的《新疆维吾尔自治区
气候历史史料》⑯，贵州省图书馆编的《贵州历代自然灾害年表》⑰，王屯、

---

① 黄文、陈仕等编著：《福建旱涝灾害》，福建科学技术出版社 1993 年版。
② 高秉伦、魏光兴主编：《山东省主要自然灾害及减灾对策》，地震出版社 1994 年版。
③ 袁林：《西北灾荒史》，甘肃人民出版社 1994 年版。
④ 马宗晋主编：《中国重大自然灾害及减灾对策》分论、总论，科学出版社 1993、1994
　 年版。
⑤ 宋正海总主编：《中国古代重大自然灾害和异常年总集》，广东教育出版社 1992
　 年版。
⑥ 山西省水利厅水旱灾害编委会编：《山西水旱灾害》，黄河水利出版社 1996 年版。
⑦ 山东省水利厅水旱灾害编委会编：《山东水旱灾害》，黄河水利出版社 1996 年版。
⑧ 甘肃水旱灾害编委会编：《甘肃水旱灾害》，黄河水利出版社 1996 年版。
⑨ 黄河流域及西北片水旱灾编委会编：《黄河流域水旱灾害》，黄河水利出版社 1996
　 年版。
⑩ 张海仑主编：《中国水旱灾害》，中国水利水电出版社 1997 年版。
⑪ 高文学主编：《中国自然灾害史 (总论)》，地震出版社 1997 年版。
⑫ 王振忠：《近 600 年来的自然灾害与福州社会》，福建人民出版社 1996 年版。
⑬ 敖文蔚：《中国近代社会与民政》，武汉大学出版社 1992 年版。
⑭ 广西壮族自治区第二图书馆：《广西自然灾害史料》，1978 年印行。
⑮ 云南省气象科学研究所：《云南天气灾害史料》，1980 年印行。
⑯ 新疆气象局科研所：《新疆维吾尔自治区气候历史史料》，1981 年印行。
⑰ 贵州省图书馆编：《贵州历代自然灾害年表》，贵州人民出版社 1981 年版。

王挺梅的《河南省历代旱涝等水文气候资料》①，河北省旱涝预报课题组的《海河流域历代自然灾害史料》②，西藏历史档案馆等的《灾异志水灾篇》③，朱殿英主编的《黑龙江省240年旱涝史》④，昆明市水利局水利志编纂委员会编的《昆明市自然灾害纪实资料》⑤，水利部水利委员会编的《四川两千年洪灾史料汇编》⑥，蔡克明编的《胶东半岛自然灾害史料》⑦，赵明奇编著的《徐州自然灾害史》⑧，广西壮族自治区通志馆编的《广西各市县历代水旱灾害纪实》⑨ 等。

二是现有成果存在的不足 笔者之所以不厌其烦地罗列上述其他省区有关灾害史的文献资料和研究成果，主要是想说明内蒙古地区自然灾害史的研究，与之相比的确存在着巨大的差距，呈现出明显落后的现实状况。我们尽管已经有《史料》以及《续辑》，就是说已经有了最基本的研究工作，但认真研读便会发现，已有的前期成果还是相当薄弱和并不充分的。如以《史料》中明清各类灾害为例，所收条目分别为（见表6）：

表6 《史料》对明清时期内蒙古地区灾害的统计

灾型 朝代	旱	水	霜	雹	雪	虫	疫	风	震	其他	合计	年均
明代	87	11	5	20	3	14	8	10	20	1	179	0.65
清代	124	44	20	15	6	13	4	6	3	—	235	0.88

---

① 王屯、王挺梅：《河南省历代旱涝等水文气候资料》，河南省水文总站1982年刊印。
② 河北省旱涝预报课题组：《海河流域历代自然灾害史料》，气象出版社1985年版。
③ 西藏历史档案馆等：《灾异志水灾篇》，中国藏学出版社1990年版。
④ 朱殿英主编：《黑龙江省240年旱涝史》，黑龙江科技出版社1991年版。
⑤ 昆明市水利局水利志编纂委员会编：《昆明市自然灾害纪实资料》，云南民族出版社1991年版。
⑥ 水利部水利委员会编：《四川两千年洪灾史料汇编》，北京文物出版社1993年版。
⑦ 蔡克明编：《胶东半岛自然灾害史料》，地震出版社1994年版。
⑧ 赵明奇编著：《徐州自然灾害史》，气象出版社1994年版。
⑨ 广西壮族自治区通志馆编：《广西各市县历代水旱灾害纪实》，广西人民出版社1995年版。

我们以为，明清各近 300 年的历史时间维度，内蒙古辽阔的地理空间范围，从历史和现实看又是极容易致灾的地区，这些史料的摘录很显然是远远不能充分说明问题的。我们再从《史料》收集的范围看，主要是若干有限的地方志记载和第二手资料，如《大同府志》《中国历代自然灾害大事记》《呼市气象局材料》，或查阅相对便利的《清史稿》等，这些史料的收集当然是非常必要和十分必需的。但是，问题在于，针对清代内蒙古灾荒研究，最权威亦是必须首先给予关注的大部头资料《清实录》《东华录》和各类档案资料等重要的历史文献是不能不系统收集和广泛利用的。从目前我们掌握的资料来看，明清内蒙古自治区各类灾害的情况分别是（见表 7）：

表 7　我们对明清时期内蒙古地区灾害的统计

灾型 朝代	旱	水	霜	雹	雪	虫	疫	风	震	其他	合计	年均
明代	172	67	13	50	8	25	11	24	42	29	441	1.59
清代	185	109	46	40	21	21	16	11	5	6	460	1.72

由表 6 和表 7 的比较中，我们可以看出，明代由总计 179 次，增加到 441 次，后者是前者的 2.46 倍，年均也由 0.65 次增加到 1.59 次；清代由总计 235 次，增加到 460 次，后者是前者的 1.96 倍，年均也由 0.88 次，增加到 1.72 次。不仅如此，《史料》所引文献史料的出处均是笼统的，没有准确标识其卷次，这对后续利用者而言带来极大的不便。如以《史料》所引《古今图书集成》为例，如果不准确标识其卷/部次，就不知指的是哪一部。因为《古今图书集成》是清代形成的大类书，全书共 10000 卷，分 6 编，32 典，6109 部。因此，这对于如此庞大的基础性研究工作不能不说是一个遗憾。

《内蒙古大事记》也存在类似的问题。我们曾依据已掌握的大量有关灾害史料，认真核对《大事记》收入的有关清代内蒙古地区灾害条目，发现对有清一代反映内蒙古各地极为重要的自然灾害记载有许多未能反映，而远不及这些记载的轻度灾害屡有收入其中。这一点从一个侧面反映出《大事记》在史料的利用上仍存在以二手或三手资料替代的现象，没有更深入系统地查阅更多更相对权威的第一手资料，至少《大事记》所反映的灾害方面的状况是这样的（可以举出多例，因篇幅所限在此从略）。

《清末内蒙古垦务档案汇编》从我们利用的角度亦存在问题。其一是时间受限，《汇编》只涉及清末（1902—1911 年）只注意到"新政"时期的垦务档案，大量的反映清代"禁垦""放垦"，名义上的"禁垦"民间的"实垦"或明面上的"禁垦"暗地里的"实垦"等，基本没有反映；其二是地域空间受限，《汇编》收集的是绥远、察哈尔部分，内蒙古东部地区的垦务情况没有反映出来，利用起来仍受到"时空"的极大的限制。

从与清代内蒙古地区灾荒研究最为密切的著作看，如前述《近代中国实荒纪年》由于受其研究时段的限制，其时间跨度仅为清宣宗道光二十年（1840 年）以后，占有清一代 268 年中的后期 70 余年，清前期、中期的情况均未得到反映；其空间维度是就整个中国范围而言的，但也由于资料相对匮乏等原因，明确纳入研究范围的也仅是诸如当时隶属山西省的丰镇、宁远、清水河、和林格尔、托克托城、萨拉齐、归化城、绥远城等厅以及当时隶属直隶省的赤峰等地区。就是说，它仍有其"时空"的局限。

就整体而言，目前的内蒙古灾荒史与救荒史研究，在整个中国灾害史或内蒙古其他史（如民族史、政治史、经济史、人口史、军事史、科技史等）的研究中，毕竟还是一个极其薄弱的环节，用"农耕文化"的语言讲，还仍是一片刚刚开辟而有待深耕扩垦的荒野之地。

在前述"研究进展"当中展开介绍的诸多著作或论文，除了数量较少、质量较高的关涉内蒙古地区灾害或灾荒的专论外，许多文献的进展状况是极为有限的，有的甚至是牵强附会（我仅以灾害或灾荒专题和主题而言）的。我们在作内蒙古地区灾荒研究综述时，有一个明显的感觉，这便是关于这一专题远不及其他专门史，如政治史、经济史、科技史、文化史得心应手。这一方面表明我们的灾荒史特别是内蒙古地区的灾荒史研究，还远未引起有关方面的应有重视；另一方面，也从一个侧面反映了开展内蒙古地区灾荒史系统深入研究的可能难度。

三、内蒙古地区灾荒史基本资料与研究目标

（一）关于本书研究的相关资料

一是基本资料　《清实录》影印本，包括《满洲实录》、太祖至德宗十一朝实录，以及附录的《宣统政纪》，合计 4433 卷。[①] 它是清朝历代皇帝统治时期的大事记，用编年体详尽地记载了有清一代近三百年的用人行政和朝章国政。《清实录》是经过整理编纂而成的现存的清史官修史料，为研究清代政治、经济（含灾荒）、军事、文化必须凭借的重要文献。我们据此全面阅读并重点摘录涉及内蒙古地区或与内蒙古地区接壤交界和邻近地区的关于各类灾害或灾荒记录，赈灾或救灾状况，灾后社会后果或导致灾荒的自然的和社会的成因等。我们已摘出 400 余条 / 次。

《清史稿》（赵尔巽等撰）是民国初年设立的清史馆编写的论述清代历史的未定稿。它按照历代"正史"的体例，也分为纪、志、表、传四部分，共 536 卷。我们仅泛泛阅读了其中卷七十七·志五十二·地理二十四·内蒙古（包括科尔沁部、扎赉特部、杜尔伯特部、郭尔罗斯

---

① 《清实录》，中华书局 1986 年影印本。

部、喀喇沁部、土默特部、敖汉部、奈曼部、巴林部、札鲁特部、翁牛特部、阿鲁科尔沁部、克什克腾部、喀尔喀左翼部、乌珠穆沁部、阿巴哈纳尔部、浩齐特部、阿巴噶部、苏尼特部、四子部落、茂明安部、乌喇特部、喀尔喀右翼部、鄂尔多斯），重点参阅了卷四十·志十五·灾异一、卷四十一·志十六·灾异二、卷四十二·志十七·灾异三、卷四十三·志十八·灾异四、卷四十四·志十九·灾异五。①《清史稿·灾异志》记载灾害和灾荒的优点是按水、火、木、金、土分门别类、相对集中、条理清晰、一目了然，缺点是过于简略、定量不足、一点而过、未作展开。但我们依据其提供的线索和要点，去广泛查阅了档案史料或地方志记载。

乾隆三十年（1767 年），清廷重开国史馆于东华门内，时蒋良骐任纂修，根据《实录》《红本》和其他官修之书，摘录"朝章国典兵礼大政与列传有关合者"成书 32 卷，称《东华录》。此后王先谦、潘颐福等先后辑录成《十一朝东华录》，起清初迄同治期。另有朱寿朋编记载光绪朝 34 年间的事，出版于宣统元年（1909 年），时《德宗实录》尚未纂修，所以它根据的材料主要是依靠邸钞、京报、部分采录当时的报纸记载。但因与蒋良骐、王先谦、潘颐福各录体例相同，故称《东华续录》，通称《光绪朝东华录》②。《十一朝东华录》和《光绪朝东华录》几近贯彻整个清代，有丰富的灾荒史料，邓拓在其《中国救荒史》论述和统计清代灾荒时基本上是依据《十一朝东华录》和《清史稿》的。

二是方志、档案、官书等资料 方志类。主要有《内蒙古纪要》《内蒙古地理》《归绥道志》《绥远通志稿》《归化城厅志》《归绥县志》《萨拉齐县志》《土默特旗志》《绥远集宁县志》《武川县志》《乌兰察布盟四子部落旗调查报告》《喀尔喀右翼旗调查报告》《茂明安旗调查报告》《河

---

① 参见赵尔巽等撰：《清史稿》，中华书局 1977 年版，总第 1487—1656 页。

② 朱寿朋编：《光绪朝东华录》全五册，张静庐等点校，中华书局 1958 年版。

套图志》《鄂托克富源调查记》《伊克昭盟志》《伊盟七旗社会调查》《河套新编》《临河县志》《临河风土志》《绥远省河套调查记》《西蒙阿拉善旗社会调查》《居延海》《呼伦贝尔志略》《呼伦贝尔副都统衙门册报志稿》《林西县志》《热河省宁城县志》《口北三厅志》《察哈尔蒙旗暨各县概况》等。

档案类。档案是"遗留性"的史料,对于史学研究的意义自不待言。因为少有集中的档案材料,本书所需材料散见于《清初内国史院满文档案译编》《康熙朝满文朱批奏折译编》《康熙朝汉文朱批奏折汇编》《雍正朝满文朱批奏折全译》《宫中档乾隆朝奏折》《光绪朝朱批奏折》之中。虽吉光片羽,益觉弥足珍贵。比较集中的史料是关于清末垦务的两部档案材料汇编——《内蒙古垦务档案汇编》和《蒙荒案卷》,它们都是当时相关机构关于蒙地放垦的公文汇编,是不可多得的第一手资料。性质类似的还有朱启钤的《东三省蒙务公牍汇编》,唯内容不限于垦务。

官书、政书类。这类文献是清朝中央机关组织编写的,依据也是档案,当然是经过取舍和提炼的。优点是简明扼要,利用便利。包括《大清历朝实录》《东华录》《清会典》《清会典事例》《清朝通志》《清朝通典》《清朝文献通考》《清续文献通考》《蒙古律例》《理藩院则例》等书。对了解清朝关于蒙古地区的政策措施、法律法规很有帮助。《清史稿》虽然年代较晚,但性质也属此类,其中的《藩部传》亦值得一读。

私家文献。一是私人所修史书,如张穆的名著《蒙古游牧记》;二是卸任官员的文集,如曾经任呼伦贝尔副都统的宋小镰的《宋小镰文集》,曾任程德全、徐世昌顾问的徐鼎霖的《徐鼎霖集》;三是康、雍、乾诸帝巡幸、出征、出猎于蒙古各地时所写的诗文,保存在《御制诗文集》中;四是京城或内地官员奉差、出使蒙古地区时所写的行记、诗文,如李调元的《山口程纪》、张鹏翮的《奉使俄罗斯行程录》、冯一鹏的《塞北杂识》、文祥的《巴林纪程》、李延玉的《游蒙日记》;五是外国人赴内蒙古时的游历考察笔记,其中最有价值的是俄国蒙古学专家阿·马·波兹德涅耶夫的《蒙古及蒙古人》；六是值得特别提出的是蒙古当地人士的记述。这里所指的是汪国钧的《蒙古纪闻》。汪氏以汉人而隶入蒙籍，累世在王府为官，对喀喇沁地区的历史和现状可谓熟稔。本书实际上是一部翔实的喀喇沁史。其中最有价值的是关于喀喇沁王旗财政收支的记载和金丹道暴动的记述。

（二）关于本书的论题范围与研究目标

一是地域范围与研究时段 在空间上，本书所称的"内蒙古"一词是内蒙古自治区的简称。这一地理专名源自清代的"内札萨克蒙古"一词，并以清代内札萨克蒙古的地域范围为基础形成。但它不限于内札萨克蒙古所辖地域。因为内札萨克蒙古，首先是一个政治概念，仅指蒙古族的一部分。具体地说，包括理藩院直辖的6盟24部49旗。先说内外。所谓内外，一般是以横亘于今内外蒙古之间的戈壁带和伏沙区为界划分的。这片狭长的戈壁带和伏沙区，明清称大漠，更早则称为瀚海或大碛。在蒙古族的方位概念中，南北、阴阳、内外是统一的，南为阳、即内，北为阴、即外。前者称为öbür，后者称为Aru。嘉庆《大清会典》说："乃经其游牧之治，大漠以南曰内蒙古，部二十有四，为旗四十有九。"① 再说札萨克蒙古。札萨克蒙古在清代是与外札萨克蒙古相对而言的。分属于清统治蒙古的不同的政治制度。内属蒙古主要指蒙古八旗、察哈尔八旗蒙古和归化城土默特二旗蒙古。两部虽属漠南，都非内札萨克蒙古。"内札萨克蒙古"名称的正式使用，大约是在乾隆战定准噶尔以后。此前的《康熙会典》《雍正会典》中只称"蒙古四十九旗"，"喀尔喀七旗"，不书"内""外"。至乾隆朝官书如乾隆内府抄本《理藩院则例》

---

① 何桑阿等：《大清会典》卷四十九《理藩院·旗籍清吏司》，文海出版社1992年影印本。

《乾隆会典》《清朝通志》中才明确出现"内札萨克蒙古""内外藩蒙古"
等用法。如"内札萨克蒙古诸部落,壤地相错,形势相连,东接盛京、
黑龙江,西邻厄鲁特,南至长城,北逾绝漠,袤延万余里"①。以此范围
与今日内蒙古地区相比较,西、南与东、北都不足。

本书所论述的盟、部、旗包括:哲里木盟 10 旗,其中科尔沁部 6
旗、扎赉特部 1 旗、杜尔伯特部 1 旗、郭尔罗斯部 2 旗。卓索图盟 5 旗,
其中土默特部 2 旗、喀喇沁部 3 旗。昭乌达盟 11 旗,其中巴林部 2 旗、
奈曼部 1 旗、敖汉部 1 旗、翁牛特部 2 旗。阿鲁科尔沁部 1 旗。扎鲁特
部 2 旗、喀尔喀部 1 旗、克什克腾部 1 旗。锡林郭勒盟 10 旗,其中乌
朱穆沁部 2 旗、苏尼特部 2 旗、阿巴噶部 2 旗。阿巴哈纳尔部 2 旗、浩
齐特部 2 旗。乌兰察布盟 6 旗,其中四子部落 1 旗。喀尔喀右翼部 1 旗、
乌喇特部 3 旗。茂明安部 1 旗。伊克昭盟 7 旗,即鄂尔多斯部 7 旗。②
除上述盟旗外,在本书论述范围之内的还有绥远城将军所属土默特 2
旗、察哈尔都统所辖游牧八旗。阿拉善和硕特部 1 旗。额济纳土尔扈特
部 1 旗、呼伦贝尔八旗。布特哈打牲八旗。此外还有清廷在内蒙古境内
设置的各大官办牧场和王公牧场。

在时间上,本书所称的"清代",系以清王朝顺治朝至宣统朝
(1644—1911 年)为断,不受通常的古代、近代所限,避免割断历史的
联系;本书所称的"清代以来"以 1644—2000 年为限。在空间上以今
天的内蒙古自治区地域版图为基本范围,根据历史上的实际情况予以调
整。因此,清代不在内蒙古辖境,而今天是其重要组成部分的察哈尔、
归化城、土默特、呼伦贝尔、布特哈地区也加以论述,因为这些地区本

① 参见乾隆内府抄本《理藩院则例·录勋清吏司上·疆理》,《清代理落院资料辑录》,
全国图书馆文献缩微中心 1988 年版。
② 参见亦邻真先生的绪论,载周清澍主编:《内蒙古历史地理》,内蒙古大学出版社
1994 年版,第 1—10 页;郭松义、李新达、杨珍:《中国政治制度通史·清代》,人
民出版社 1996 年版,第 245—247 页。

来就是蒙古历史文化区的一部分，只是清朝根据其统治需要人为地割裂出去的。另外，清代各时期曾隶属内札萨克蒙古管辖，而后来随着农业区的形成被划归沿边各行省，今天已不在内蒙古境内的地区，如河北的张家口地区、承德地区、平泉地区，辽宁省的朝阳、阜新地区，吉林省的长春、白城等地区，也不例外。非如此，不足以全面观察历史上发生的内蒙古地区灾荒以及与经济社会和生态环境的深刻变迁。

二是研究思路、研究方法与创新目标 研究思路。我们将从多角度对内蒙古地区的灾荒进行系统的探讨，重点是清代内蒙古地区的灾荒研究。首先从历史学的角度探讨自然灾害造成的社会后果，灾荒的成因及其对社会经济、社会生活的影响，社会对灾荒的调控措施等。其次从生态学的角度，探讨历史上内蒙古地区生态环境的变迁及其与各种经济类型（如游牧经济、农业经济等）的关系，生产关系与生态环境破坏之间的联系，生态环境的破坏对社会生活的影响等问题。再次从气象学的角度加以探讨。内蒙古地区是内陆性高原气候，属干旱、半干旱地区，我们拟从气象学的有关理论出发，就现有资料进行分析，以期多角度地探讨并揭示这一地区灾荒的成因以及时空分布规律。最后，从生态哲学理论维度，宏观审视，精当把握。

研究方法。在研究方法上，拟将传统史学方法、新史学理论和方法与现代科技方法相结合。对有关的历史资料，主要采取传统的史学方法去搜集，同时利用一些用科学仪器测量所取得的数据。对史料的分析，将整合各学科如历史学、社会学、气象学、生态学以及生态哲学的有关理论与方法，对内蒙古地区灾荒进行全面系统的研究，努力得出有说服力的结论。

创新目标。在本书中，我们力图从多学科的角度来把握内蒙古地区的灾荒研究。在研究过程中将以传统史学和新史学理论与方法的结合为基础，从生态学、地理学、气象学等角度来进行系统研究和深度揭示。

本书是第一次全面而系统地对清代及清代以来内蒙古地区的灾荒进

行整理和研究，虽然有相当的难度，但却具有重要的理论价值和现实意义。鉴于正史对内蒙古地区灾荒的记载量少且不成系统，我们在研究过程中将尽可能地运用方志、档案史料等，重点把握并深度挖掘清代以来特别是有清一代灾荒及其与经济社会和生态环境的复杂关系。

体现新史学理论与方法。如历史划分的"长、中、短时段"[①]；通过历史遗留的史料认识特定历史和现实所提出的各类问题，特别是经济史、灾害史问题，人口与生态、地理环境和气候变化的历史等；揭示当时政治政策、经济生产、生态环境状况、赈灾能力水平等；通过清代以来内蒙古灾荒研究，做好各类灾荒的时空分布统计分析，以期通过计量准确把握其规律。

---

① 参见［英］杰弗里·巴勒克拉夫：《当代史学主要趋势》，杨豫译，上海译文出版社1987年版。

第一章　清代以前内蒙古地区灾荒概况

本章研究的空间区域，实际上是今天的内蒙古以及与此密切相关的相邻地区，即清初称为漠南的地区。为了叙述问题的方便，本章首先对该地区明代以前灾荒进行极为简要的叙述，在此基础上重点揭示明代漠南地区各类灾荒灾况、时空分布规律与特征，以及灾荒造成的生态环境和经济社会危害。

第一节　明代以前灾荒述略

对明代以前灾荒情况拟划分四个阶段，即战国秦汉、魏晋南北朝、隋唐五代、宋辽金元时期，加以论述。考虑到明代以前关涉内蒙古地区灾荒史料的匮乏性，我们将尽可能地以文字和表格形式反映这些记载，以此初步勾勒和扼要展示其基本图景。

一、战国秦汉时期

战国时期（前 475—前 221 年，共 255 年）记载该地区的旱灾 4 次、震灾 1 次。秦汉时期（前 221—220 年，共 443 年）记载该地区的灾荒状况是：旱灾 27 次、水灾 13 次、风灾 7 次、雪灾 5 次、雹灾 6 次、虫灾 3 次、震灾 11 次、疫灾 3 次。就是说，战国至秦汉各类灾害的记载总计 80 次。其中旱灾最多，为 31 次；水灾次之，为 13 次。两项合计 44 次，占这一时期整个灾害总数的 55%。这从一个侧面表明内蒙古地区从战国秦汉时期开始，其主要灾害类型首要的是旱灾，其次是水灾。

在战国时期记载该地区或与该地区相关的 4 次旱灾中有两次记载比较笼统，如"秦始皇三年（前 244 年），岁大饥"[1]，"秦始皇十二年（前 235 年），天下大旱"[2]。均没有具体记载其地理空间方位。当然亦有较明确的记载，如"秦始皇十七年（前 230 年），赵大饥"[3]。"赵"乃战国时赵国，辖及今内蒙古乌兰察布盟南部，呼和浩特、包头两市以及河套等地区。秦始皇十九年（前 228 年），上谷大饥。[4]"上谷"依秦国地图，辖及内蒙古太仆寺旗及正蓝旗以南闪电河地区；另据宋志刚著《内蒙古疆域考略》，西汉上谷郡辖有内蒙古太仆寺旗、多伦、正镶白旗、阿巴嘎旗、苏尼特旗等地区。此外，战国时期还有震灾的记载，如周赵幽缪五年（前 231 年），代地大动，台屋墙垣大半坏，地坼东西三十步[5]。"代地"系指代郡，郡治在今河北省蔚县，辖及内蒙古兴和县、丰镇县一部分地区。

秦汉时期文献记载该地区的灾荒共 75 次，其中旱灾最多，共计 27

---

① 司马迁撰：《史记》，中华书局 1959 年版，第 224 页。

② 司马迁撰：《史记》，第 231 页。

③ 司马光编著：《资治通鉴》，中华书局 1956 年版，第 223 页。

④ 司马迁撰《史记》，第 233 页。

⑤ 司马迁撰《史记》，第 1832 页。

次，其次依序是水灾 13 次、震灾 11 次、风灾 7 次、雹灾 6 次、雪灾 5 次、虫灾和疫灾各 3 次。其中频数愈多的，对于社会经济的破坏也就愈大。譬如旱灾，据史籍所载，当时旱灾一来，动辄赤地数千里，大饥大侵人相食。如汉宣帝本始三年（前 71 年）夏五月，大旱，"郡国伤旱甚者，民毋出租赋，三辅民就贱者，且毋收事，尽四年"①。新莽天凤二年（15 年），"五原、代郡兵起。时卫卒二十余万人，久屯塞边三岁不得代，谷籴常贵，仰衣食于县官。岁大饥，人相食，盗贼蜂起"②。"五原"乃指五原郡，郡治在今内蒙古包头市西北境，辖境相当于今包头市、巴彦淖尔盟东部、伊克昭盟东北部沿边地区；"代郡"郡沿在河北蔚县，辖境包括内蒙古兴和县及丰镇县部分地区。东汉光武帝建武二十二年（46年）"而匈奴中连年旱蝗，赤地数千里，草木尽枯，人畜饥疫，死耗大半"③。"匈奴"汉时领有内蒙古锡林郭勒盟中、西部，及乌兰察布北部、阿拉善盟东部等地区。

除旱水灾之外，风、雪、雹、虫、震、疫等灾，共计 36 次，占该地区该时段整个灾害的 45%。比如风、雪、疫、蝗等灾害的威胁是十分明显的。如汉高祖二年（前 205 年）夏四月，"大风从西北起，折木发屋，扬沙石，昼晦"④；汉景帝后二年（前 142 年）十月，"云中郡民疫"⑤。"云中郡"辖境相当于呼和浩特市、托克托县、和林格尔县等一带地区。汉武帝元封六年（前 105 年）冬，匈奴大雨雪，畜多饥寒死；汉宣帝本始三年冬，匈奴大雨雪，一日深丈余，人民畜产冻死⑥。汉昭帝始元元年（前 86 年）"四月壬寅辰，大风从西北起，云气赤黄，四

① 班固撰：《汉书》，中华书局 1962 年版，第 244 页。
② 王轩等纂修：《山西通志》，中华书局 1975 年版，第 5690 页。
③ 范晔撰：《后汉书》，中华书局 1965 年版，第 2942 页。
④ 班固撰：《汉书》，第 36 页。
⑤ 绥远通志馆编纂：《绥远通志稿》第九册，内蒙古人民出版社 2007 年版，第 2 页。
⑥ 参见 [英] 巴克尔：《鞑靼千年史》，向达、黄静洲译，商务印书馆 1936 年版，第 27 页。

塞天下，终日夜下着地者黄土尘也"①，"西北"在西晋时期系凉州刺史郡，辖境包括内蒙古额济纳旗地区。汉光武帝建武二十二年（46年），"是时，匈奴中连年旱、蝗，赤地数千里，草木尽枯。人畜疾疫，死者大半"②。

再如地震的损坏也十分惨重。如汉成帝元延二年（前11年）"北陲地震。坏城廓，压伤甚众。"③"北陲"指西汉时的甘肃北陲，系凉州刺史部北方边疆地区，包括内蒙古额济纳旗、阿拉善左旗南部等地区。汉成帝绥和二年（前7年）"九月丙辰，地震，自京师至北边郡国三十余，坏城廓，凡杀四百一十五人"④。这样的记载颇多，可见其地震灾害的惨烈。

二、魏晋南北朝时期

魏晋南北朝的370年间，在内蒙古地区共发生旱灾39次、水灾21次、风灾24次、雪灾15次、霜灾14次、雹灾1次、虫灾7次、震灾20次、疫灾2次、其他灾害3次，总计146次。其中最严重和频仍的仍是旱灾，达39次，占各类灾害总数的26.71%；其次风灾24次，水灾21次，震灾20次，这三项总计65次，占44.52%。需要特别指出的是，这一时期在内蒙古地区的地震灾害异常活跃，创震灾新高，平均18.5年便有一次震灾。旱、风、水、震四项共计104次，占71.23%。这个时期的旱灾的特征表现在：

其一是空间范围广。如晋武帝太康九年（273年），"夏，郡国

① 班固撰：《汉书》，第1449页。
② [英]巴克尔：《鞑靼千年史》，第33页。
③ 《甘肃全省新通志》卷二，《天文志》，载中国西北文献丛书编辑委员会编：《中国西北文献丛书》，兰州古书店1990年影印本，第147页。
④ 班固撰：《汉书》，第1454页。

三十三旱"①；北魏文成帝太安五年（459年），"六镇云中灾旱，年谷不收"②。"六镇"指北魏所置沃野、怀荒、柔玄、扶冥、武川、怀朔等镇，即今乌盟大青山以北，锡盟多伦、阿巴哈纳尔旗以西，巴盟乌拉特旗以东一带地区。北魏献文帝皇兴二年（468年）"州镇二十七水旱"③。旱灾动辄波及十几州镇乃至几十州镇，可见其空间范围之广。

其二是持续时间长。如晋成帝咸康元年（335年），"六月旱。连岁旱至四年。时天下普旱，米斗值五百，民有相鬻者"④；北魏孝文帝太和二十年（496年）七月戊寅，"帝以久旱，咸秩群神……十二月甲子，以西北州郡旱俭，遣侍臣巡察，开仓赈恤"⑤。"西北州郡"：北魏孝文帝太和十九年徙都洛阳后，甘肃、宁夏及内蒙古的中西部皆系西北州郡地区。

其三是灾害程度深。如晋孝武帝太元十二年（387年）冬，"凉州饥，人相食"⑥。"凉州"指凉州刺史部，辖及内蒙古乌海市、额济纳旗及阿拉善左旗部分地区；西晋时凉州，即今甘肃省兰州市以西地区，包括内蒙古额济纳旗地区；东晋时凉州辖境比西晋时略有扩大，包括内蒙古阿拉善盟地区。北魏明元帝神瑞二年（415年），"频遇霜旱，年谷不登，云、代民多饥死"⑦。"云、代"指云中郡和代郡，即今内蒙古和林格尔至山西大同市一带地区，系北魏复置，辖呼和浩特市、托克托县，和林格尔县、兴和县及丰镇县地区。北魏宣武帝延昌二年（513年）二月甲戌，"以六镇大饥，开仓拯赈。是春，人饥死者数万口。"⑧

① 房玄龄等撰：《晋书》，中华书局1974年版，第839页。
② 绥远通志馆编纂：《绥远通志稿》第九册，第3页。
③ 绥远通志馆编纂：《绥远通志稿》第九册，第3页。
④ 房玄龄等撰：《晋书》，第840页。
⑤ 李延寿撰：《北史》，中华书局1974年版，第116页。
⑥ 许容等监修：《甘肃通志》卷二十四《祥异》，文海出版社1966年版，第5页。
⑦ 绥远通志馆编纂：《绥远通志稿》第九册，第3页。
⑧ 绥远通志馆编纂：《绥远通志稿》第九册，第4页。

再以该地区水、风灾为例。魏明帝太和四年（230年）"九月，大雨，伊、洛、河、汉水溢"①。"河"：指黄河，该河由宁夏流入内蒙古经乌海市、伊克昭盟与阿拉善旗、巴彦淖尔盟、包头市、土右旗及清水河之间流入山西、陕西境内。北魏道武帝天赐四年（407年）"夏五月，（帝）北巡，自参合陂东过蟠羊山，大雨，暴水流辎重数百乘，杀百余人。"②"潘羊山"在呼和浩特与四子王旗之间。这一时期，内蒙古的阿拉善盟地区至锡盟多伦、阿巴嘎纳尔旗以西各盟市旗县地区，大风及沙尘暴的记载增多。如魏废帝嘉平元年（249年）正月壬辰朔，"西北大风，发屋折树木，昏尘蔽天。"③ 这里记载的"西北"，魏晋时期称为凉州，辖境相同，包括内蒙古额济纳旗地区；东晋时凉州辖境比西晋略有扩大，包括内蒙古阿盟地区。晋惠帝永康元年（300年）"十一月戊午朔，大风从西北来，折木飞沙石，六日止"④；晋惠帝永兴元年（304年）"正月己丑，西北大风"⑤；晋穆帝永和七年（351年）春三月己卯，"凉州大风拔术，黄雾下尘"⑥；北魏明元帝永兴三年（411年）"二月甲午，京师大风"，"十一月丙午，又大风"⑦。"京师"：北魏于公元398年由盛乐迁都平城，平城称为代京或京师，即今大同市，现内蒙古丰镇、清水河一部分，凉城等县皆系代都隶内地，辖司州。北魏明元帝永兴五年（413年）"十一月庚寅，京师大风，起自西方"⑧；北魏明元帝"神瑞元年四月，京师大风"⑨；北魏明元帝神瑞"二年（415年）正月，京师大风"⑩（从411—415年这一地区连年风灾）。更有甚

---

① 陈寿撰：《三国志》，中华书局1959年版，第97页。
② 魏收撰：《魏书》，第43页。
③ 房玄龄等撰：《晋书》，第885页。
④ 房玄龄等撰：《晋书》，第886页。
⑤ 房玄龄等撰：《晋书》，第887页。
⑥ 《甘肃全省新志》卷二《天文志》，第149页。
⑦ 魏收撰：《魏书》，第2899页。
⑧ 魏收撰：《魏书》，第2899页。
⑨ 魏收撰：《魏书》，第2899页。
⑩ 魏收撰：《魏书》，第2899页。

者，北魏太武帝太延二年（436年）"四月甲申，代京暴风，宫墙倒，杀数十人"①；太延三年（437年）"十二月，代京大风，扬沙折树"②。北魏文成帝和平元年（460年）三月，"代京大风晦冥"③；翌年三月壬辰，"京师大风晦冥"④；北魏孝文帝延兴五年（457年）五月，"代京赤风"⑤；北魏孝文帝太和二年（478年）七月，"武川镇大风，失去六家，羊角而上，不知所在"⑥；孝文帝太和四年（480年）"九月甲子朔，代京大风，雨雪三尺"⑦；孝文帝太和十二年（488年）"五月壬寅，代京连日大风，甲辰尤甚，发屋拔树，六月壬申，又大风"⑧；太和十三年（489年）"七月丁酉朔，代京大风，拔树发屋"⑨；北魏宣武帝景明元年（500年）"八月乙亥，朔、夏等五州频暴风陨霜"⑩。"朔州"州治在今和林格尔县，辖境相当于内蒙古呼和浩特、包头两市，乌盟西南部及伊盟准格尔旗等地区。"夏州"州治在今乌审旗南白城，辖及内蒙古杭锦旗、乌审旗等地区。北魏宣武帝正始元年（504年）"五月壬戌，武川镇陨霜，大雨雪。六月辛卯，怀朔镇陨霜"⑪。"怀朔镇"是上述"六镇"之一，镇所在今内蒙古固阳县，辖境相当于今包头市、土右旗、乌拉特三旗及达茂联合旗等一带地区。正始二年（505年）"二月癸卯，有黑风羊角而上，起于柔玄镇，盖地一顷，所过拔树。甲辰至于营州，东入于海"⑫。"柔玄镇"是上述"六镇"

① 王轩等纂修：《山西通志》，第5770页。
② 王轩等纂修：《山西通志》，第5770页。
③ 王轩等纂修：《山西通志》，第5776页。
④ 魏收撰：《魏书》，第2900页。
⑤ 王轩等纂修：《山西通志》，第5779页。
⑥ 王轩等纂修：《山西通志》，第5780页。
⑦ 王轩等纂修：《山西通志》，第5780页。
⑧ 王轩等纂修：《山西通志》，第5783页。
⑨ 王轩等纂修：《山西通志》，第5783页。
⑩ 绥远通志馆编纂：《绥远通志稿》第九册，第4页。
⑪ 王轩等纂修：《山西通志》，第5788页。
⑫ 魏收撰：《魏书》，第2901页。

之一，即今内蒙古兴和县西北地区；"营州"即今辽宁省朝阳地区。北魏孝明帝正光二年（521年）"八月乙亥朔，夏州暴风陨霜"①；北齐后武平七年（571年）"春二月丙寅，大风从西北起，发屋拔树，五日乃止"②。上述有关风灾的文献，可以说明魏晋南北朝时期，是内蒙古地区古代风灾最为频仍的一个历史阶段。

在魏晋南北朝时期，内蒙古雪、霜、虫、疫灾害的史料亦很多，如北魏太武帝太平真君八年（447年）"是岁，北镇寒雪，人畜多冻死"③。"北镇"，即怀朔镇。北魏孝文帝太和四年（480年）"九月甲子朔，京师大风，雨雪三尺"④。北魏宣武帝正始元年（504年）"五月壬戌，武川镇霣霜"⑤。再看霜、雹，如北魏孝文帝太和三年（479年）"七月，朔州大霜，禾豆尽死"⑥；北魏宣武帝正始元年"五月壬戌，武川镇陨霜。六月辛卯怀朔镇陨霜"⑦。

虫灾的记载，如晋怀帝永嘉四年（301年）五月，"夏蝗，食草木牛马毛皆尽"⑧；北魏孝文帝太和元年（477年）"正月，云中饥，诏开仓赈恤"⑨。太和二年（478年）"夏四月，代京蝗⑩；北魏明帝正光元年（520年）九月，"沃野镇官马为虫入耳，死者十四五，虫似蜮，长五寸以下，大如箸。"⑪"沃野镇"，上述"六镇"之一，今内蒙古巴盟、乌海市等地区。疫灾的记载，如北魏孝文帝太和元年（477年）三月，"丙午诏曰：去岁牛疫，

---

① 马福祥修：《朔方道志》卷一《天文志》，天津华泰印书馆印，第4页。
② 李延寿撰：《北史》，第297页。
③ 王轩等纂修：《山西通志》，第5773页。
④ 王轩等纂修：《山西通志》，第5780页。
⑤ 绥远通志馆编纂：《绥远通志稿》第九册，第4页。
⑥ 绥远通志馆编纂：《绥远通志稿》第九册，第3页。
⑦ 绥远通志馆编纂：《绥远通志稿》第九册，第4页。
⑧ 许容等监修：《甘肃通志》卷二十四《祥异》，第4页。
⑨ 王轩等纂修：《山西通志》，第5779页。
⑩ 王轩等纂修：《山西通志》，第5780页。
⑪ 魏收撰：《魏书》，第2917页。

死者大半"①。

除上述各类灾害，魏晋南北时期的地震灾害，亦是相当突出的，在这 370 年共发生 20 次地震灾害。其中凉州（今阿拉善盟）地区分别于东晋元帝升平五年（361 年）秋八月，东晋帝奕太和元年（366 年）春二月，晋孝武帝宁康二年（374 年）秋七月甲午，北周武帝建德三年（574 年），均有地震记载，其中 574 年的为甚，"坏城廓，地裂涌泉出"②。桓州（金桓州，州治在今内蒙古正蓝旗境，辖境约今多伦、太仆寺一带地区）、代京、京师、平城、大同（辖内蒙古丰镇、清水河、凉城）亦于北魏道武帝天赐六年（409 年）三月（桓州），晋恭帝元熙元年（419 年）二月（大同），北魏太武太延四年（438 年）三月己未（代京），北魏孝文帝延兴四年（474 年）三月乙亥（京师），是年十月（代京），北魏孝文帝太和元年（477 年）四月辛酉（京师），太和四年（480 年）己酉（代京），太和十年（486 年）二月甲子（代京），丙寅（代京）又震。是年三月壬子（京师），北魏宣武帝正始二年（505 年）九月己丑（桓州），宣武帝永平四年（511 年）五月庚戌（桓州），宣武帝延昌元年（512 年）四月庚辰（桓州），北魏节闵帝普泰二年（532 年）九月（平城），南北朝梁武帝四年（538 年）九月（大同），梁武帝十年（544 年）五月（大同），以及 545 年（代），546 年（大同），地屡震。

三、隋唐五代时期

隋唐五代时期内蒙古地区发生旱灾 30 次、水灾 5 次、风灾 3 次、雪灾 5 次、霜灾 4 次、虫灾 3 次、震灾 7 次、疫灾 3 次、其他灾害 4 次，总计 64 次。从史料记载统计看，这一时期是内蒙古地区灾害相对较少

---

① 李延寿撰：《北史》，第 93 页。
② 许容等监修：《甘肃通志》卷二十四《祥异》，第 7 页。

的历史时期，平均每5.81年有一次灾害。这与魏晋南北朝时期平均2.53年和后来的宋、辽、金、元时期平均1.24年就有一次灾害相比，确是相对稳定期。其中旱灾最多，达30次，占该期灾害总量的46.88%。这一时期除旱灾之外，还有其他各类灾害，依序是震灾7次，水、雪灾各5次，霜灾4次，风、虫、疫灾各3次，其他灾害4次，总计34次。比较典型的记载有：隋炀帝大业四年（608年），"燕代缘边诸郡旱"①。"燕代缘边诸郡"，泛指汉晋时燕郡和代郡。缘边地区即今河北省北部，山西省北部一带地区。代郡辖境包括内蒙古乌盟兴和及丰镇部分地区。翌年，"代郡饥"②。唐高祖武德七年秋（624年）"关内、河东旱"③。"关内"，指关内道，其辖境包括内蒙古呼和浩特、包头二市，伊盟、巴盟、乌盟大部（除河东道辖区外），锡盟东乌珠穆沁旗及昭乌达盟（赤峰市）巴林左旗以西地区，阿盟阿拉善左、右旗等一带地区；"河东"，指河东道，其辖境包括内蒙古兴和、察右前旗、丰镇等一带地区。唐玄宗开元十二年（724年）七月，"河东、河北旱，帝亲祷雨宫中，设坛席，恭立三日"④。"河北"，指河北道，其北部辖及内蒙古除巴林左旗外有昭盟、哲盟、兴安盟、呼伦贝尔盟地区。辽重熙十三年升为大同府。乾符五年（878年），"代北荐饥，漕运不继。"⑤"代北"，唐朝称代北，指代州以北之云州地区。唐僖宗中和二年（882年），"关中大饥"，中和四年（884年）"关中大饥"⑥。我们说到隋唐五代时期是内蒙古地区各类灾害相当稳定（少）期，但从旱灾角度看却与以往比有过之而无不及。

这一时期除了旱灾之外，还有其他各类灾害，按记载多少程度依序

---

① 王轩等纂修：《山西通志》，第5819页。
② 王轩等纂修：《山西通志》，第5819页。
③ 欧阳修、宋祁撰：《新唐书》，中华书局1975年版，第915页。
④ 欧阳修、宋祁撰：《新唐书》，第916页。
⑤ 司马光编著：《资治通鉴》，第8196页。
⑥ 欧阳修、宋祁撰：《新唐书》，第274—276页。

是震灾 7 次,水、雪灾各 5 次,霜灾 4 次,风、虫、疫灾各 3 次,其他灾害 4 次,总计 34 次,占该期灾害总量的 53.12%。

唐太宗贞观二十年(646 年)九月辛亥,"灵州地震,有声如雷"①。"灵州",即宁夏灵武县。特别是在大中三年(849 年)十月辛巳,"振武、河西、天德及灵武,盐、夏等处皆震,坏军镇庐舍,戍卒压死者数千人。"② 这是有关地震的记录。

贞观元年(627 年),突厥国雪,"平地数尺,羊马皆死,人大饥";贞观三年(629 年),突厥国以"频年大雪,六畜多死,国中大馁"③。"突厥国"辖境,除今蒙古国部分地区之外,包括我国内蒙古锡盟西部,呼和浩特、包头二市,乌盟、巴盟北部,阿拉善左、右旗等地区。贞观十五年(641 年)十一月,即薛延陀寇边,诏:兵部尚书李世勣为朔州道行军总管以伐之。十二月世勣薛延陀于诺真水,斩首三千余人,捕虏五万余人,值大雪,人畜冻死十八九,世勣还师定襄④。"诺真水"即今艾不盖河,在内蒙古达茂联合旗境。这是有关雪灾的记载。

唐太宗贞观元年八月,"河南陇右沿边诸州,霜害秋稼"⑤。"陇右沿边诸州",指陇右道诸州;当时河南陇右道的甘州,包括内蒙古额济纳旗。贞观三年,"北边霜杀稼"⑥。"北边"泛指关内道北部地区,即今内蒙古锡盟西部,呼和浩特、包头二市,乌盟北部和阿拉善左、右旗等地区。这是霜灾的记载。

隋文帝开皇二十年(882 年)十一月,"大风发屋拔木,秦陇压死者千余"⑦。"秦陇"指秦陇郡,包括内蒙古伊盟、巴盟及乌海市、包头市、

---

① 马福祥修:《朔方道志》卷一《天文志》,第 5 页。
② 绥远通志馆编纂:《绥远通志稿》第九册,第 4 页。
③ 刘昫等撰:《旧唐书》,中华书局 1975 年版,第 5159 页。
④ 王轩等纂修:《山西通志》,第 5854 页。
⑤ 刘昫等撰:《旧唐书》,第 33 页。
⑥ 欧阳修、宋祁撰:《新唐书》,第 942 页。
⑦ 许容等监修:《甘肃通志》卷二十四《祥异》,第 7 页。

呼和浩特市大部地区。唐高祖武德六年（623 年），"夏州蝗"①。唐太宗贞观十年（636 年），"关内、河东疾病"②。这分别是风、虫、疫灾的记载。所有这些记载都从某个侧面，不同程度地反映了这一时期内蒙古的灾害状况。

四、宋辽金元时期

宋辽金元时期记载内蒙古地区旱灾 147 次、水灾 47 次、风灾 16 次、雪灾 17 次、霜灾 26 次、雹灾 34 次、虫灾 16 次、震灾 26 次、疫灾 1 次、其他灾害 6 次，共计 336 次。其中旱灾最为严重，达 147 次；其次是水灾，达 47 次。这两项计 194 次，占该期灾害记载总量的 57.74%。除旱、水灾害之外，依序还有雹灾 34 次、霜灾 26 次、震灾 26、雪灾 17 次、风灾 16 次、虫灾 16 次、疫灾 1 次，以及其他灾害 6 次，总计 142 次，占该期灾害记载总量的 42.26%。

在宋、辽、金（960—1279 年）的 320 年中，文献记载内蒙古地区的旱灾 96 次，超过了以往历代的记录，平均每 3.3 年便有一次旱灾，呈现出面广灾重的特点。史料记载"大旱"、"久旱"、"大饥"、"人相食"等随处可见。如宋太宗至道三年（997 年）"饥，德明表求粟百万（石）赈济"③。"夏州"，州治在今内蒙古乌审旗南白城子，辖及内蒙古杭锦旗、乌审旗等地区。辽统和二十八年（1010 年），"饥，贷粟于宋。绥、银久旱，灵、夏禾麦不登，民大饥。德明遣使奉表，求粟百万斛"④。宋真宗大中祥符三年（1010 年）"六月庚己，边臣言契丹饥，来市籴。诏：

① 欧阳修、宋祁撰：《新唐书》，第 938 页。
② 刘煦等撰：《旧唐书》，第 46 页。
③ 马福祥修：《朔方道志》卷一《天文志》，第 6 页。
④ 戴锡章编：《西夏纪》，宁夏人民出版社 1988 年版，第 119 页。

雄州粜粟二万石赈之"①。"契丹"即辽，辖境除西夏辖伊、巴、阿三盟及乌海市外，包括内蒙古全部地区。宋仁宗天圣七年（1029 年），"契丹岁大饥，民流过界"②。宋仁宗庆历元年（1041 年），"西夏黄鼠食稼，天大旱。"③"西夏"，辖内蒙古伊、巴、阿三盟及乌海市。宋英宗治平四年（1067 年），"河北旱，民流入京师，以粜使司陈粟贷民户二石"④。"河北"指河北道，其北部辖及内蒙古除巴林左旗外，有昭、哲、兴、呼四盟地区。宋神宗熙宁七年（1074 年）六月，"西夏大旱，草木枯死，牛羊无食，监军司令于中国边缘放牧，宋帝诏：大路经略司，严查汉藩无致侵窃"⑤。是年自春至夏，"河东久旱"⑥。宋神宗元丰八年（1085 年）"七月，银、夏州大旱，饥。自三月不雨至于是月，日赤如火，田野龟坼，禾麦尽槁。……民大饥，群臣咸恤，秉常令运甘、凉诸州粟济之。"⑦宋高宗绍兴十三年（1143 年）"秋七月，西夏大饥"⑧。金卫绍王大安二年（1210 年）"六月，西京路大旱"⑨。金西京路所在今大同市，辖境包括内蒙古呼、包二市，乌盟、锡盟两部，巴盟东部等地区。金宣宗贞祐四年（1217 年）春，河朔人相食。⑩"河朔"泛指黄河以北，包括内蒙古乌盟、巴盟及呼、包二市地区。

而在元代（1271—1368 年）的 98 年中文献记载内蒙古地区的旱灾达 51 次，平均每 1.92 年就有一次灾害，而且在已有记载看，灾情又前

---

① 脱脱等撰：《宋史》，中华书局 1977 年版，第 143 页。

② 董煟：《救荒活民书》卷上，载《文渊阁四库全书》第 662 册，台湾商务印书馆 1986 年影印版，第 247 页。

③ 戴锡章编：《西夏纪》，第 211 页。

④ 马端临：《文献通考》卷二十六，中华书局 1986 年版，第 253 页。

⑤ 戴锡章编：《西夏纪》，第 356 页。

⑥ 王轩等纂修：《山西通志》，第 5905 页。

⑦ 戴锡章编：《西夏纪》，第 415 页。

⑧ 戴锡章编：《西夏纪》，第 570 页。

⑨ 绥远通志馆编纂：《绥远通志稿》第九册，第 6 页。

⑩ 脱脱等撰：《金史》，中华书局 1975 年版，第 542 页。

所未有，同时从已掌握的文献记载看，元代强化了赈灾力度，反过来说，我们亦可以从元代所赈恤的钱粮数目判断当时所发生的灾害程度。如元世祖至元十五年（1278 年）"西京路饥"①。英宗至治元年正月，诸王斡罗斯部饥，发净州、平地仓粮赈之；三月己丑，大同路麒麟生，是月大同路大风，走沙土，壅没麦田一百余顷；六月，大同路旱；八月，大同路雨雹；二年三月，净州及云内州饥；三年七月，兴和路、大同路属县陨霜。② 元文宗至顺二年（1331 年）三月己丑，赈云内州饥民；癸巳，赈辽阳境蒙古饥民万六千余户；癸卯，大同路累岁水旱，民大饥，裁节卫士马刍粟；六月，赈兴和属县饥民；是年三月丙戌，赵王不鲁纳食邑砂、净、德宁等处蒙古部民万六千余户饥，发粮赈之。③ 顺帝至正十五年（1355 年）正月，大同路饥，出粮万石，减价粜之。④

除严重的旱灾之外，依序还有水灾 47 次、雹灾 34 次、霜灾 26 次、震灾 26 次、雪灾 17 次、风灾 16 次、虫灾 16 次、疫灾 1 次、其他灾害 6 次，总计 189 次，占该期灾害记载总量的 56.25%。下面对这些各类灾害择其要排列，从中也可以获得感性认识。

水灾。如辽圣宗统和二十七年（1009 年）"秋七月甲寅朔，霖雨。潢、土、斡剌、阴凉四河皆溢，漂没民舍"⑤。"潢"即潢河，发源于克什克腾旗，东流与土河会，过通辽向东流，即称西辽土河；"土河"即老哈河，在今通辽市奈曼旗等地区；"阴凉"即阴凉河，在喀喇沁旗境内，流经赤峰市境入落马河。至元六年（1269 年）十二月，丰州大水⑥；至元三十年（1293 年）三月，"上都雨，坏都城，诏发侍卫军三万人完之"⑦。

---

① 绥远通志馆编纂：《绥远通志稿》第九册，第 6 页。
② 绥远通志馆编纂：《绥远通志稿》第九册，第 8 页。
③ 绥远通志馆编纂：《绥远通志稿》第九册，第 9 页。
④ 绥远通志馆编纂：《绥远通志稿》第九册，第 9 页。
⑤ 脱脱等撰：《辽史》，中华书局 1974 年版，第 164 页。
⑥ 绥远通志馆编纂：《绥远通志稿》第九册，第 6 页。
⑦ 宋濂撰：《元史》，中华书局 1976 年版，第 371 页。

元成宗大德七年（1303 年）"六月，辽阳、大宁、开元等路大雨水，坏
田庐，男女死者一百有九人。"①"大宁"指大宁路，辖境包括今内蒙古赤
峰、宁城、敖汉等地区；"开元"指开元路，辖及内蒙古科尔沁左翼中、
后二旗地区。元泰定帝泰定三年（1326 年）十二月"大宁路大水，坏田
五千五百顷，漂民舍八百余家"②；泰定四年（1327 年）正月，大宁路水，
给溺死者人钞一锭；七月云州黑河水溢，发廪赈漂者，给死者棺③。

雹灾。如金世宗大定十一年（1171 年）六月戊申，西南路招讨司苾
里海水之地，雨雹三十里。小者如鸡卵，其一最大者广三尺，长尺余，
四五日始消④。西南路招讨司，司治在丰州，即今呼和浩特市。

震灾。如辽圣宗太平二年（1022 年）三月，地震，云州屋摧地陷，
崐白山裂数百步，泉涌成流⑤；宋高宗绍兴十三年（1143 年）三月，西
夏地震，逾月不止，地裂涌出黑沙，阜高数丈，广若长堤，林木皆没，
陷民居数千⑥；元世祖至元二十七年（1290 年）八月癸巳，"地大震，武平
尤甚，压死按察司官及总管府官王连等及民七千二百二十人，坏仓库局
四百八十间，民居不可胜计"，九月戊申，"武平地震"。⑦"武平"，在今
内蒙古敖汉旗东境。元成宗大德九年（1305 年）四月己酉，大同路地震，
有声如雷，坏官民庐舍五千余间，压死两千余人，十二月丙子又震。⑧

雪灾。如辽道宗大康八年（1082 年）九月，大风雪，牛马多死；大
康九年（1083 年）夏四月丙午朔，大雪，平地丈余，马死者十六七⑨；金

---

① 参见吕耀曾修：《盛京通志》卷十一《星野》，清乾隆元年（1736 年）刻本，第 17 页。
② 宋濂撰：《元史》，第 676 页。
③ 参见宋濂撰：《元史》，第 680 页。
④ 参见绥远通志馆编纂：《绥远通志稿》第九册，第 5 页。
⑤ 参见绥远通志馆编纂：《绥远通志稿》第九册，第 5 页。
⑥ 参见戴锡章编：《西夏纪》，第 529 页。
⑦ 宋濂撰：《元史》，第 339—340 页。
⑧ 参见绥远通志馆编纂：《绥远通志稿》第九册，第 7 页。
⑨ 参见脱脱等撰：《辽史》，第 288 页。

章宗承安二年（1197 年）十月甲午，"大雪，以米千石赐普济院，令为粥以食贫民"①；元顺帝至元六年（1341 年）三月丁巳，大斡尔朵思风雪为灾，马多死，以钞八万锭赈之。②

风灾。如金章宗承安三年（1198 年）十二月甲子，大风寒，冻死者五百余人③；元太宗五年（1233 年）十二月，大风霾七昼夜；④元宪宗六年（1256 年）春，大风起北方，沙砾飞扬，白日晦冥；⑤元成宗大德十年（1306 年）二月，大同路暴风大雪，坏民庐舍，明日风沙阴霾，马牛多毙，人亦有死者。平地县雨沙黑霾，毙牛马两千。⑥平地县在今内蒙古凉城县。

虫疫。如宋真宗天禧元年（1017 年）二月，开封府、京东西、河北、河东、陕西、两浙、荆湖等百三十州军蝗蝻复生，多去岁蛰者⑦；元顺帝元统二年（1334 年）六月，大宁、广宁、辽阳、开平、懿州水、旱、蝗，大饥，诏以钞二万锭遣官赈之。⑧懿州，今辽宁阜新地区境。元顺帝至正十九年（1359 年），大同、冀宁二路蝗。食禾稼，草木俱尽，所至蔽日，碍人马不能行，填坑皆盈，饥民捕蝗以为食或暴干而积之。又罄，则人相食。八月大同路蝗。⑨至正十三年十二月，大同路疫，死者大半⑩。

①　脱脱等撰：《金史》，第 243 页。

②　参见宋濂撰：《元史》，第 855 页。

③　参见脱脱等撰：《金史》，第 249 页。

④　参见宋濂撰：《元史》，第 32 页。

⑤　屠寄：《蒙兀儿史记》，中国书店 1984 年版，第 58 页。

⑥　参见宋濂撰：《元史》，第 468 页。

⑦　参见脱脱等撰：《宋史》，第 1356 页。

⑧　参见宋濂撰：《元史》，第 823 页。

⑨　参见绥远通志馆编纂：《绥远通志稿》第九册，第 9 页。

⑩　参见绥远通志馆编纂：《绥远通志稿》第九册，第 9 页。

第二节　明代内蒙古地区灾荒概况

明代内蒙古地区各类自然灾荒频仍，灾荒对该地区的危害及其影响巨大。本节以《明实录》《明史·五行志》《内蒙古历代自然灾害史料》以及部分相关地方志史料为依据，就明代内蒙古地区各类灾荒简况、灾荒分布规律和特征、灾荒的后果及其危害等问题进行简要梳理。

一、明代内蒙古地区灾荒简况

明代（1368—1644 年，共 277 年）关于内蒙古地区的各类灾荒记载比以往历代相对系统。文献记载显示，明代内蒙古地区灾荒频仍，危害严重。在这 227 年中，最严重的仍是旱灾达 172 次，其次是水灾 67 次、雹灾 50 次、震灾 42 次、蝗灾 25 次、风灾 24 次，再次是霜灾 13 次、疫灾 11 次、雪灾 8 次，其他灾害 29 次，总计 441 次（见表 1-1）：

表 1-1　明代内蒙古地区各类灾害统计

灾型	旱灾	水灾	雹灾	震灾	蝗灾	风灾	霜灾	疫灾	雪灾	其他	总计
次数	172	67	50	42	25	24	13	11	8	29	441

说明：资料来源为《明实录》《明史·五行志》《内蒙古历代自然灾害史料》（上下）及部分地方志；同一年份在不同地区（空间）发生的灾害分别计算，对同一地区发生若干类型灾害选取其中最主导的一种灾害统计；地震灾害选择的标准为明确是内蒙古地区发生的或相邻地区发生并有致灾记载的，其他不计；其他灾害栏包括十余次各类火灾和灾型不明确的记载。

表 1-1 统计表明，明代内蒙古地区各类灾害达 441 次，年均 1.59 次，可见该地区几乎无年不灾甚至一年多灾，是一个灾型众多、灾害频繁的地带。当时各类灾害的发生交错演替，表现为极为复杂的态势。我们择

要分类描述如下：

(一) 旱灾

除建文年间 (共 4 年) 未见该地区的史料记载外，各朝均有记载，其中成化、弘治、正德、嘉靖、万历、崇祯年间尤甚，特别是以成化、嘉靖、崇祯年间为烈。我们从赈济或蠲免定量角度可略见一斑 (见表 1-2)：

表 1-2　明代内蒙古地区旱灾赈 / 免定量举例

年号纪年 （公元纪年）	受灾地区	赈济或蠲免定量记载	文献出处
永乐十六年十二月 (1418)	陕西①	赈 104300 石，钞 126300 锭	《明成祖实录》卷 270
宣德七年夏四月 (1432)	山西②	免 2454800 石，草 5130000 束	《明宣宗实录》卷 89
正统六年二月 (1442)	山西大同府③	免 90200 石，1779900 束	《明英宗实录》卷 76
景泰元年十二月 (1450)	河间、潘阳、大同三卫	免粮 31000 石、盐粮 10700 石，钞 43000 余贯，草 370000 束	《明英宗实录》卷 199
正统九年八月 (1444)	陕西	蠲免米 486000 石	《明英宗实录》卷 120
景泰二年夏四月 (1451)；冬十月	肃州卫④；山西太原、平阳二府泽、潞、辽、沁、汾五州所属	免 22400 余石；免被灾田地夏税 192360 余石、秋粮 889500 余石、马草 1713060 余束	《明英宗实录》卷 203、209
天顺元年九月 (1457)	大同等十五卫所，大同应、朔等六州县州	免田粮 72305 石、草 36564 束	《明英宗实录》卷 279
天顺三年九月 (1459)	肃州	粮 9900 余石，草 330000 束	《明英宗实录》卷 307
成化元年三月 (1465)	陕西延安府	免 87100 石	《明宪宗实录》卷 15

年号纪年 （公元纪年）	受灾地区	赈济或蠲免定量记载	文献出处
成化六年五月 （1470）	陕西等	免 52238 石，48298 束	《明宪宗实录》 卷 79
成化十年秋七月 （1474）	大同应、朔二州	免 26030 石	《明宪宗实录》 卷 131
成化十四年十一月（1478）	陕西	免 89700 余石	《明宪宗实录》 卷 184
成化十五年五月 （1479）、七月	固原等卫；阳曲等四十九县	免 13528 石；290650 石	《明宪宗实录》 卷 190、192
成化十七年冬十月（1481）	山西	免秋粮 105300 石	《明宪宗实录》 卷 220
成化十八年春正月（1482）	辽东	免 91100、80520 石，2053990 束	《明宪宗实录》 卷 223
成化十九年夏四月（1483）	陕西	免 17800 石	《明宪宗实录》 卷 239
成化二十年春正月（1484）；十二月	大同府；大宁都司、太原府、顺天河间	114200 石、442600 束；24720 石、488200 石、27300 石	《明宪宗实录》 卷 248、259
成化二十一年三月（1485）	万全都司	71000 石	《明宪宗实录》 卷 263
成化二十二年六月（1456）	陕西	853200 石	《明宪宗实录》 卷 279
成化二十三年五月（1457）	陕西镇番	12560 石、200000 束	《明宪宗实录》 卷 290
弘治十年十二月 （1494）	山西平阳大同及行都司	106350 石	《明孝宗实录》 卷 95
弘治十三年二月 （1500）	山西大同府	119450 余石、295960 余束	《明孝宗实录》 卷 159
正德元年六月 （1506）	西安、甘州等	218670 石	《明武宗实录》 卷 14

续表

年号纪年 (公元纪年)	受灾地区	赈济或蠲免定量记载	文献出处
嘉靖八年正月 (1529)	山西	发银 70000 两赈之	《明史·五行志》
嘉靖十一年九月 (1532)	陕西	发银 180000 两、糴米赈之	《明世宗实录》卷 142
嘉靖十二年十一月 (1533)	辽东	发银 30000 两济之	《明世宗实录》卷 156
嘉靖十七年十二月 (1538)	宁夏等卫⑤	发银 10000 两给赈	《明世宗实录》卷 219
隆庆二年十月 (1568)	山西	免银 15000 两	《明穆宗实录》卷 25

注：①明朝陕西省在初期辖境包括今内蒙古伊克昭盟（除东胜、准格尔旗外）、巴彦淖尔盟、乌海市、磴口等地区。
②明朝初期山西行都司，辖境包括今内蒙古呼和浩特、包头、乌兰察布盟南半部、巴盟后套、伊盟东北部等地区。于 1449 年边外各卫撤至外长城之线后，仍包括内蒙古丰镇、兴和、凉城、清水河等沿边地区。
③山西大同府所属州县，即今大同市，辖境包括内蒙古丰镇、兴和、凉城、清水河等沿边地区。
④肃州，今甘肃省酒泉一带，肃州卫辖境包括今内蒙古阿拉善盟额济纳地区。
⑤宁夏等卫所，治所在今宁夏回族自治区银川市，辖境包括今内蒙古阿拉善盟左旗部分地区。

我们还可以从旱灾的定性（诸如"大旱"、"久不雨"、"大饥"、"大荒"、"人相食"等）描述中了解当时的灾情。如：洪武初年（1368 年），大旱。[①]洪武二年（1369 年）、宣德六年（1431 年）二月，山西连年天旱。[②] 成化十七年（1481 年）五月，陕西府州县连年旱。[③] 弘治四年（1491 年）二

---

① 参见《明太祖实录》卷 29，上海书局 1982 年版，第 481 页。
② 参见《明宣宗实录》卷 76，第 1767 页。
③ 参见《明宪宗实录》卷 215，第 3741 页。

月，陕西自去岁六月以来，山崩地震，大旱早霜。[1]弘治八年（1495年），陕西、山西大旱。[2]弘治十四年（1501年）辽东大饥。[3]正德十六年（1521年）春，山西大同大饥。嘉靖二年（1523年），大同旱，赤地千里，殍殣载道。[4]嘉靖六年（1527年），辽东大饥。[5]翌年山西、陕西大旱[6]，辽东大饥[7]。嘉靖八年山西、陕西大饥，连岁荒歉，饿殍载道[8]嘉靖九年，山西、陕西大饥，十年陕西、山西大旱。[9]嘉靖十一年（1532年）九月，陕西大旱[10]，十七年夏，陕西大旱[11]。嘉靖二十九年（1550年），山西、陕西大旱[12]，三十一年（1552年），宣、大二镇大饥，人相食[13]。嘉靖三十六年（1557年），辽东大饥，人相食。[14]隆庆二年（1568年），朔州、左卫、威远卫大旱，人多饿死[15]，是年陕西大旱[16]。万历十五年（1587年），陕西、山西俱大旱大疫。[17]万历三十七年（1609年），全陕皆旱。[18]泰昌元年（1620年），辽东大旱[19]；十年，山西夏大旱[20]；十一年，山西、陕西大

① 参见《明孝宗实录》卷48，第959页。

② 参见张廷玉等撰：《明史》，中华书局1974年版，第483页。

③ 参见张廷玉等撰：《明史》，第509页。

④ 参见张廷玉等撰：《明史》，第484页。

⑤ 参见张廷玉等撰：《明史》，第510页。

⑥ 参见张廷玉等撰：《明史》，第484。

⑦ 陈高佣等：《中国历代天灾人祸表》，北京图书馆出版社2007年版，第1330页。

⑧ 参见张廷玉等撰：《明史》，第510页。

⑨ 参见张廷玉等撰：《明史》，第484页。

⑩ 参见《明世宗实录》卷142，第3305页。

⑪ 参见张廷玉等撰：《明史》，第484页。

⑫ 参见张廷玉等撰：《明史》，第484页。

⑬ 参见张廷玉等撰：《明史》，第510页。

⑭ 陈高佣等：《中国历代天灾人祸表》，第1351页。

⑮ 《朔平府志》。

⑯ 参见张廷玉等撰：《明史》，第484页。

⑰ 陈高佣等：《中国历代天灾人祸表》，第1372页。

⑱ 参见《明神宗实录》卷461，第8709页。

⑲ 参见张廷玉等撰：《明史》，第485页。

⑳ 参见陈高佣等：《中国历代天灾人祸表》，第1423页。

旱①；等等。

（二）水灾

水灾在明代 277 年中文献记载共 67 次，平均 4.13 年便有一次。从赈济或蠲免的粮草数目看，超过万石的年份共有 9 年，即：宣德二年 304000 石，宣德六年 60000 石，成化十年 59347 石，成化十三年117220 石，成化十四年 1594350 石，成化十五年 21600 石，成化十八年 115980 石，成化十九年 94960 石，成化二十二年 12200 石。其中除成化十五年和二十二年外，均超过了 5 万石。从时间序列来看，集中在成化十年到十九年这 10 年当中，而成化十四年三月免大宁都司并直隶天津等 44 卫，山西平阳、大同 2 府，吉州、乡宁、大同 3 县，特别是是年夏四月蠲山东所属府州县卫所盐课司并辽东都司等卫所的夏麦44100 石，秋粮 1460550 石，以及免陕西州县夏税子粒 89700 余石，共计 1594350 石（见表 1-3）：

表 1-3　明代内蒙古地区水灾赈 / 免定量举例

年号纪年 （公元纪年）	受灾地区	赈济或蠲免定量记载	文献出处
宣德二年秋七月 （1427）	河东①、陕西	304000 石	《明宣宗实录》卷 29
宣德六年五月	独石口、云州	赈 60000 余石	《明宣宗实录》卷 79
成化十年春正月、六月、七月（1474）	兴和；东胜右、兴州后屯、营州后屯；大同府属应、朔二州；东胜左卫、兴州右屯	免 10140 石，21650 束；免 12177 石，23135 束；26030 石，免共 14000石，26300 石；3900 石，6300 石	《明宪宗实录》卷124、130、131、136

_____

① 参见张廷玉等撰：《明史》，第 426 页。

续表

年号纪年（公元纪年）	受灾地区	赈济或蠲免定量记载	文献出处
成化十三年（1477）二、三月	平阳、大同二府等；大宁都司；大同	免 63640 石，120380 束；34400 石，10800 束；19180 石，30465 束	《明宪宗实录》卷 163、176
成化十四年（1478）夏四月	山东，辽东都司；陕西	免夏麦 44100 石，秋粮 1460550 石，草 2519430 束，棉 16720 斤，盐 5460 斤；免 89700 余石	《明宪宗实录》卷 177、184
成化十五年（1479）二、三月	沈阳，辽东；万全都司；山西都司	免 16400 石，126100 石；1500 余石；5200 石	《明宪宗实录》卷 187、187、188
成化十八年（1482）八月、十一月、十二月	直隶镇朔等；辽东；万全都司	免 41600 石，19600 束；免 67240 石，7140 石，13300 束	《明宪宗实录》卷 231、234、235
成化十九年（1483）春正月	营州中屯等；山西大同	免 73800 石谷草 7670 束；免 18160 石谷草 12900 束	《明宪宗实录》卷 236
成化二十二年（1468）二月	东胜、开平等六卫	免 12200 石，1900 束	《明宪宗实录》卷 275

注：①河东系指河东道，其辖境包括内蒙古兴和、察右前旗、丰镇等一带地区。

　　我们再从有关水灾的定性描述中（诸如"淫雨连绵""雨天连日""坏垣干墙""大水"等）把握当时的水灾灾情。如：永乐十四年（1416 年）七月，辽东淫雨弥旬，辽河代子河水溢，浸没城垣屯堡①；洪熙元年（1425 年）十二月，神武中卫、兴州后屯卫、宣府左卫、济州卫各奏六月以来多雨水涝②；宣德七年（1432 年）秋七月癸亥，……东胜右卫、兴

① 参见《明太宗实录》卷 178，第 1947 页。
② 参见《明宣宗实录》卷 12，第 339 页。

州后屯卫、大宁都司、营州右屯卫各奏今年五六月间天雨连日，山水骤发①；宣德九年（1434年）六月乙酉，……镇朔、东胜右、忠义中……奏五月六月连雨，河水泛溢，淹没军民田谷②；是年八月，壬戌，辽东都司奏定辽左右中前后五卫，大宁都司奏营州左屯卫……六七月大雨，水潦，淹没田苗……蠲其子粒③；正统十一年（1446年）十一月……中都留守司，直隶大同卫俱奏夏秋大水④；景泰二年（1451年）八月……辽东自在州牛庄驿至广宁高平驿近因雨水泛涨，桥梁涂路仓库墩墙多坏⑤；弘治七年（1494年）七月辛亥，辽东义州等卫自正月以来亢旱，五月以后，霪雨连绵，淹没禾稼，六月中雷电大风骤雨如注，平地水深三尺余，城郭公廨及民居类皆倾坏⑥；弘治十四年（1501年）六月辛巳，辽东锦义二州及广宁等处是日至十二日大雨如注，坏城垣、墩堡、仓库、桥梁、淹没田禾，人民多压伤者⑦；隆庆元年（1567年）八月，辽东镇臣奏自五月来，淫雨不止，坏垣墙⑧；万历三年（1575年）九月，优恤辽东被水淹没人家⑨，十四年（1586年）夏……辽东大水⑩，四十一年（1613年）九月，辽东大水⑪；崇祯六年（1633年），七月，宣化大水，灌城丈余，近河民舍漂荡殆尽⑫，等等。

---

① 参见《明宣宗实录》卷93，第2112页。
② 参见《明宣宗实录》卷111，第2503页。
③ 参见《明宣宗实录》卷112，第2518页。
④ 参见《明英宗实录》卷147，第2894页。
⑤ 参见《明英宗实录》卷207，第4447页。
⑥ 参见《明孝宗实录》卷90，第1662页。
⑦ 参见《明孝宗实录》卷175，第3190页。
⑧ 参见《明穆宗实录》卷11，第292页。
⑨ 参见《明神宗实录》卷42，第947页。
⑩ 参见张廷玉等撰：《明史》，第453页。
⑪ 参见张廷玉等撰：《明史》，第454页。
⑫ 参见陈高佣等：《中国历代天灾人祸表》，第1412页。

（三）雹、霜、雪灾

明代文献中记载内蒙古或与此相邻地区的雹灾 50 次、霜灾 13 次、雪灾 8 次，共计 71 次，占明代该地区各类灾害总合 441 次的 16.09%。尽管所占比例不大，但其危害却很大，往往导致稼伤民饥。

如洪武十六年（1383 年）三月至四月，大同府言所属蔚州、朔州去年陨霜伤禾稼民饥①；正统五年（1440 年）秋七月……山西行都司及蔚州六月初二日至初六连日雨雹，其深尺余，伤害稼穑②；是年八月……甘州中设卫七月十八日……大雨雹，深尺余，伤民稼穑③；正统八年（1443 年）秋七月，大同官军巡警至沙沟，风雪骤至，裂肤断指者两百余人④；景泰三年（1452 年）闰九月，免宣府前等十六卫所屯粮三分之一，以其旱蝗、霜雹荐灾也⑤；是年九月，免龙门开平卫所今年屯粮十之五，以被霜灾故也⑥；天顺二年（1458 年）五月……万全都司及保安州大风雨雹伤禾稼⑦；成化十年（1474 年）春正月，免宣府万全、怀安、保安等卫并兴和守御千户所去年子粒一万一千一百四十石有奇，草二万一千六百五十束，以冰雹、雨水灾也⑧；成化十三年（1477 年）夏四月，辽东开原大风雨雪，天大寒，畜多冻死⑨；成化十五年（1479 年）冬十月，以冰雹灾免宣府前、左、右三卫并兴和守御千户所子粒细粮共一千四百四十余石，谷草三千六百余束⑩；成化十九年（1483 年）春正月，免山西大同府卫去年税粮一万八千一百六十余石，草一万两千九百余束，以雨雹伤稼故

---

① 参见《明太祖实录》卷 153，第 2396 页。
② 参见《明英宗实录》卷 69，第 1332 页。
③ 参见《明英宗实录》卷 70，第 1356 页。
④ 参见《明英宗实录》卷 106，第 2156 页。
⑤ 参见《明英宗实录》卷 221，第 4786 页。
⑥ 参见《明英宗实录》卷 220，第 4766 页。
⑦ 参见《明英宗实录》卷 291，第 6230 页。
⑧ 参见《明宪宗实录》卷 124，第 2376 页。
⑨ 参见《明宪宗实录》卷 165，第 2993 页。
⑩ 参见《明宪宗实录》卷 195，第 3435 页。

也①；成化二十年（1484年）二月，庚午，以旱霜灾免陕西……绥德、榆林……靖虏……固原……甘州等十五卫去年夏税二十七万一千九百石有奇②；弘治三年（1490年）六月，庚寅，密云古北口大雨雹③；弘治十一年（1498年）七月，大同雨雹，坏禾稼④；弘治十三年（1500年）五月，山西朔州风雨冰雹骤下，毙人畜伤田禾民舍⑤；弘治十五年（1502年）二月，以霜灾免山西行都司所属二十卫所及大同府所属州县弘治十四年秋粮子粒十一万四千五十石，草四十一万一百四十束有奇⑥；是年八月，以雪霜灾免陕西靖宁虏施等州县绥德等卫所萌城小盐池等驿运粮草有差⑦；正德元年（1506年）六月，宣府马营堡暴风大雨雹，深二尺，禾稼尽伤⑧；正德五年（1510年）十二月，以霜灾免山西浑源、蔚、朔等州，山阴、马邑等县，大同云川等卫所秋粮有差⑨，十三年（1518年）三月，辽东陨霜，禾苗皆死⑩；正德十五年（1520年）六月辛巳，山西大同府大雨雹，损禾稼甚众⑪；嘉靖二年（1523年）五月，山西大同前卫雨雹，大如鸡子，深四五尺⑫；嘉靖五年（1526年）六月山西大同县雨冰雹，大如鸡子，伤稼⑬，丁卯，万全都司及宣府皆雨雹，大者如瓯，深尺余⑭；嘉靖是年七月，山西平虏卫陨霜杀禾稼，已，又雨大注，山水骤至，坏

---

① 参见《明宪宗实录》卷236，第4022页。
② 参见《明宪宗实录》卷249，第4217页。
③ 参见《明孝宗实录》卷39，第824页。
④ 参见《明孝宗实录》卷139，第2423页。
⑤ 参见《明孝宗实录》卷162，第2927页。
⑥ 参见《明孝宗实录》卷184，第3396页。
⑦ 参见《明孝宗实录》卷190，第3517页。
⑧ 参见《明武宗实录》卷14，第428页。
⑨ 参见《明武宗实录》卷70，第1545页。
⑩ 参见《明武宗实录》卷160，第3097页。
⑪ 参见《明武宗实录》卷187，第3564页。
⑫ 参见《明世宗实录》卷27，第755页。
⑬ 参见张廷玉等撰：《明史》，第431页。
⑭ 参见张廷玉等撰：《明史》，第431页；《明世宗实录》卷65。

城郭庐舍，民有溺死者①；嘉靖六年（1527年）六月癸丑，陕西镇番卫大风拔木，复大雨雹，杀伤三十余人②；隆庆元年（1567年）五月，大同大雨雹③；隆庆三年（1569年）五月，延绥口北马营堡有异云，从西北来，白昼晦冥，风雷雨雹大作，平地水深二尺，杀田稼七十里④；隆庆四年（1570年）四月，辛酉，宣府、大同等处雨雹，厚二尺余，大如卵，禾苗尽伤⑤；万历四年（1576年）九月……奏朔州、马邑二州县及朔州、平虏二卫冰雹，毁稼⑥；万历九年（1581年）八月庚子，辽东等卫雨雹，如鸡卵，禾尽伤⑦；万历十五年（1587年）五月，癸巳，喜峰口大雨雹如谷粟，堆积尺余，田禾瓜果尽伤⑧；万历十八年（1590年）七月，陕西固原州雨雹大如拳，如鸡卵伤禾稼，坏人畜⑨；万历二十四年（1596年）十一月己酉，户部题平虏卫破石槽等处冰雹灾伤，乞行蠲免，从之⑩；万历四十一年（1613年）七月丁卯，宣府大雨雹，杀禾稼⑪；万历四十六年（1618年）四月辛亥，陕西大雨雪，驼冻死两千蹄⑫，等等。

（四）震灾

有明一代在内蒙古或相邻地区发生地震多次，造成震灾的有42次。其中嘉靖三十四年（1555年）冬十二月壬寅（1556年1月23日），山西、

---

①　参见《明世宗实录》卷 66，第 1515 页。

②　参见《明世宗实录》卷 77，第 1716 页。

③　参见《明穆宗实录》卷 8，第 228 页。

④　参见《明穆宗实录》卷 32，第 834 页。

⑤　参见《明穆宗实录》卷 44，第 1121 页。

⑥　参见《明神宗实录》卷 54，第 1268 页。

⑦　参见张廷玉等撰：《明史》，第 432 页。

⑧　参见《明神宗实录》卷 186，第 3474 页。

⑨　参见《明神宗实录》卷 225，第 4184—4185 页。

⑩　参见《明神宗实录》卷 304，第 5700 页。

⑪　参见《明神宗实录》卷 510，第 9655 页。

⑫　参见张廷玉等撰：《明史》，第 426 页。

陕西、河南同时地震，陕西渭州、华州及山西蒲州等处尤甚，压死军民83 万。① 具体震灾的重要记载有：

洪武十一年（1378 年）夏四月癸卯朔，乙巳，宁夏卫地震，东北城垣崩三丈五尺，女墙崩一十九丈。② 十一年六月至九月，己卯，宁夏大雨地震……诏发廪赈之，户九千三百三十七，给粟麦一万二千七百三十九石。③ 正统五年（1440 年）冬十月，陕西兰县庄浪自是月朔地震，十日乃止，坏城堡官民庐舍，压死男女二百余，马骡牛羊八百有奇。④ 成化三年（1467 年）五月壬申，宣府、大同地震有声，威远、朔州亦震，坏墩台墙垣压伤人。⑤ 十年（1474 年）十一月，灵州大沙井驿地震，先是十月十五日地震有声如雷，自后昼夜屡震，至是一日，凡十一震，城堞房垣多倾圮者。⑥ 十三年（1477 年）夏四月，陕西甘肃天鼓鸣，地震有声，生白毛，地裂水突出，高四五尺，有青、红、黄、黑四色沙。宁夏地震声如雷，城垣崩坏者八十三处，甘州……榆林、凉州……等县地同日俱震。⑦ 十九年（1483 年）七月，宣府地震凡六次。⑧ 二十年春正月，庚寅，京师地震，是日永平府及宣府大同、辽东地皆震，有声如雷，宣府因而地裂涌沙出水，天寿山、密云古北口居庸关一带城垣墩台驿堡倒裂者不可胜计，人有压死者。⑨ 弘治元年（1488 年）八月，戊申，宣府葛峪堡地陷深三尺，长百五十步，阔一丈。沙河中涌瞵，高一尺，长七十步。⑩ 嘉靖三十四年（1555 年）十二月，壬

---

① 按：这次地震一般称为关中大地震，波及面广，伤亡众多，损失巨大。
② 参见《明太祖实录》卷118，第 1923 页。
③ 参见《明太祖实录》卷119，第 1938 页。
④ 参见《明英宗实录》卷 72，第 1395 页。
⑤ 参见张廷玉等撰：《明史》，第 495 页。
⑥ 参见《明宪宗实录》卷 135，第 2529 页。
⑦ 参见《明宪宗实录》卷 165，第 2981 页。
⑧ 参见《明宪宗实录》卷 242，第 4086 页。
⑨ 参见《明宪宗实录》卷 248，第 4195 页。
⑩ 参见张廷玉等撰：《明史》，第 496 页。

寅，山西、陕西、河南同时地震声如雷，鸡犬鸣吠，陕西渭南、华州、朝邑、三原等处，山西蒲州等处尤甚，或地裂泉涌中有鱼物，或城墩房屋陷入地中，或平地突城山阜，或一日连震数次，或累日震不止，河渭泛涨，华岳、终南山鸣，河清数日，压死官吏军民奏报名者八十三万有奇。① 三十五年（1556 年）四月，以陕西地震诏发太仓银万两，于延绥一万两，于宁夏一万五千两，于甘肃一万两，而于固原协济民屯兵饷，仍令所司亟覆被灾重者，停免夏税并将先发内，帑银及该省备赈藏罚事例茶马折谷银，赈救贫民。② 四十年（1561 年）二月，甘肃山丹卫等处地震有声，坏城堡庐舍。③ 是年六月，壬申，山西太原、大同等府，陕西榆林，宁夏固原等处各地震有声，宁固尤甚，城垣墩台房屋皆摇塌，地裂，涌出黑黄沙水，压死军人无算，坏广武红寺等城。④ 四十年（1563 年）二月戊戌，甘肃山丹卫地震有声，坏城堡庐舍。⑤ 是年六月壬申⑥，太原、大同、榆林地震，宁夏固原尤甚，城垣墩台府屋皆摇塌，地裂涌出黑黄沙水，压死军民无算，坏广武、红寺等城。⑦ 隆庆二年（1568 年）三月……辽东宁远卫，遵化、顺义等县……乐亭地裂二所，各长三丈余，黑水涌出，宁远城崩。⑧ 万历十八年（1590 年）六月，丙子，陕西甘肃，临洮诸处地震，坏城郭庐舍压死人畜无算。⑨ 二十五年（1597 年）八月，辽阳、开原、广宁等卫俱震，地裂，涌水，三日乃止。宣府，蓟镇等处俱震，次日复震。⑩ 三十七年（1609 年）六月，辛酉，甘肃地震，

① 参见张廷玉等撰：《明史》，第 500 页。
② 参见《明世宗实录》卷 434，第 7481 页。
③ 参见《明世宗实录》卷 493，第 8188 页。
④ 参见《明世宗实录》卷 498，第 8244—8245 页。
⑤ 参见张廷玉等撰：《明史》，第 500 页。
⑥ 按：壬申原作壬午，据《明世宗实录》卷 498，《国榷》卷 63 第 3962 页改。
⑦ 参见张廷玉等撰：《明史》，第 501 页。
⑧ 参见《明穆宗实录》卷 18，第 520 页。
⑨ 参见《明神宗实录》卷 224，第 4158 页。
⑩ 参见《明神宗实录》卷 313，第 5860 页。

红崖、清水等堡，军民压死者八百四十余人，边墩摇损凡八百七十里，东关地裂，南山一带崩，讨来等河绝流数日。① 天启六年（1626年）六月……宣大俱连震数十次，倒压死伤更惨。② 七年（1627年），宁夏各卫营屯堡，自正月己巳至二月己亥，凡百余震，大如雷，小如鼓如风，城垣、房屋边墙，墩台悉圮。③ 崇祯七年（1634），陕西冬，地大震，坏屋伤人不计其数④ 等。

（五）蝗、风、疫灾及其他灾害

这一时期，内蒙古地区的蝗灾25次、风灾24次、疫灾11次，总计60次。主要灾情是：

洪武七年（1374年）六月，山西蝗⑤，可见山西相关府州县持续三年发生蝗灾。宣德九年（1434年）七月，两畿、山西蝗蝻覆地尺许，伤稼。⑥ 成化六年（1470年）三月……陕西、宁夏大风扬沙，黄雾四塞。⑦ 弘治三年（1490年）六月，陕西靖虏卫大风，天地昏暗，变为红光，如大良久方息。⑧ 弘治七年（1494年），辽东广宁等卫狂风大作，昼暝，有黑壳虫坠地，大如苍蝇，久之俱入土；又沈阳、锦州垛墙为大风所仆者百余丈。⑨ 弘治八年（1495年）三月，辽东镇东等堡狂风，天黄黑，东南火星飞跃，大如斗，毁公馆、仓廒，人马多死伤者⑩ 弘治十六

① 参见《明神宗实录》卷459，第8659页。
② 参见《明熹宗实录》卷72，第3477页。
③ 参见张廷玉等撰：《明史》，第504页。
④ 陈高佣等：《中国历代天灾人祸表》，第1415页。
⑤ 参见张廷玉等撰：《明史》，第437页。
⑥ 参见张廷玉等撰：《明史》，第437页。
⑦ 参见《明宪宗实录》卷77，第1483页。
⑧ 参见《明孝宗实录》卷39，第819页。
⑨ 参见《明孝宗实录》卷86，第1601页。
⑩ 参见《明孝宗实录》卷98，第1790页。

年（1503 年）九月戊寅，辽东广宁卫城火延烧三百四十余家。① 正德元年（1506 年）九月，宣府等地方风火交作，烧及民居，人畜甚众。② 正德五年（1510 年）五月丁丑，免陕西镇番卫屯粮四千一百石有奇，以去年蝗灾也。③ 正德六年（1511 年），辽东定辽左等二十五卫大疫，死者八千一百余人，牲畜亦数万。④ 正德十六年（1521 年）九月，陕西庄浪等卫夏旱不雨，至秋雨潦，瘟疫大行，军民死者二千五百余人。⑤ 是年十二月，甘肃行都司狂风，自西北起，声如牛吼，坏官民庐舍，树木无算。⑥ 嘉靖十一年（1531 年）十二月，乙亥，以水涝蝗蝻免……沈阳中屯、大同中屯等卫……税粮各有差。⑦ 嘉靖二十三年（1544 年）正月，凉州卫大火⑧，二十六年（1547 年）七月乙丑，陕西甘州五卫风霾昼晦，寻变赤复黄。⑨ 隆庆六年（1572 年）闰二月，癸酉，辽东赤风，扬尘蔽天。⑩ 万历十六（1588 年）年，陕西、山西俱大旱，俱大疫。⑪

二、灾荒分布规律和特征

在初步整理明代内蒙古地区灾荒简史的基础上，再进一步梳理其灾荒时空分布规律及其特征。

---

① 参见《明孝宗实录》卷 203，第 3780 页。
② 参见《明武宗实录》卷 17，第 526 页。
③ 参见《明武宗实录》卷 63，第 1389 页。
④ 参见《明武宗实录》卷 78，第 1713 页。
⑤ 参见《明武宗实录》卷 6，第 270 页。
⑥ 参见《明武宗实录》卷 9，第 333 页。
⑦ 参见《明世宗实录》卷 145，第 3368 页。
⑧ 参见《明世宗实录》卷 282，第 5489 页。
⑨ 参见《明世宗实录》卷 325，第 6021 页。
⑩ 参见张廷玉等撰：《明史》，第 471 页。
⑪ 参见陈高佣等：《中国历代天灾人祸表》，第 1373 页。

（一）灾荒时空分布

时间维度　我们先从时间维度看（见表1-4）：

表1-4　明代内蒙古地区各类灾荒时段统计

灾型＼时段次数	1368—1400	1401—1450	1451—1500	1501—1550	1551—1600	1601—1644	1368—1644
	33 年	50 年	50 年	50 年	50 年	44 年	277 年
旱灾	9	33	45	49	15	21	172
水灾	—	23	30	7	6	1	67
雹灾	3	2	12	16	14	3	50
震灾	1	3	11	6	11	10	42
蝗灾	3	5	1	8	3	5	25
风灾	—	1	6	10	5	2	24
霜灾	1	1	2	8	1	—	13
疫灾	—	—	—	1	4	6	11
雪灾	—	—	3	1	—	4	8
其他	2	7	10	3	6	1	29
合计	19	75	120	109	65	53	441

由表1-4统计我们可以看出，各类灾害在时间分布上，明前期（1368—1450 年，共 83 年）共发生各类灾害 94 次，平均 0.94 次／年，明中期（1451—1550 年，共 100 年）共发生各类灾害 229 次，平均 2.29 次／年，明后期（1551—1644 年，共 94 年）发生各类灾害 118 次，平均 1.25 次／年。各类灾害在时段的分布上，明中期居多，在 15 世纪下半期至 16 世纪上半期，即 1451—1550 年这 100 年中，灾害的发生呈明显上升趋势，形成明中期灾害的频发期。在明前期、后期，灾害次数明显低于明中期，而明后期又高于明前期。这是从时段的灾害次数分布而言的。如果考虑到灾害的严重程度，就整个明代而言，灾害还是呈增长和加重趋势的。进一步细化，我们还可以看表1-5：

表1-5　明代内蒙古地区各朝灾害分布情况

年号	洪武	建文	永乐	洪熙	宣德	正统	景泰	天顺	成化	弘治	正德	嘉靖	隆庆	万历	泰昌	天启	崇祯	总计
年数	31	4	22	1	10	14	7	8	23	18	16	45	6	48	1月	7	17	277
灾次	20	—	16	3	20	32	13	8	73	43	30	83	15	48	1	10	26	441
年均	0.65	—	0.73	3.00	2.00	2.29	1.86	1.00	3.17	2.39	1.86	1.84	2.50	1.00	1.00	1.43	1.53	1.59

　　表1-5表明整个明代277年中共有441次各类灾害，平均1.59次/年，而低于这个平均数的朝代有明前期的洪武0.65次/年、建文0.00次/年、永乐0.37次/年。明中期的天顺1.00次/年，明后期的万历和泰昌1.00次/年，天启1.43次/年和崇祯1.53次/年。其中洪武，建文和永乐朝最低。而超过这个平均数的朝代有洪熙3.00次/年、宣德2.00次/年、正统2.29次/年、景泰1.86次/年、成化3.17次/年、弘治2.39次/年、正德1.86次/年、嘉靖1.84次/年、隆庆2.50次/年，其中明前期的洪熙、宣德、正统朝已达2.43次/年，明中期的成化、弘治朝已达2.78次/年，明后期的隆庆朝已达2.50次/年。而在明代各朝中，成化朝灾害最频仍，已达3.17次/年。据表1-4可知，有明一代（1368—1644年）内蒙古地区以旱、水、雹、震灾为主，它们发生的次数依序为172、67、50、42，共331次，占总数441次的75%以上。其次依序是蝗灾25次、风灾24次、霜灾133次、疫灾11次、雪灾8次，其他灾害29次，合计110次，占总数441次的近25%。

　　空间维度　我们再从空间维度看，内蒙古中西部以旱灾为主。以我们曾整理的定量（见表1-2）和定性的主要旱灾为例，定量的主要旱灾有27次，其中23次在西部，2次在东部（成化十八年的辽东旱灾，嘉靖十二年的辽东旱灾），2次在中部（成化二十年和二十一年的万全都司、大宁都司等）；定性的主要旱灾有49次，其中除了6次在东部（即弘治十四年辽东大饥，嘉靖六年和七年辽东大饥，嘉靖十二年辽河西大旱，嘉靖三十六年的辽东大饥，泰昌元年的辽东大旱）外，其余43次均在中西部，特别是今内蒙古呼、包二市、乌盟、伊盟、阿盟、乌海市和巴盟地区。而如永乐十六年赈济陕西 9800 余户饥民，给米 104300 石，钞 126300 锭；宣德七年夏四月免山西粮 2454800 石，正统九年八月蠲免陕西米 486000 石；成化二十二年免陕西 853200 石等赈或免超过十几万石、几十万石、上百万石乃至数百万石的特大旱灾，主要分布在内蒙古的西部地区。

内蒙古东部地区主要灾害是水灾。从水灾的定量分析看（参见表 1- 3），在我们依据史料所列的赈济或蠲免粮草超过万石的 9 个年份中，受灾地区（空间）有 7 个年份波及中东部地区，特别是东部地区。这包括宣德六年五月的独石口地区，成化十年六月的营州后屯卫地区，成化十三年三月的大宁都司，成化十四年夏四月的辽东都司，成化十五年二、三月的沈阳、万全都司，成化十八年十一月的辽东、万全都司等地区以及成化十九年的营州后屯卫等地区。在定性分析的 17 条主要水灾当中，11 条主要涉及的仍是内蒙古的东部地区。它们包括永东十四年七月的辽东淫雨弥旬，辽河水溢；洪熙元年的兴州后屯卫多雨水涝；宣德七年秋七月的兴州后屯卫、大宁都司和营州右屯卫天雨连日，山水骤发；宣德九年八月的辽东都司、大宁都司奏营州后屯卫水雨水潦，淹没田苗；景泰二年八月的辽东自在州雨水泛涨，墩墙多坏；弘治七年七月的辽东义州等卫的淫雨连绵，淹没禾稼；弘治十四年六月的辽东锦义二州及广宁等处大雨如注，民多压伤；隆庆元年八月的辽东镇淫雨不止，坏城垣墙；万历三年九月的优恤辽东被水淹没人家以及万历十四年夏和万历四十一年九月的辽东大水等。

（二）明代灾荒特征

时间的持续性　这一持续性主要体现在该地区旱灾出现的频率和持续性上。文献表明，明代内蒙古地区旱灾共 172 次，占该时段该地区灾害总量 441 次的 39%，即占 2/5 弱一点。不仅如此，旱灾的出现频率、持续时间、灾害程度以及影响地区，均是其他灾害很难比拟的。如在我

们依据史料选录的有赈或主要是蠲免一万石粮以上具体量化统计 36 年
的 57 次灾害中,仅旱灾就占 31 次,占灾害次数的 54.38%,占灾害年
数 36 年的 86%。在选录的定性的各类较严重的 141 次(量化较严重的
灾害除外)灾害中,旱灾达 49 次,占总量的 34.75%;除旱灾外的其他
所有各类灾害达 92 次,占总量的 65.25%。由此可见旱灾的持续程度。
这里需要特别指出的是,明末出现了历史上历时最久的大旱灾,明王朝
几乎无力蠲免,就更不要说赈济了。也就是说持续而广泛的旱灾,如明
末(1624—1644 年)出现的历时持续 20 年的特大旱灾,波及漠南地区
和陕、晋、豫等 13 个省市,使蒙古高原、黄淮海平原和长江中下游平
原完全为旱灾所笼罩,赤地千里,井河枯竭,禾草尽枯,尸骸遍野,演
出 "人相食" 的人间惨剧。崇祯七年(1634 年),"山西自去秋八月至今
不雨,大饥,人相食"[①];是年 "秋,陕西全省蝗,各州县大饥"[②]。这场大
旱灾亦是明末农民起义的直接导火索,从而加速了明王朝灭亡的进程。

空间的广泛性 首先以最严重的旱灾为例。依据史料,旱灾在空间
上的分布相当广泛,东西部地区均有发生,而西部一般高于东部地区。
其出现最多的地区是今内蒙古西部的伊盟、阿盟、巴盟后套、乌海市、
磴口县、乌盟的丰镇、兴和、凉城、清水河以及呼、包二市、和林格尔
等地区。当时上述这些地区分属于陕西、山西省管辖,几乎每一次旱灾
的发生都会涉及上述地区。此外,中东部地区的二连浩特、苏尼特,赤
峰周围旗县,东三盟的部分地区亦时常发生大面积的旱灾。如发生在成
化十五年(1479 年)波及陕西固原、靖虏、兰州、甘州四卫,山西太原
等三府、潞州等十三州,阳曲等四十九县并大同等十五所的大旱灾;成
化十七至十八年波及辽东、陕西、山西的大旱灾;成化二十年波及大同

---

① 《呼和浩特市郊区志》编纂委员会编:《呼和浩特郊区志》,内蒙古人民出版社 1996
年,第 127 页。
② 《甘肃全省新通志》卷二《天文志》,载中国西北文献丛书编辑委员会编:《中国西北
文献丛书》,兰州古书店 1990 年影印本,第 163 页。

府、万全都司、陕西、山西、沈阳、大宁都司的大旱灾，特别是前述明末波及内蒙古地区以及陕西、山西、河南等众多地区的大范围持续大旱灾等，均几乎横贯内蒙古全境。再以水灾为例。一般而言，在明代内蒙古地区，河渠年久失修，河槽堵塞，排水不畅，因而雨季来临，多发生涝灾，给民众生活造成极大的不便甚至损害。特别是当"淫雨连绵""山水骤发"时，这很容易导致"浸没城垣屯堡""淹没军民田谷""桥梁举涂路仓库墩墙多坏"的局面。每遇"雷电大风骤雨如注"时，常"平地水深三尺余，城郭及民居皆倾坏"。一般而言，水灾多发生在东部地区，如辽河河套、科左后旗、库伦旗、赤峰地区以及黑龙江、松花江、嫩江等地区。但也有很多例外，中部长城以北，西部清水河、凉城、绥远等地区，亦有水灾发生；如发生在成化十年（1474 年）波及山西宣府……兴和，东胜右卫、兴州后屯卫，营州后屯卫，大同府属应、朔二州以及东胜左卫等地区的大水灾，成化十三年（1477 年）发生在大同、大宁都司，平阳、大同二府，山东，辽东都司、陕西等地区的大水灾等，都表明灾害范围的广度。

灾害的群发性　内蒙古地区有其独特的地理位置，复杂的地貌特征和多变的气候因素，加上人类社会因素的交织影响和渗透作用，形成各类灾害的群发态势。主要表现如下：

第一，在某一时段内，多种灾害相继爆发，其结果表现为链式灾害特征。[1] 按中外学界研究，明代处于四大"灾害群发期"[2]的第四次即"明清灾害群发期"[3]。旱、水、蝗、疫是我国历史上的几大自然灾害，彼此之间往往相伴而生，而蝗灾的猖獗却往往发生在旱涝之际。如洪武七年

---

① 所谓链式灾害是指由一种灾害发生引起其他灾害相继发生的现象。
② 马宗晋、高庆华：《中国 21 世纪的减灾形势与可持续发展》，《中国人口·资源与环境》2001 年第 2 期。
③ 马宗晋、高庆华：《中国 21 世纪的减灾形势与可持续发展》，《中国人口·资源与环境》2001 年第 2 期。

六月，"山西蝗"①，山西相关府州县持续三年发生蝗灾。这与洪武元年至洪武七年的普通的旱灾同时发作。疫灾亦如此，如正德十六年（1521年）九月，"陕西庄浪等卫夏旱不雨，至秋雨潦，瘟疫大行，军民死者二千五百余人"②。

第二，多种灾害在某一地区同时爆发，形成大灾。如，正统四年（1439年）秋七月，"……山西令巡抚侍郎于谦巡视以今岁水、涝、旱、蝗相仍，人民饥窘，流离故也"③；是年"冬十月……大同宣府、偏头诸关各奏今岁旱涝不一，又兼早霜伤稼，军民乏食"④；景泰三年（1452年）闰九月，"免宣府前等十六卫所屯粮三分之一，以其旱蝗，霜雹荐灾也"⑤。

第三，在同一年度不同地区有不同灾害肆虐。如成化十五年（1479年）二月"免沈阳中护卫及宁山卫沁州、平定州、千户所屯田子粒一万六千四百石有奇，以去岁水灾也"⑥；而"成化十五年五月……壬戌，免陕西固原、靖房、兰州、甘州四卫无征子粒一万三千五百二十八石有奇，以去年旱灾故也"⑦。再如成化十五年五月，"免陕西甘州左等五卫无征屯粮九百三十二石有奇，以十三年六月冰雹灾也"⑧。又成化十五年七月，"以旱灾免山西太原等三府，潞州等十三州，阳曲等四十九县并大同前等一十五卫所，去年夏税子粒共二十九万六百五十余石"⑨等。这里说的均是免成化十四年（1478年）的屯粮，却是为同一年当中不同

---

① 参见张廷玉等撰：《明史》，第437页；《明武宗实录》卷90。
② 《明武宗实录》卷6，第270页。
③ 《明英宗实录》卷57，第1095页。
④ 《明英宗实录》卷60，第1145页。
⑤ 《明英宗实录》卷221，第4786页。
⑥ 《明宪宗实录》卷187，第3351页。
⑦ 《明宪宗实录》卷190，第3376页。
⑧ 《明宪宗实录》卷190，第3380页。
⑨ 《明宪宗实录》卷192，第3404—3405页。

地区而又不同的灾害群发样式。这样例证还颇多，如成化十年、十九年、二十年等。①

灾荒的严重性 明代内蒙古地区灾荒的危害无论是其频度、广度还是强度，都是空前的。表现在：

第一，灾害频度高。我们将其与本章第一节的战国秦汉、魏晋南北朝、隋唐五代、宋辽金元四个阶段纵向比较便可较为直观地了解并初步感性地认识这一状况（见表1-6）：

表1-6 战国秦汉与明代内蒙古地区各类灾荒统计比较

朝代 次数 灾型	战国秦汉 698 年	魏晋南北朝 370 年	隋唐五代 372 年	宋辽金元 418 年	明代 277 年	合计 2136 年
旱灾	31	39	30	147	172	419
水灾	13	21	5	47	67	153
风灾	7	24	3	16	24	74
雪灾	5	15	5	17	8	50
霜灾	—	14	4	26	13	57
雹灾	6	1	—	34	50	91
虫灾	3	7	3	16	25	54
震灾	12	20	7	26	42	107
疫灾	3	2	3	1	11	20
其他	—	3	4	6	29	42
合计	80	146	64	336	441	1067
年均	0.11	0.39	0.17	0.80	1.59	0.50

表1-6表明，明代除了雪灾、霜灾记载不匹宋辽金元外，无论是就

---

① 成化十年、十九年、二十年的在同一年度不同地区有不同灾害肆虐情况，分别参见《明宪宗实录》卷124、130、131、135、136；236、238、239、241、242；248、249、252、255、256等。

其总量，抑或是就其年均量，均创历史新高。以与明代最近且史料记载较完整的宋辽金元相比较而言，除了雪灾和霜灾之外，其他各类灾害的年均分别为（宋辽金元与明代之比）：旱灾 0.35：0.62；水灾 0.11：0.24；风灾 0.04：0.09；雹灾 0.08：0.18；虫灾 0.04：0.09；震灾 0.06：0.15；疫灾 0.002：0.04；合计 0.80：1.59。就是说，明代年均灾害数 1.59 几近宋辽金元期的 2 倍，是整个战国至明代总计 2136 年年均数 0.50 的 3 倍还多，更是战国至宋辽金元 1858 年中 626 次灾害年均 0.34 次的近 5 倍。

竺可桢先生在其《中国历史上气候之变迁》一文中曾提供资料表明，明代灾害频繁，尤以水旱灾为重：从西汉至清代，水灾共 1349 次，而明代有 112 次，占 8.30%；旱灾共 1669 次，明代总计 304 次，占 18.21%。两者仅次于清代而又均是空前的。这虽然与史料记载的详略远近有一定的关系，但明代灾荒数量多而频度高却是无可争议的基本事实。

第二，灾情程度深。我们仅以明代内蒙古地区因水旱灾害赈或免 10 万石粮灾害为例（见表 1-7）：

表 1-7　明代内蒙古地区赈／免 10 万石粮灾害统计

年号纪年 （公元纪年）	受灾地区	灾型	赈／蠲粮数／石	文献出处
永乐十六年（1418）十二月	陕西	旱灾	给米 104300	《明成祖实录》卷 207
宣德七年（1432）夏四月	山西	旱灾	免 2454800	《明宣宗实录》卷 89
正统九年（1444）八月	陕西州县	旱灾	蠲米 486000	《明英宗实录》卷 120
成化十四年（1478）四月	山东所属府州县、辽东都司、直隶	水灾	免粮 1460550	《明宪宗实录》卷 177

续表

年号纪年 （公元纪年）	受灾地区	灾型	赈/蠲粮数/石	文献出处
成化十五年（1479） 七月	太原等三府、潞州等十三州、阳曲等四十九县、大同前等一十五卫所	旱灾	免夏税粮 290650	《明宪宗实录》卷 192
成化十七年（1481） 冬十月	山西	其他	免秋粮 105300	《明宪宗实录》卷 220
成化二十年（1484） 春正月	大同府所属州县并行都司所属卫所	其他	免秋粮 114200	《明宪宗实录》卷 248
成化二十年（1484） 二月	陕西榆林、靖虏、固原、甘州等十五卫	旱霜	免夏税 271900	《明宪宗实录》卷 249
成化二十年（1484） 八月	山西大同等府	旱灾	免秋粮 230000	《明宪宗实录》卷 255
成化二十二年（1486）六月	陕西	旱灾	免税粮 853200	《明宪宗实录》卷 279
弘治七年（1494） 十二月	山西平阳、大同及行都司所属	旱灾	免粮 106350	《明孝宗实录》卷 95
弘治十三年（1500） 二月	山西大同府及大同前后等十六卫	旱灾	免税粮 119450	《明孝宗实录》卷 159
弘治十五年（1502） 二月	山西行都司所属二十卫所及大同府所属州县	霜灾	免粮 114050	《明孝宗实录》卷 184
正德元年（1506） 六月	西安所属十九州县并延安、甘州等七卫	旱灾	免税粮 218670	《明武宗实录》卷 14

表 1-7 中的永乐十六年十二月，辛丑，由于陕西发生旱灾，除了给米十万四千三百余石外，还赈饥民九万八千余户，钞十二万六千三百锭；宣德七年夏四月，除了免山西逋负税粮二百四十五万四千八百石外，还免马草五百一十三万束；正统九年八月除了蠲米四十八万六千石外，还有诸如"数月不雨，麦禾俱伤，民之弱者鬻男女，强者却劫掠，

臣发廪赈济，官为赎还男女四千人，获劫掠者一千九百人，其米获赎者尚多，乞今岁租岁粮蠲四分甚六分米布兼收"等记载。据《明宪宗实录》成化十年至二十三年共 14 年间对内蒙古及其相邻地区的水旱灾害的记载，共或免或赈或蠲粮数达 3444392215 石，年均 246028015 石。①弘治十三年十月，除了以旱灾免山西大同府及大同前后等十六卫所弘治十二年税粮十一万九千四百五十余石外，还有草二十九万五千九百六十余束。此外，更有甚者，还有"大旱饥，人相食"②等记载。由此足见其灾情程度。

第三，社会危害大。自然灾害对于人类社会的危害是巨大的。其表现方式是人畜伤亡，财产的损失，从而导致社会的混乱以及人民生活的疾苦。尤其是经济不发达的内蒙古地区，自然灾害给人民带来的危害更为严峻，任何一种中度以上的灾害，都可能给该地区以致命的打击。在社会生产力发展很不充分的历史阶段，自然灾害对人类社会造成的危害，往往超过自然灾害本身，即对整个社会的政治、经济、文化等各方面都有着巨大的破坏性，严重影响社会生活、社会生产和社会进步。灾荒、饥馑、疾疫、战争等常常会导致社会灾度的增加。所谓社会灾度是指在由自然灾害引发的人为灾害对社会的破坏程度。社会灾度最明显的体现是战争对社会秩序、经济结构的破坏。就是说，在特定历史条件下，往往会天灾引发人祸。在明前期，一方面蒙古族内部矛盾尖锐，以致分裂为鞑靼、瓦剌和兀良哈三大部，为了争夺统治权，三者之间战乱不断；另一方面，明朝为了征服蒙古也曾多次出兵蒙古，特别是立国之初的前半个世纪，战事不断。据陈高佣《中国历代天灾人祸表》一书提供的资料，明立国之初的五十年中，内乱外患竟达 263 次。战争是政治

---

① 参见《明宪宗实录》卷 124、1340、131、136、163、176、177、184、187、188、190、195、206、210、212、220、221、223、227、231、234、235、236、239、248、249、252、255、256、259、263、269、274、275、279、282、287、290 等。
② 参见《明实录附录》卷 3 等。

斗争的极致，而战争使经济遭受的巨大损失超出了常人的想象。诚如邓拓所言："掠夺战争，破坏的酷烈程度，常超过我们的想象。这种掠夺战争的直接结果，就是整个社会经济的衰败，尤以农业方面受到的打击最厉害，因此溃败也最惨。"①

---

① 邓拓：《中国救荒史》，第 101 页。

第二章　清代内蒙古地区灾荒实况分析

内蒙古地区历代频仍的灾荒，给中国北疆人民带来了极大的灾难。系统研究距我们较近的清代内蒙古地区的灾荒，对于全面了解这一地区的灾荒实况，总结灾荒规律，进而科学预测未来内蒙古地区可能发生的自然灾害，均具有重要意义。笔者依据《清实录》《清史稿·灾异志》以及部分相关地方志和档案史料，就内蒙古地区各类灾荒时空分布规律作一简要梳理和扼要分析。

第一节　清代内蒙古地区灾荒总述

清代（1644—1911 年）共 268 年，内蒙古地区灾害总计达 460 次，较明代更加繁密。其中有旱灾 185 次，水灾 109 次，霜灾 46 次，雹灾 40 次，雪灾和蝗灾分别为 21 次，疫灾 16 次，风灾 11 次，震灾 5 次，其他灾害 6 次。平均 1.72 次 / 年。

一、灾荒的时间分布状况

(一) 关于灾害的世纪时段分布

所谓灾害的世纪时段分布，是指将时段以整个世纪或半个世纪即100年或50年为一个整段时间分布状况的划分方法。用此法，我们将清代268年相对划分为：(1) 1644—1650年，为17世纪上半叶的最后7年；(2) 1651—1700年，为17世纪下半叶；(3) 1701—1750年为18世纪上半叶；(4) 1751—1800年，为18世纪下半叶；(5) 1801—1850年为19世纪上半叶；(6) 1851—1900年，为19世纪下半叶；(7) 1901—1911年为20世纪的最初11年。这样的时段划分便于我们有效比较某世纪末与某世纪初或某世纪与他世纪的灾害状况。按照我们的时段划分，可以看到17世纪上半叶最后7年，也是清代建立初期 (指入关后正式取代明王朝) 7年的灾况，还可以明晰地看到20世纪最初11年，也是清王朝行将灭亡最后11年的灾况；既可以了解整个世纪之间的联系 (如18世纪与19世纪)，又可以了解同一世纪之内上下半叶或不同世纪各半叶之间的联系 (见表2-1)：

表2-1　清代内蒙古地区各类灾害世纪时段分布

公元 ＼ 灾型	旱	水	霜	雹	雪	蝗	疫	风	震	其他	合计	年均
1644—1650	0	0	0	0	0	3	0	0	0	0	3	0.43
1651—1700	33	14	2	4	2	3	2	2	3	1	52	1.02
1701—1750	39	9	15	6	5	0	2	1	0	2	74	1.48
1751—1800	43	23	14	5	5	6	2	1	1	0	97	1.94
1801—1850	29	24	6	10	3	3	3	1	0	1	69	1.38
1851—1900	33	31	7	14	3	4	3	6	1	0	99	1.98
1901—1911	8	8	2	1	3	2	4	0	0	0	25	2.27
1644—1911	185	109	46	40	21	21	16	11	5	6	460	1.72

由表 2-1 可以得知，清代中后期远比清代初、前期灾害频率高。从整个清代 268 年的平均灾次每年 1.72 次看，达不到平均数的有：1644—1650 年平均每年仅 0.43 次，1651—1700 年上升到 1.02 次，到 1701—1750 年达 1.48 次，还有介于 1751—1800 年的 1.94 次和 1851—1900 年的 1.98 两高峰之间的 1801—1800 年的 1.38 次。特别是在 18 世纪下半叶即 1751—1800 年和 19 世纪下半叶即 1851—1900 年均接近平均每年发生 2 次灾害。而进入 20 世纪初期，亦即清代末期的最后十年，灾荒呈明显的上升趋势，平均每年已超过 2 次，达 2.27 次。

如果将表 2-1 转换成"清代内蒙古地区灾害分类世纪时段分布"（见图 2-1）和"清代内蒙古地区各类灾害世纪时段分布"（见图 2-2），则更为直观。

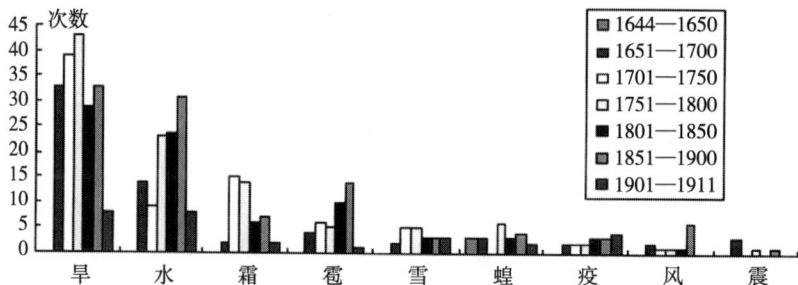

图 2-1　清代内蒙古地区灾害分类世纪时段分布统计图

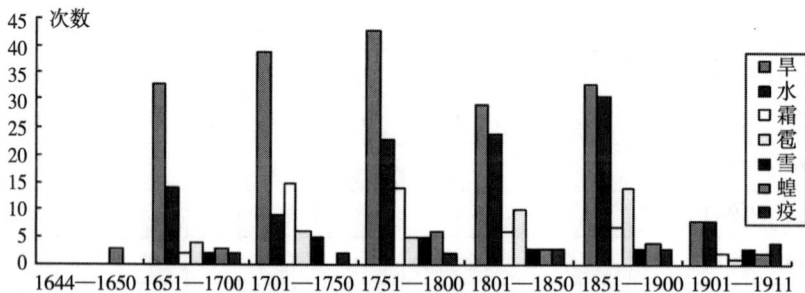

图 2-2　清代内蒙古地区各类灾害世纪时段分布统计图

图 2-1 和图 2-2 表明旱灾在 1751—1800 年间频率最高，达 43 次，1651—1700 年间、1701—1750 年间和 1851—1900 年间也分别达到 33 次、39 次和 33 次。四个时段合计为 148 次，刚好占整个旱灾总量 185 次的 80.00%。而 1644—1650 年间、1801—1850 年间和 1901—1911 年间旱灾分别为 0、29 次和 8 次，三个时段合计为 37 次，占整个旱灾总量 185 次的 20.00%。水灾则以 1851—1900 年间为最多，达 31 次，1751—1800 年间、1801—1850 年间和 1901—1911 年间也分别达到 23 次、24 次和 8 次，即 1751—1911 年间的 161 年中发生水灾已达 86 次，占整个水灾总量的 78.90%。而清前中期一百多年间即 1644—1750 年间的 107 年共发生水灾 23 次，占水灾总次数的 21.10%。这也从一个侧面反映了清中后期水灾频次加密的实况。除旱水灾害之外的其他各类灾害我们也可据上述表和图能够准确换算。

与此相关，我们再顺便了解一下清代内蒙古地区灾害分类统计情况（见图 2-3），以比较直观地把握清代内蒙古地区各类灾害的频率高低、威胁大小和预防重轻。

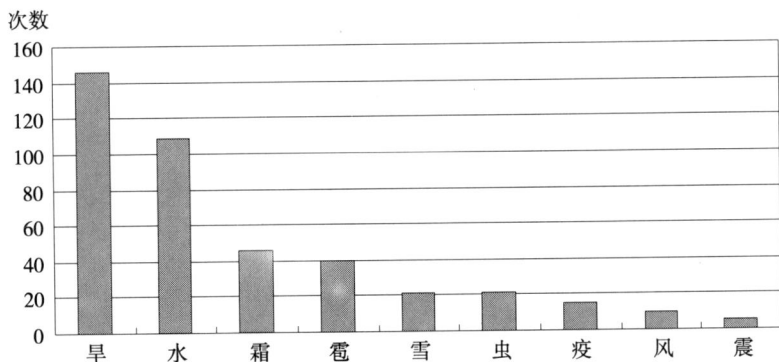

图 2-3

图 2-3 表明旱灾和水灾是清代内蒙古地区发生频率最高、威胁最大，亦是应予重点预防的灾害类型，特别是旱灾历来是内蒙古地区的最

主要的灾害。在有清一代的 268 年，就有 142 个年份发生 185 次旱灾，灾害年代和灾次比率分别占 52.98% 和 40.26%。通过我们对文献史料的研究分析表明，内蒙古地区的旱灾具有明显的积累性的特征。旱灾积累性的表现几乎是内蒙古地区所特有的。由于内蒙古地区灾荒的周期极短，几乎一年一度的巨灾，已成为清代近三百年间的常例。但每次巨灾之后，从没有补救的良策，不仅致命的弱点没有消除，还因为每一度巨创之后，元气愈伤，防灾的设备愈废，导致灾荒的周期循环愈速，规模也更加扩大。这种事实，就是内蒙古灾荒扩展的积累性的具体表现。从包括旱水灾害的各类灾害统计材料看，我们不难发现，内蒙古地区灾荒的频数几乎每隔半个世纪就上升一次，其间虽有稍稍下降或相对稳定的间歇期，但不久又很快上升，甚至是扶摇直上，总的趋势是灾荒的频度愈来愈密，强度也愈来愈深。

（二）关于灾害的朝代时段分布

所谓灾害的朝代时段分布，是指将时段以某一王朝中各皇帝在位时段为一个整段时间分布状况的划分方法。运用这种方法，给人们一个非常明晰的灾害时间分布印象。我们可以了解各类灾害在哪个朝代较为集中或较为分散，至于求得绝对值，我们完全可以通过朝代之间的平均值来做比较。清代从顺治至宣统先后经历了顺治（1644—1661年）共 18 年，康熙（1662—1722 年）共 61 年，雍正（1723—1735 年）共 13 年，乾隆（1736—1795 年）共 60 年，嘉庆（1796—1820 年）共 25 年，道光（1821—1850 年）共 30 年，咸丰（1851—1861 年）共 11 年，同治（1862—1874 年）共 13 年，光绪（1875—1908 年）共 34 年，宣统（1909—1911 年）共 3 年，总计 268 年。用此法看到下列结果（见表 2-2）：

表 2-2 清代内蒙古地区各类灾害朝代时段分布

年号	在位/公元	旱	水	霜	雹	雪	蝗	疫	风	震	其他	计	年均
顺治	18/1644—1661	4	5	0	1	0	4	0	0	1	0	15	0.83
康熙	61/1662—1722	37	11	3	3	5	2	2	2	2	2	69	1.13
雍正	13/1723 1735	8	0	2	1	2	0	1	0	0	0	14	1.08
乾隆	60/1736—1795	64	29	25	10	5	6	3	2	1	1	146	2.43
嘉庆	25/1796—1820	9	6	4	0	1	0	2	0	0	1	23	0.92
道光	30/1821—1850	21	19	3	10	2	3	1	1	0	0	60	2.00
咸丰	11/1851—1861	6	7	0	4	1	1	0	1	0	1	21	1.91
同治	13/1862—1874	5	13	1	4	0	0	2	0	0	1	26	2.00
光绪	34/1875—1908	26	16	8	7	4	5	2	5	1	0	74	2.18
宣统	03/1909—1911	5	3	0	0	0	0	3	0	0	0	12	4.00
合计	1644—1911	185	109	46	40	21	21	16	11	5	6	460	1.72

　　若将表 2-2 分别转换成"清代内蒙古地区各类灾害朝代段时间分布图"（见图 2-4）和"清代内蒙古地区灾害朝代段年均时间分布曲线图"（见图 2-5），就显得更为直观。

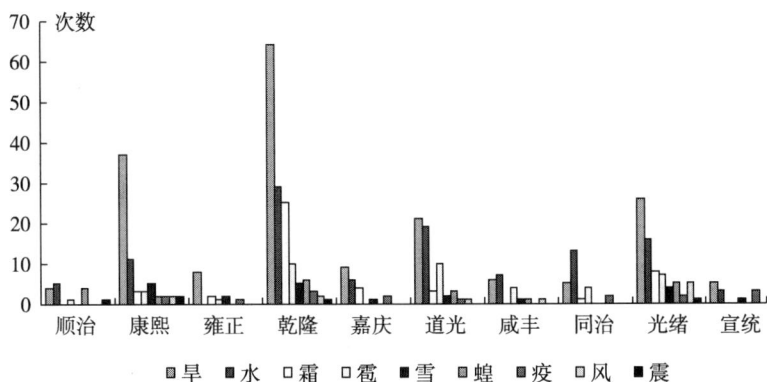

图 2-4 清代内蒙古地区各类灾害朝代段时间分布图

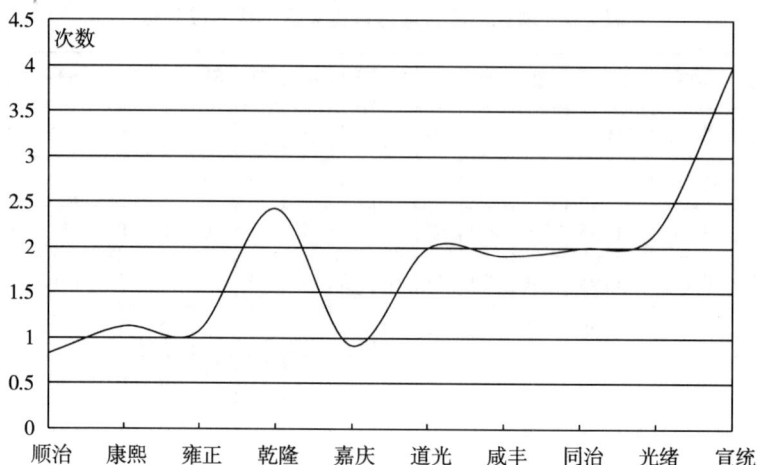

图 2-5　清代内蒙古地区灾害朝代段年均时间分布图

图 2-4 表明每朝代时段各类灾害类型所分布的频率及其强度，其中乾隆年间为最强烈，在 60 年中共发生各类灾害 146 次，占整个清代内蒙古地区灾害总量的 31.74%，接近 1/3。康熙、道光和光绪年间也较突出，分别是 69 次、60 次和 74 次，三者合计为 203 次，占整个清代内蒙古地区灾害总量的 44.13%。而上述康、乾、道、光四朝合计达 349 次，占总量的 75.88%。而图 2-5 则表明各朝代段灾害总量年均分布的实况，其中宣统年间年均最高达 4 次，年均达到或超过 2 次的有乾隆年间 2.43 次、道光和同治年间分别为 2.00 次、光绪年间为 2.18 次，均超过清代年均 1.72 次。这也从绝对值上表明乾、道、同、光、宣朝代年均分布的频率和强度，同时也从宏观上表明清乾隆年间开始至清末宣统年间，除像嘉庆 25 年间有 23 次年均 0.92 次低于清代年均 1.72 次外，其余各朝均超过清代年均次数，特别是清后期即 19 世纪下半叶至清末灾害频次扶摇直上一路攀升，最后构成清灭亡的一个重要因素。

二、灾荒的空间分布状况

关于清代内蒙古地区灾荒的空间分布状况，我们主要从比较宏观的维度精选旱水灾害具有典型意义的案例说明。如果我们选取一次旱灾空间范围超过 10 个旗县（包括 10 个旗县），清代内蒙古地区共有 18 个年份，则列成简表（见表 2-3）如下：

表 2-3　清代内蒙古地区一次旱灾在 10 个旗县以上范围举例

公元 / 旗数	受灾地区及灾情概况	文献出处
1664/10	遣官查勘八旗被水旱蝗灾庄田，赈给米粟共 2136000 余斛	《清圣祖实录》卷 13
1671/11	八旗地等旱，给米 1640700	《清圣祖实录》卷 37
1681/11	大同府，边外蒙古，苏尼特等旗，驻近边八旗蒙古连年旱荒	《清圣祖实录》卷 96
1689/12	二喀喇沁、巴林、翁牛特、敖汗、奈曼、苏尼特、察哈尔八旗、扎鲁特、阿鲁科尔沁等地，因旱极度贫困	《清圣祖实录》卷 141
1715/49	内蒙古地区 49 旗特别是鄂尔多斯，苏尼特左、右旗，阿巴嘎纳尔，阿巴嘎，达茂，固阳，乌拉特前旗，乌拉特中后旗大饥	《清圣祖实录》卷 262
1723/10	郭尔罗斯，科尔沁，喀喇沁，扎鲁特旗，喀尔喀左翼部，鄂尔多斯三旗岁歉，饥馑，连年灾旱频仍	《清世宗实录》卷 8
1731/49	各札萨克旗所种之谷，皆已被旱，米谷未收，不能度日	《清世宗实录》卷 111
1746/15	苏尼特等游牧处所，归化城，武川，四子王旗，喀喇沁右翼，茂明安，乌拉特三旗，阿巴嘎部等被旱	《清高宗实录》卷 281
1759/11	墨尔根，呼兰；大同，善岱，托克托城，清水河等被旱	《清高宗实录》卷 597、598

续表

公元／旗数	受灾地区及灾情概况	文献出处
1764/14	归化各厅、伊七旗旱	《清高宗实录》卷 658
1782/14	察哈尔之八旗官兵、牲畜伤损甚多	《清高宗实录》卷 1158
1893/16	阿拉善（两旗）、伊盟七旗以及归化城七厅被灾	《清德宗实录》卷 323
1895/21	赈热河①饥民	《清史稿·德宗本纪二》
1899/41	东盟地区大面积特大旱灾，归化道各厅大旱歉收	日文东盟调查
1899/11	归绥各厅亢旱歉收，察哈尔右翼四旗蒙古灾，发币一万赈之	《绥远通志稿》卷 29

注：①热河，指热河道，辖境包括内蒙古昭、哲两盟，巴林左、右旗，奈曼旗，库仑旗等地区。

表 2-3 表明，这些"特大旱灾"或"大旱灾"主要分布在内蒙古的中西部地区。

再将一次水灾达到或超过 8 个旗县的水灾状况列表统计，清代内蒙古地区共有 11 次（见表 2-4）：

表 2-4　清代内蒙古地区一次水灾波及 8 个旗县以上范围简表

公元／旗县数	受灾地区及灾情概况	文献出处
1655/08	八旗被水灾地，赈给八旗 30000 两	《清世祖实录》卷 89
1656/08	特给满洲蒙古每年录米 300 石，汉军每牛录 100 石	《清世祖实录》卷 98
1661/08	八旗水淹田地，每田二日给米一斛	《清圣祖实录》卷 2
1662/08	八旗，每晌给米二斛	《自然灾害史料》95
1663/08	八旗夏雨连绵／给八旗水淹地方 2580000 石米	《清圣祖实录》卷 10
1664/08	八旗，赈米 2136000 斛	《清圣祖实录》卷 13

续表

公元/ 旗县数	受灾地区及灾情概况	文献出处
1681/08	丰镇、凉城、清水河以及外藩蒙古地方发银200000两	《清圣祖实录》卷96
1741/12	巴林、奈曼、库伦、黑龙江坤阿林、拖尔莫、武克萨里等处被水	《清高宗实录》卷156
1892/10	宁、归、和、清、托、萨等厅地区蠲缓新旧钱粮杂课	《清德宗实录》卷319
1910/08	嫩江府、布特哈、龙江府、大赉、肇州等地，赈银谷。甘井子，杜尔伯特，黑河府各府厅县，赏银二万两。海拉尔河河水上涨，造成达兰鄂罗木河决堤	《清宣统实录》卷37

表 2-4 表明这些"特大水灾"或"大水灾"主要分布在内蒙古的中东部地区。

第二节　清代内蒙古地区旱水灾害

有清一代内蒙古地区发生旱水灾害分别为 184 次和 109 次，两项合计 293 次，占整个清代内蒙古地区灾害总和 460 次的 64.78%。这表明清代内蒙古地区的最主要灾害是旱水灾害。

一、旱灾状况

清代内蒙古地区共有 142 个年份发生 185 次旱灾。如果将它们绘成年际分布图，可得如下结果（见图 2-6）：

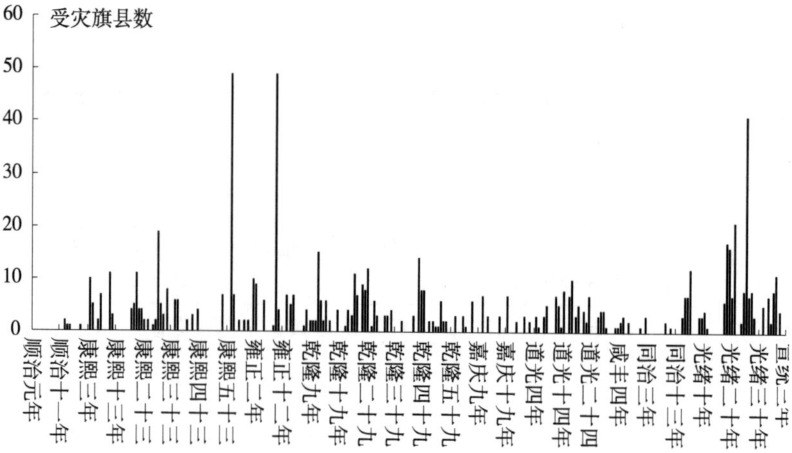

图 2-6　清代内蒙古地区旱灾年际分布

由图 2-6 我们可以看出，清代内蒙古地区的旱灾有三个多发期，它们是：

（1）从顺治十二年至康熙四十二年（1655—1703 年），49 年中发生旱灾 28 次，平均每 1.75 年就发生一次；

（2）从康熙五十一年至咸丰七年（1712—1857 年），146 年中发生旱灾 86 次，平均每 1.70 年发生一次；

（3）从光绪二年至宣统三年（1876—1911 年），36 年中发生旱灾 25 次，平均每 1.44 年发生一次。

若论清代内蒙古地区旱灾的地理分布，各旗也不平衡。最多的归化城、丰镇厅各达 35 次，与此相关的萨拉齐、清水河、和林格尔、托克托、宁远等厅，均达到 20 次以上。可见，今呼、包二市，乌盟南部，伊盟北部，巴盟后套等地区是旱灾的频发区和重灾区。此外，还有锡盟的苏尼特、浩齐特、察哈尔八旗一带，呼伦贝尔、赤峰巴林左右旗以及哲盟的西南部地区，旱灾也很频仍。奇怪的是，史料记载阿拉善地区的旱灾较少，直接记载的仅有 2 次。

总体而言，如果设定危及 15 个旗县以上的旱灾反映其宽泛的地理空间范围，以示其灾害严重程度，那么，如康熙二十八年（1689 年）、乾隆十一年（1746 年）、光绪三年、光绪四年、光绪十七至二十六年（1891—1900 年），我们不妨称为"特大旱灾"。其次，康熙三年（1664 年）、康熙十年（1671 年）、康熙二十年（1681 年）、乾隆二十四年（1759 年）、光绪五年（1879 年）、宣统二年（1910 年）等年度的大旱范围也很广，危及 10—14 个旗县，危害也很大，我们可称为"大旱灾"。以下对这六次"大旱灾"和光绪十七至二十六年（1891—1900 年）的"特大旱灾"作详细的分析，而将危及 5—9 个旗县的较大旱灾归纳为表 2-5。

表 2-5　清代内蒙古地区危及 5—9 个旗县的较大旱灾举例

时间（公元）	受灾地区	灾情概况	史料出处
康熙 四 年（1665）	大同府等八州县及其他地区	"俱十分全荒""给赈米石不敷"。赈 米 26860 石，银 73500 两	《清圣祖实录》卷 14、15
康熙 七 年（1668）	多伦、正蓝、商都、巴林左右、奈曼、库伦等旗县	免内蒙古哲盟、昭盟、锡盟、河北、陕西、甘肃 160 州县灾赋	《清史稿·圣祖本纪》
康熙二十九年（1690）	丰镇、兴和、凉城、清水河、察哈尔、浩齐特旗	此时亢旱，米价腾贵。蒿齐忒蒙古被灾者三千人，皆以荒野草根为食	《清圣祖实录》卷 121
雍正五年（1727）	索伦、达呼尔（莫力达瓦）、翁牛特、敖汉、克什克腾	"马匹牲畜多有倒毙"	《清圣宗实录》卷 63
乾隆 元 年（1736）	喀喇沁，巴林左、右旗一带	"发帑万两遣官往赈"	《清史稿·高宗本纪一》
乾隆十二年（1747）	苏尼特等六旗	"派尚书纳延泰驰驿前往查办"；"命理藩院尚书纳延泰前往赈恤，行令于张家口等处备茶四万斛，米二万石济用"；"其属下贫乏蒙古两万余人俱已办理，在本旗内兼养"	《清史稿·高宗本纪二》、《清高宗实录》卷 294、296、297

续表

时间（公元）	受灾地区	灾情概况	史料出处
乾隆二十五年（1760）	黑龙江、齐齐哈尔、墨尔根；呼伦贝尔地方	"连年亢旱，牲畜方损"	《清高宗实录》卷 607、619
乾隆二十七年（1762）	哲里木盟所属旗	"连年被灾，情形较重"	《清高宗实录》卷 671
道光八年（1828）	黑龙江各属、呼兰、齐齐哈尔、墨尔根、打牲乌拉（吉林）	"被旱歉收"，"连年被灾"	《清宣宗实录》卷 145
道光十二年（1832）	察哈尔、额鲁特、丰镇	"歉收兵谷，旧欠银粮""贷灾民食谷""贷被灾驿丁置办牛具银"	《清宣宗实录》卷 227
道光三十六年（1836）	内蒙古中西部部分地区喀尔喀土谢图汗部各旗	"各旗游牧迭次被灾，不能相助，应如何接济贫，将一切公务，移于别旗办理……""赤贫蒙古一万八千一百七十一名"	《清宣宗实录》卷 283
光绪三年（1877）	和林格尔、清水河、萨拉齐、托克托、归化城；丰镇、宁远	"口外各厅大饥"；"饥民日多，仓谷不敷，饿莩遍野，蒙旗大饥"	《清德宗实录》卷 60、64
光绪四年（1878）	萨拉齐、和林格尔、清水河、托克托各厅州县	"豁免山西阳曲……萨拉齐、清水河、托克托、和林格尔五十六厅州县被旱地方历年带征钱粮"	《清德宗实录》卷 78
光绪五年（1879）	萨拉齐、清水河、和林格尔、绥远城	"共二十九州县秋禾被灾"；"蒙古灾区宜恤"	《清德宗实录》卷 86、89
光绪二十六年（1900）	内蒙古呼、包二市，乌盟南部，伊盟北部，巴盟后套等地区	"春夏无雨，夏秋禾稼均未登场，归绥各属大饥"	《绥远通志稿》卷 29
光绪三十四年（1908）	察哈尔蒙旗及两翼	"发部帑五万，赈察哈尔蒙旗及两翼牧群灾"	《清史稿·德宗本纪二》

续表

时间（公元）	受灾地区	灾情概况	史料出处
宣统元年 （1909）	锡林郭勒盟	"西林果勒盟属下阿巴嘎、阿巴哈纳尔、浩齐特、乌珠木沁等八旗游特地方，连遭亢旱"	《清朝续文献通考》卷 82

我们先看"大旱灾"。康熙三年旱灾是一次波及大同府属阳高等七卫所（包括内蒙古丰镇、兴和二县），以及边外八旗①的大范围旱灾。据史料记载，康熙三年九月癸丑，遣官查勘八旗被水旱蝗灾庄田，赈给米粟，共二百一十三万六千余斛。②康熙十年（1671 年），苏尼特部（内蒙古锡盟苏尼特左右二旗），八旗屯地以及四子部落旱或歉收。据载，是年"六月壬午，谕理藩院，闻苏尼特等八旗，人民被灾，牲畜俱死，难以存活，朕心深为恻然，尔部会同礼部、太仆寺，将马场之马，与礼部所管之牛羊，酌量派出，赏给被灾之人"③；是年十月"乙未，上驻跸头道井地方。以八旗屯地旱荒，给被灾旗人米一百六十四万七百石"④。康熙二十年五月"已未，上诣太皇太后皇太后宫，问安。谕理藩院，苏尼特等旗被灾"，五月"壬戌，上诣太皇太后皇太后宫，问安。谕户部，比年以来，宣府、大同叠罹饥馑，而边外蒙古，亦复凶荒"，七月壬申，"谕吏部、兵部，大同地方，连年旱荒，百姓困苦，以致流离失所，就食他方，因而田地荒芜，生计不遂……"⑤；八月"甲申，理藩院侍郎明爱等，以奉遣往迁苏尼特等被荒蒙古驻近边八旗蒙古地方，请训旨，上谕之曰，此等蒙古，饥馑殊甚，故令迁移，当听其徐来，不可促之，恐

---

① 边外八旗即察哈尔八旗。
② 《清圣祖实录》卷 13，第 197 页。
③ 《清圣祖实录》卷 36，第 484 页。
④ 《清圣祖实录》卷 37，第 495 页。
⑤ 《清圣祖实录》卷 96，第 1208—1209 页。

毙于道路，见今所给牲畜，必当节省以备来年之用，恐今岁食尽，来年禾稼不登，又致饥馑，尔等前往详视，先所给米谷，今足用则已，如不足，再行议奏。"八月"庚寅，理藩院郎中麻拉等，以奉遣往察张家口外贫困八旗蒙古，请训旨，以谕之曰，此等蒙古因遇灾荒，先经赈济粮米牲畜，今闻其尚无生计……"①。

康熙二十八年（1689 年）的特大旱灾：康熙二十八年八月，"丁丑，遣大学士徐元文，祭先师孔子。上驻跸富而坚噶山。谕内大臣、大学士等，朕自春至今，缘兹旱灾，无日不殷忧轸念，近出口阅视，更不堪寓目，……且闻诸蒙古所在亦然，如此情形，躬亲目击，忧悯不能自止，……寻议差理藩院官前往，会同各扎萨克等，令于喜峰口、古北口、杀虎口、张家口、独石口，相近之处领赈，……散米时，令王台吉等亲身来领，以巴林、翁牛特、二喀喇沁为一起，二土默特（东）、敖汉、奈曼为一起，苏尼特、察哈尔八旗为一起，扎鲁特、阿禄科尔沁为一起，详查实数散给。"②是年九月"戊戌，上驻跸拜察和洛。理藩院题，喀尔喀信顺额尔克戴青等六台吉奏称所属牲畜尽弊，饥荒不能度日，祈赐恤养"；十月，"理藩院议，喀尔喀信顺额尔克戴青等六台吉所属之人，饥馑难以度日，应遣官将杀虎口仓内所贮之米给发。上曰，给发此米，可差贤能司官前往，毋令减少，照数取给，务令得沾实惠，若米内有杂和糠土，及给发短少等弊，发觉之日，将给发官员从重议处。"③从上三段该年度的典型案例，我们便可得知，此次旱灾危及面广，灾情严重，已引起当时最高层的极大关注。

乾隆十一年（1746年），内蒙古乌兰察布盟六旗④，锡林郭勒盟苏尼特游牧处，阿巴嘎部，以及今蒙古国的部分旗发生大面积的旱灾。这次

---

① 《清圣祖实录》卷 97，第 1221—1223 页。
② 《清圣祖实录》卷 141，第 555—556 页。
③ 《清圣祖实录》卷 142，第 557—568 页。
④ 乌兰察布盟六旗即指喀尔喀右翼、四子王、茂明安及乌拉特三旗等六旗。

旱灾的特点是受灾范围广，持续时间长，一直持续乾隆二十年前后。①

光绪后期年间的特大旱灾：从光绪十七年至二十六年（1891—1900年），即19世纪的最后10年间是整个清代内蒙古地区发生旱灾最严重的历史时段：

光绪"十七年秋，归化城厅及山后粮地，萨拉齐及西部大余太，冻旱成灾。丰、宁二厅被灾亦重。各厅亦皆歉收，粮价大涨、饥民载道。"②光绪十八年壬辰春正月辛卯，拨库帑五万于热河，赈敖罕、奈曼两旗蒙古。六月庚申赈汾州及归绥七厅旱灾。③是年"归绥道属七厅及蒙旗大饥。去岁灾歉，入春至夏无雨，不能下种，秋收无望，与光绪三、四年略同。全境赤地千里，死者枕藉，口外粮价，粗粮斗不过市钱三百，小麦七八百，至是小麦价至一千八文，而粗粮增至四倍。其初各地有存粮者皆昂价以出，继而公私仓廪俱空。省委知府锡良携款来城赈抚。丰镇有义赈委员潘民表集款十余万放赈，流亡较少。其北境二道河（今兴和县县政府所在地）、康保尔（今察右中旗旗政府所在地）一带，野无青草，有食人肉者。托河（指托克托县地区）地方当大旱时，宁夏境内丰收，莠民收买子女，以船运宁，转售获利，人数达三千以上。大余太向为产粮之区，居民存粮多，粗可支度，而由广盛魁（今固阳县县政府所在地）、明安川（今乌拉特旗明安，大余太一带）一带，逃至饥民日众，求食不得，率皆饿毙，纵横道路，为状至惨，年幼子女亦多卖运宁夏……萨厅少壮逃散，幼者出卖，老弱饿死者大半，厅令掘大坎掩埋之，俗名曰万人坑。宁远、和林、清水河，以连年大旱，死亡亦多。蒙旗饥民亦多，杭锦各旗糜子每石价至银五两。死者相望。"④光绪十九年四月，以阿拉善札萨克和硕亲王多罗特色楞游牧，连年荒旱，颁帑

---

① 参见《清高宗实录》卷271、274、278、280、281等。
② 绥远通志馆编纂：《绥远通志稿》第九册，第13页。
③ 参见赵尔巽等撰：《清史稿》，第901页。
④ 绥远通志馆编纂：《绥远通志稿》第九册，第13—14页。

三万赈之。五月以伊克昭盟长札萨克固山贝子札那吉尔第游牧，连年荒旱，颁帑一万赈之。十二月壬戌，免归化等七厅租赋。[①] 光绪二十一年，"六月丁丑，赈热河（辖境包括内蒙古昭、哲两盟，巴林左、右旗，奈曼旗、库伦旗等以南地区）饥民"[②]。

在这次大范围而持续的特大旱灾中，最为严重和危及面最广的莫过于光绪二十五年至二十六年（1899—1900 年）的旱灾了。清德宗光绪二十五年夏，东盟[③]地区遭受旱灾，河川流水全干，地面上的草全枯死。虽有一些家畜赶到山丘避暑，而毙死者仍很多。据传说在 60 年以前曾发生过一次大旱灾，井水全干，草木皆枯，人畜毙者甚多。[④] 这是东部区的情况，而是时的西部，如绥远各厅一带，亦是"大旱，各厅歉收"[⑤]。

而这场大旱又持续到第二年甚至第三年。如光绪"二十六年，春夏无雨，夏秋禾稼均未登场，归绥各属大饥，道殣相望，归、萨、托一带斗米有价至制钱一千五六百，合银一两三四钱者。六月归绥大成号麦田熟数十余顷，远近饥民集地畔，男呼女应，一时拔取立尽。归、萨、丰、宁各处存粮之户，聚众强取或勒借者甚多。是年灾区广阔，宁夏亦告灾，沿河（指黄河）人民饥毙多，而逃亡少，各城市日由公街雇工掩埋死者。是年清水河厅先旱后冻，颗粒未收。通判熊承租开常平仓谷万余石赈之，全活较众。山后（指大青山以北地区）及西套（指后套，今内蒙古五原、临河、磴口等县，杭锦后旗、乌拉特前旗西部等一带地区）旱灾视山前较轻，未及十八年之甚。……幸野羊千百为群，散漫山谷，农民捕食赖延残喘。蒙旗糜价每斗银七八钱。……多束手待毙，状

---

① 参见赵尔巽等撰：《清史稿》，第 903—904 页。
② 赵尔巽等撰：《清史稿》，第 914 页。
③ 东盟即今内蒙古锡、哲、昭、呼、兴等五盟 41 个旗县。
④ 参见《东蒙调查经济资料·天灾》，第 246 页。
⑤ 绥远通志馆编纂：《绥远通志稿》第九册，第 14 页。

至惨也。"①

这次特大旱灾的危波甚至影响到 20 世纪的前 10 年，如光绪"二十七年春，各厅灾民日多，死者更众，全道人口减至十分之三；二十八年秋，宁远厅旱雹歉收"②。特别是光绪三十四年夏，发部帑五万，赈察哈尔蒙旗及两翼牧群灾。③翌年，即宣统元年，"谕：诚勋额勒浑奏，西林果勒盟属阿巴嘎、阿巴哈纳尔、浩齐特、乌珠木沁等八旗游牧地方，连遭亢旱。上冬又大雪成灾，牲畜倒毙，蒙民困苦，著赏给帑银三万两抚恤。"④宣统二年十二月……丁丑，察哈尔右翼四旗（即正黄、正红、镶红、镶蓝旗等四旗，今察右前、中、后旗，丰镇、兴和、集宁、凉城、卓资等县内）蒙古灾，发帑一万两赈之。⑤宣统三年秋，清水河厅旱灾，民多乏食，通判洪铨请准发仓谷八千六百余石赈之。⑥是年"谕，堃岫奏准格尔旗屡年灾歉，去年亢旱，今春大雪，蒙民产业牲畜倒毙殆尽，加恩赏帑银一万两妥为散放。""又绥远城将军堃岫奏，鄂尔多斯郡王暨札萨克台吉两旗（今伊金霍洛旗）连年歉收，去年亢旱，冬春大雪，牲畜倒毙，人民无计为生，请饬部筹赈，以济蒙难。得旨，著赏银五千两。"⑦

二、水灾状况

清代内蒙古地区共有 89 个年份发生 109 次水灾。如果将它们绘成年际分布图，可得如下结果（见图 2-7）：

---

① 绥远通志馆编纂：《绥远通志稿》第九册，第 14—15 页。
② 绥远通志馆编纂：《绥远通志稿》第九册，第 15 页。
③ 参见赵尔巽等撰：《清史稿》，第 963 页。
④ 刘锦藻：《清朝续文献通考》，浙江古籍出版社 2000 年版，第 8414 页。
⑤ 参见赵尔巽等撰：《清史稿》，第 987 页。
⑥ 参见绥远通志馆编纂：《绥远通志稿》第九册，第 17 页。
⑦ 刘锦藻：《清朝续文献通考》，第 8415 页。

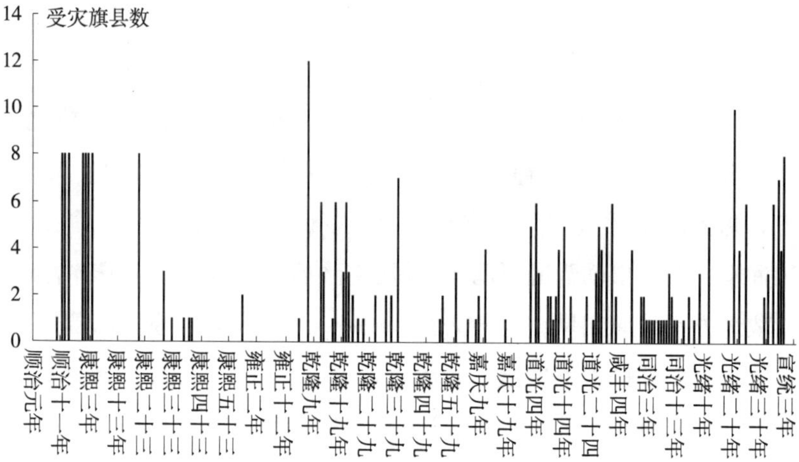

图 2-7 清代内蒙古地区水灾年际分布

从图 2-7，我们可以看出清代内蒙古地区的水灾有三个多发期，它们如下：

（1）从顺治九年至康熙三十九年（1652—1700 年）49 年中发生 14 次，平均每 3.50 年发生一次；

（2）从乾隆三年至嘉庆九年（1738—1804 年）67 年中发生 23 次，平均每 2.91 年发生一次；

（3）从嘉庆二十五年至宣统二年（1820—1910 年）81 年中发生 50 次，平均每 1.62 年发生一次。

由此可见，清代内蒙古地区的水灾呈明显的递进趋势。如果作进一步分析，按约 89 年为一期，大体分成 3 份：1644—1732 年，89 年中共发生 15 次，平均每 5.93 年发生一次；1733—1821 年，89 年中发生 25 次，平均每 3.65 年发生一次；1822—1910 年，89 年中发生 49 次，平均每 1.82 年发生一次。这样更充分地论证了这一明显递进的趋势。

若论清代内蒙古地区水灾的地理分布，各旗县也不平衡。最多的萨拉齐厅 37 次，最少的阿拉善和准格尔旗仅有 1 次。其余从多到少依次是：黑龙江 20 次，齐齐哈尔 16 次，海拉尔／呼盟 16 次，墨尔根 16 次，归化城 16 次，丰镇、清水河各 10 次，布特哈、打牲乌拉、兴和八旗地各 7 次，呼兰、和林格尔、托克托城各 6 次，凉城 4 次，浩齐特、苏尼特、宁远等各 3 次，巴林、赤峰、宁古塔等地各 2 次。①

如果就清代内蒙古地区水灾的典型案例分析，则下列年度的水灾或许值得一提。

康熙二年（1663 年）十月庚申，"云南道御史梁熙疏言，近畿田地，分发八旗，今岁夏雨连绵，各处堤岸溃决，田禾损坏，收成绝少，河间一带庄屯淹没更甚，请遴差才干官员，周行相看，凡堤岸之应修者，实行培筑，淤浅之应疏者，实行挑浚，庶河流有归，潦不为灾。下部知之。甲子，……给八旗水淹地方，米二百五十八万石。"②翌年，九月"癸丑，遣官查勘八旗被水旱蝗灾庄田，赈给米粟，共二百一十三万六千余斛"③。

这两个年份，是清代关于内蒙古地区诸多水灾记载中赈济米粟最多的年份。仅八旗地方在两年中就共赈济被水（当然还包括"旱蝗灾"）米粟达四百七十一万六千余石。从这一惊人的赈济数字就可能判断其灾荒的严重程度。

嘉庆二十五年（1820 年），十月乙未，"免齐齐哈尔、黑龙江、墨尔根、布特哈、茂兴黑尔根等处被水田亩十一万二千八百七十余晌应征额粮，并贷旗民银米"④。清代黑、墨、布、齐（由东北至西向走向）等地的部分或大部分属呼伦贝尔盟即今海拉尔市范围。⑤ 这是清代涉及内蒙古东部地区空间范围较广泛的一次水灾。事隔一年，至道光二年（1822 年）八月，在内蒙古的中西部地区，特别是在归化城、萨拉齐二

---

① 这种统计分析是我们依据目前掌握的资料而做出的，可能挂一漏万，仅供参考。

② 《清圣祖实录》卷 10，第 161 页。

③ 《清圣祖实录》卷 13，第 197 页。

④ 《清仁宗实录》卷 6，第 148 页。

⑤ 参见谭其骧主编：《中国历史地图集》第八册，地图出版社 1987 年版，第 14—15 页。

厅，山水涨发导致水灾。依《清实录》的记载：道光二年八月甲子，"给山西归化城、萨拉齐二厅被水灾民一月口粮并坍塌房屋修费"①。虽廖廖数语，但若据其线索查相关背景资料，就具体得多了。如归、萨二厅山水涨发，浑河、黑河、毕克齐丰后庄等 37 村庄被灾。毕克齐水磨沟 10 村庄被淹，人多淹死。铁帽、达赖、丹坴、巧报、哈拉沁等 5 村房屋倒塌。萨拉齐所属善岱等 43 村被淹，房屋倒塌。②

《清史稿·灾异志》关于灾荒的记载非常简明扼要，如光绪九年（1883 年）"七月，赈热河水灾"。我们依据其所提供的有效线索，对这次所赈地区查《赤峰市志》，发现有如下具体记载："清光绪九年（1883 年），赤峰县从六月十三日（7 月 16 日起）连降大雨七昼夜，山洪爆发，沟满河溢。锡伯河，英金河水深约 3 丈，英金河北击龙头山崖，南齐蜘蛛山腰。河中不时见漂浮的人畜尸体和物品。大水漫堤冲入头道街广益盛胡同和臭水坑，受灾户过百，构棚栖居蜘蛛山上月余。"③

一般认为，内蒙古水灾多发生在其中东部地区，特别是其东部地区，而且我们上述所列典型案例也均是内蒙古的中东部地区。实际上也未必完全如此。据我们的初步研究，在清代发生水灾最多的地区当属西部的萨拉齐厅（见表 2-6）。萨拉齐厅辖及今包头市及巴盟后套地区，并兼辖达拉特旗地区。如光绪三十年（1904 年）夏，包头市"暴雨骤至，势如倾盆，城内外山岗的雨水，顺着大小沟谷猛冲直下，瓦窑沟街水势更凶，以排山倒海之势，直冲民生街……刹那间，水深没顶，变成泽国。这次水灾，人畜伤亡惨重，房屋财产损失无算"④；是年"秋，五原

① 《清宣宗实录》卷 40，第 715 页。
② 参见《呼市气象局资料》，转引自《内蒙古历代自然灾害史料》上册，1982 年，第 97 页。
③ 赤峰市地方志编纂委员会编：《赤峰市志》，内蒙古人民出版社 1996 年版，第 504—505 页。
④ 内蒙古文史研究馆编：《包头市简志初稿》，第 30—31 页。

厅（亦指今巴盟后套地区）大水，时阴雨兼旬，黄河决口，溢出岸堤，附近沙吉尔召突为巨浪卷入中流，望若洲岛。近河之长济大渠冲毁，田禾均被淹没。城乡交通，全恃船筏往来。托城河口镇，亦以霪雨连绵，黄河水涨，淹没成灾。……包头有大水灌城之灾。其城背山面河，地势东北高，而西南低，夏季山水易入城中。是年七月二十日，大雨淋漓，比卓午云黑如墨，霹雳一声山石为开，天晦冥，暴雨大至，交申始止。城内东西瓦窑沟山洪汹涌而下，冲向西城，经流通衢商铺德茂兴，同祥魁，永义元数家及西端口袋房、粉房各巷，立成泽国。水过草市，牛桥而西泛，柴多捆拥至西门，门壅积水，水道又为沙物阻塞，越聚越高，旋自西南横越城墙而出，势如飞瀑，西城一带，水淹房压而死者数百余户，西北城角尤大，街衢之冲倒而死者，亦数百人。酉初忽漂大屋梁一，直入西门，水力冲激，梁撞门开，水得泻出，幸免全城其鱼之巨劫"。①

表 2-6　清代内蒙古地区水灾地理分布一览表

时间 / 旗县数	受灾地区及灾情概况	文献出处
1652/1	开平大水，害稼禾	《清史稿·灾异志一》
1655/8	八旗被水灾地，发银三万两赈给满州、蒙古、汉军、穷苦兵丁	《清世祖实录》卷 89
1656/8	以八旗地亩被水等特给满州蒙古每年录米 300石，汉军每牛录 100 石	《清世祖实录》卷 98
1661/8	八旗水淹田地，每田二日给米一斛；后又增至每田一日给米一斛	《清圣祖实录》卷 2
1663/8	八旗夏雨连绵，给八旗水淹地方 258 万石米	《清圣祖实录》卷 161
1664/8	八旗，赈米 213 万斛	《清圣祖实录》卷 13

---

① 绥远通志馆编纂：《绥远通志稿》第九册，第 15—16 页。

续表

时间 / 旗县数	受灾地区及灾情概况	文献出处
1681/8	丰镇、凉城、清水河以及外藩蒙古地方发银 20 万两	《清圣祖实录》卷 96
1690/3	二月，开平大雨，五月乃止	《清史稿·灾异志二》
1697/1	黑龙江沿河之十八庄，赈米 3 万余石	《清圣祖实录》卷 185
1699/1	兴和县地区水灾	《大同府志》卷 25
1700/1	镇番（甘肃民勤），白亭（内蒙古阿拉善鱼海）海水潮丈余，井水泛滥	《甘肃全省新通志》卷 2
1718/1	索伦山水冲没人口牲畜及房屋，拨银 1 万两赈之	《清圣祖实录》卷 280
1738/1	归化城地方阴雨连绵，黄河泛滥，民间庐舍尽被冲淹	《清高宗实录》卷 75
1741/12	赈热河四旗（巴林左、右旗、奈曼、库伦）丁水灾；贷黑龙江坤阿林、拖尔莫、武克萨里等处被水灾八旗官兵等口粮	《清高宗实录》卷 156
1746/6	黑龙江地方因山水陡发，附近旗民人等田亩俱被水灾；黑龙江、墨尔根、齐齐哈尔、吉林乌喇、宁吉塔、伯都纳、拉林等给口粮籽种	《清高宗实录》卷 276、277
1747/3	应、浑、大三州县被水	《大同府志》卷 25
1750/1	吉林乌喇、宁吉塔、伯都纳等被水灾民籽种口粮	《清高宗实录》376
1751/6	呼兰蒙古图七庄、五座官庄、宁古塔、吉林；温德亨山、八座官庄叠被水灾	《清高宗实录》384、405
1754/3	齐齐哈尔、黑龙江、墨尔根等处本年雨水过甚；赈粮总计 85440 石	《清高宗实录》470、477
1755/6	黑龙江、齐齐哈尔；丰镇、兴和、凉城、清水河山水聚发，河水张溢	《清实录》498；《史料》96
1756/3	黑龙江地方田禾被水之七百七十户，共需口粮 11778 石，籽种粮 2826 石	《清高宗实录》卷 522

续表

时间 / 旗县数	受灾地区及灾情概况	文献出处
1757/2	归化城土默特二旗, 借给 29200 石	《清高宗实录》卷 563
1765/2	齐齐哈尔、呼兰均被水, 给米 1036 石	《清高宗实录》卷 747
1769/2	齐齐哈尔、黑龙江二处本年水灾打牲乌拉口粮	《清高宗实录》卷 846
1771/2	绥远城大黑河; 萨拉齐所属之善岱里安民等七村庄	《清高宗实录》890、895
1773/7	丰镇厅属旗地, 归化之八十三村蒙古等地, 萨拉齐、浑津、黑河街处	《山西通志》卷 82; 《清高宗实录》卷 938
1788/1	鸦儿河水泛溢, 打牲乌拉以及索伦田禾淹没成灾	《黑龙江志稿》卷 586
1794/3	齐齐哈尔、黑龙江、墨尔根三处田禾被淹, 免 19300 余石	《清高宗实录》卷 1461
1798/1	松花江被水淹民贷口粮并免额赋十分之一	《清仁宗实录》卷 35
1802/2	托克托城、萨拉齐两厅, 缓征额赋	《清仁宗实录》卷 103
1804/4	黑龙江、墨尔根、打牲乌拉、齐齐哈尔等处水灾, 赈	《清仁宗实录》卷 135
1811/1	黑龙江被水, 给口粮	《清仁宗实录》374 下
1820/5	齐、黑、墨、布特哈、茂兴等水灾, 田亩 112870 余晌, 免额粮贷银米	《清宣宗实录》卷 6
1822/6	给山西归化厅、萨拉齐二厅被水灾民一月口粮并坍塌房屋修费	《清宣宗实录》卷 40
1823/3	萨拉齐厅被水借粮; 齐、黑、墨、布特哈四城歉收, 展缓	《清宣宗实录》卷 48、59
1826/2	萨拉齐、归化厅属被水, 给一月口粮, 并房屋修费	《清宣宗实录》卷 105
1827/2	萨拉齐厅被水, 贷; 归化厅被水, 免上年地租银十分之七	《清宣宗实录》卷 122
1828/1	归化城被水	《清宣宗实录》卷 133

续表

时间/ 旗县数	受灾地区及灾情概况	文献出处
1829/2	黑龙江、齐齐哈尔，货	《清宣宗实录》卷 161
1830/4	齐齐哈尔、黑龙江、墨尔根城、打牲乌拉缓征，贷	《清宣宗实录》卷 176
1832/5	丰镇、朔、右玉等地，贷	《清宣宗实录》卷 227
1834/2	内外蒙古交界处喀尔喀游牧地方	《清宣宗实录》卷 250
1840/2	黑龙江、墨尔根城两处	《清宣宗实录》卷 341
1842/1	萨拉齐厅、蠲缓	《清宣宗实录》卷 383
1843/3	兴和、丰镇、萨拉齐等地区蠲缓	《清宣宗实录》卷 398
1844/5	齐齐哈尔、墨尔根、布特哈、嫩江、井奇	《黑龙江志稿》第 589 页
1845/4	黑龙江、齐齐哈尔、墨尔根、布特哈等处	《黑龙江志稿》第 589 页
1847/1	萨拉齐等厅被水	《清宣宗实录》卷 449
1849/6	齐齐哈尔、黑龙江、墨尔根、布特哈、呼兰、特木德贺俗等	《清宣宗实录》卷 474
1850/2	萨拉齐厅、托克托河口镇被水，赈一月口粮	《清宣宗实录》卷 21
1856/4	托、归、萨三厅，普岱、萨拉齐至托县水深三尺，赈一月口粮	《清朝续文献通考》卷 82；《清文宗实录》卷 212
1859/2	清水河、萨拉齐二厅，蠲缓	《清文宗实录》卷 301
1860/2	萨拉齐、太平二厅县，缓征	《清文宗实录》卷 331
1861/1	萨拉齐厅，缓征被水新旧额赋	《清穆宗实录》卷 7
1862/1	萨拉齐厅，缓征被水新旧额赋	《清穆宗实录》卷 46
1863/1	萨拉齐厅，缓征被水新旧额赋	《清穆宗实录》卷 84
1864/1	萨拉齐厅，缓征被水新旧额赋	《清穆宗实录》卷 119
1865/1	萨拉齐厅，缓征被水新旧额赋	《清穆宗实录》卷 163

续表

时间 / 旗县数	受灾地区及灾情概况	文献出处
1866/1	萨拉齐厅，缓征被水新旧额赋	《清穆宗实录》卷 188
1867/1	萨拉齐厅，展缓被水地方上年民借仓谷	《清穆宗实录》卷 209
1868/3	萨拉齐、清水河、浑津等八县厅被水，蠲缓被水新旧额赋	《清穆宗实录》卷 249
1869/3	萨拉齐、清水河厅蠲缓被水新旧额赋	《清穆宗实录》卷 273
1870/2	萨拉齐、丰镇城蠲缓被水新旧额赋	《清穆宗实录》卷 294
1871/1	萨拉齐厅蠲缓被水新旧额赋	《清穆宗实录》卷 323
1872/1	萨拉齐厅蠲缓被水新旧额赋	《清穆宗实录》卷 347
1874/1	萨拉齐厅蠲缓被水新旧额赋	《清德宗实录》卷 2
1876/2	萨拉齐厅（今格勒河）水灾死千余人，2000 余人无家可归	《内蒙古大事记》第 138 页
1878/1	内蒙古乌盟南部沿边一带	《清德宗实录》卷 80
1879/1	丰镇雨雹	《内蒙古大事记》第 138 页
1880/3	萨拉齐、和林格尔等被水，蠲缓新旧钱粮有差	《清德宗实录》卷 125
1883/5	赤峰及其周边地区大雨 7 昼夜，受灾户过百	《赤峰市志》第 504—505 页
1885/2	和林格尔、萨拉齐等 17 厅州县被水，蠲缓新旧钱粮	《清德宗实录》卷 222
1892/10	宁、归、和、清、托、萨等厅地区蠲缓新旧钱粮杂课	《中国灾荒纪年》卷 564
1894/4	归、和、清、萨等，蠲缓被水新旧额赋。西拉木伦河发生洪水，在札鲁特旗境（今开鲁县苏家堡）造成决口，在左岸派生出新开河	《中国灾荒纪年》卷 587 《内蒙古大事记》卷 144
1903/2	黄河由准格尔旗决口，名曰车驾口子，达包境东界五区	《萨拉齐志》卷 16

时间 / 旗县数	受灾地区及灾情概况	文献出处
1904/3	包头、五原厅（巴盟后套地区）、托克托河口镇大水	《绥远通志稿》卷 29
1908/7	墨尔根、布特哈及黑水、大赉各厅，甘井子、扎赉特等地赈银谷	《黑龙江志稿》第 590 页
1909/4	黑龙江墨尔根东西布特哈，黑水、大赉两厅被水，赈抚	《清朝续文献通考》卷 82
1910/8	嫩江府、布特哈、龙江府、大赉、肇州等地，赈银两	《黑龙江志稿》第 591 页

第三节　霜、雹、雪、蝗、疫、风、震灾害状况

清代内蒙古地区发生霜、雹、雪、蝗疫、风、震灾害分别为 46 次、40 次、21 次、21 次、16 次、11 次和 5 次，七项合计 160 次，占整个清代内蒙古地区灾害总和 460 次的 34.78%。说明清代内蒙古地区除了旱水灾害外，上述灾害也以占灾害总和近三成半的比例渗透其中，其危害也很大。在此分别试作分析。

一、霜、雹、雪灾实况

（一）霜灾状况

清代内蒙古地区共有 32 个年份发生 46 次霜灾，如果将它们绘成年际分布表，可得如下结果（见图 2-8）：

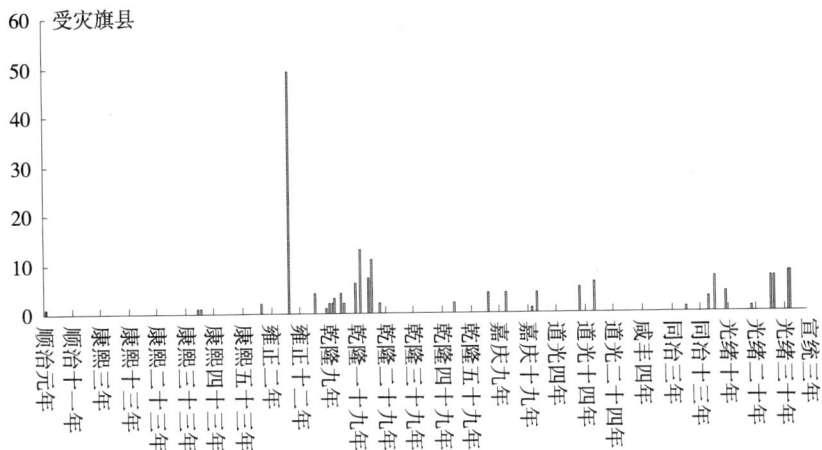

图 2-8

由图 2-8 我们可以看出，清代内蒙古地区的霜灾有三个多发期，它们如下：

(1) 从康熙三十七年至乾隆二十七年（1698—1762 年）65 年中发生 16 次霜灾，平均每 4.06 年发生一次；

(2) 从乾隆五十三年至道光十七年（1788—1837 年）50 年中发生 7 次霜灾，平均每 7.14 年发生一次；

(3) 从同治八年至光绪三十二年（1869—1906 年）38 年中发生 9 次，平均每 4.22 年发生一次。

由此可见，相对而言，17 世纪末到 18 世纪中叶与 19 世纪下半叶到 20 世纪初基本上平均每 4 年多一点就有一次霜灾。而 18 世纪 80 年代末到 19 世纪 30 年代末处于相对稳定期，平均每 7 年左右有一次霜灾。

霜灾的地理空间分布很广，动辄几个旗县，甚至十几个乃至几十个旗县。如雍正八年（1730 年）在当时内札萨克旗所种之谷皆被旱，又复经霜；乾隆十九年冬至二十年春，杜尔伯特纳默库等十旗连遭霜雪；乾隆二十年十月，黑龙江、齐齐哈尔等城被水被霜，而二十年之秋，内蒙古中西部的归化城亦未幸免霜杀禾。由此可见，霜灾对农业生产和公众生活以及环境生态均产生较大的负面效应（见表2-7）：

表2-7 清代内蒙古地区霜灾地理分布

年份/ 旗县数	受灾地区及灾情概况	文献出处
1698/01	阳高（含内蒙古兴和一带）阴霜杀禾	《清史稿·灾异志》
1699/01	阳高（含内蒙古兴和一带）阴霜杀禾	《清史稿·灾异志》
1720/02	内蒙古土默特（东）喀喇沁等旗禾稼着霜	《清圣祖实录》卷289
1731/49	各扎萨克旗分所种之谷皆被旱，又复经霜	《清世宗实录》卷111
1740/04	托克托城、善岱、清水河、绥远城等处霜雹成灾，蠲免	《清高宗实录》卷132
1743/01	黑龙江被旱、霜，贷仓粮	《清史稿·灾异志》
1744/02	大同等18州县（含丰镇、兴和）霜雹，免	《清史稿·灾异志》
1746/04	墨尔根、齐齐哈尔、黑龙江地方七月降严霜，秋收无获，赈22000石，亦准在呼兰仓粮内动拨18000石	《清高宗实录》卷277
1748/04	贷宁古塔、伯都纳地方霜冻成灾，黑龙江、齐齐哈尔地方霜冻成灾地，给八旗官庄兵丁口粮，缓征本年额交地粮	《清高宗实录》卷330、331
1749/02	墨尔根官庄十一所、绥远城助马拒门口处霜	《清高宗实录》卷335
1753/06	缓浑津、黑河，清水河，托克托城、善岱、归化城等4厅被霜或旱	《清高宗实录》卷449
1755/13	杜尔伯特纳默库等10旗人去冬今春连遭霜雪，赏米；是年10月，黑龙江、齐齐哈尔等城被水霜灾，赈粮。秋，归化城霜杀禾	《清高宗实录》卷491、498
1758/07	贷绥远城属浑津、黑河二处本年霜灾饥民并蠲应征钱粮	《清高宗实录》卷572
1759/11	归化城所属七协厅，善岱及和林格尔两协上年霜灾，归、清、萨、昆都仑、托克托五协秋收止六分，借米；善岱，托克托城、清水河霜灾，蠲	《清高宗实录》卷579

续表

年份／ 旗县数	受灾地区及灾情概况	文献出处
1762/02	绥远城保安、拒门二口，本年霜灾庄头口粮，贷	《清高宗实录》卷 672
1800/01	给黑龙江等处霜灾兵丁官屯人口粮，免交粮石；缓征布特哈等处旧欠粮石	《清仁宗实录》卷 75
1806/04	齐齐哈尔、黑龙江、墨尔根、打牲乌拉被霜成灾免应征粮，给七月口粮	《清仁宗实录》卷 168
1815/01	偏关、托克托城等 10 厅州县被旱被霜，贷	《清仁宗实录》卷 302
1817/04	山西阳曲并清水河、和林格尔被旱、霜，缓征	《清仁宗实录》卷 337
1832/05	贷丰镇、朔、右玉、代等 6 厅州县被旱被水被霜灾民食谷	《清宣宗实录》卷 225
1837/06	朔、大同、应、浑源、清水河等 11 厅州县上年被霜等，贷	《清宣宗实录》卷 293
1869/01	清水河厅被霜为灾，蠲缓 54 村庄钱粮	《清水河厅志》卷 17
1877/03	托克托、和林格尔、萨拉齐 3 厅被霜等，蠲缓	《清德宗实录》卷 64
1879/07	归、托、萨、和、清、宁、丰等 29 厅州县被霜、旱、水、雹成灾，蠲免	《清德宗实录》卷 86
1883/04	和林格尔、萨拉齐等 17 厅州县被霜等，蠲缓	《清德宗实录》卷 176
1892/01	归、和、清、托、萨等 46 厅州县被旱、水、雹、霜	《清德宗实录》卷 319
189907	归、托、萨、河、清、宁、丰等 30 厅州县被霜等，蠲	《清德宗实录》卷 457
1900/07	归、托、萨、河、清、宁、丰等 30 厅州县被霜等，蠲	《清德宗实录》卷 467
1906/07	归、托、萨、河、清、宁、丰等三十厅州县被霜等，蠲	《绥远通志稿》卷 29

（二）雹灾状况

清代内蒙古地区共有 36 个年份发生 40 次雹灾。如果将它们绘成年际分布图，可得如下结果（见图 2-9）：

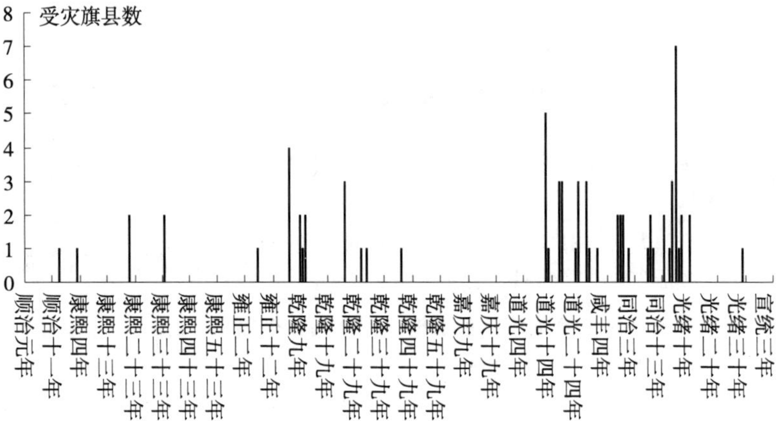

图 2-9　清代内蒙古地区雹灾年际分布

由图 2-9 我们可以看出，清代内蒙古地区的雹灾有 3 个多发期，它们如下：

（1）从顺治十三年至康熙三十三年（1656—1694 年）39 年中发生 4 次，平均每 9.75 年发生一次；

（2）从雍正六年至乾隆四十四年（1728—1779 年）52 年中发生 8 次，平均 6.50 年发生一次；

（3）从道光十一年至光绪二十八年（1831—1902 年）72 年中发生 24 次，平均 3.00 年发生一次。

由此看出，清代内蒙古地区的雹灾有愈演愈烈的趋势。

若论清代内蒙古地区雹灾的地理分布（见表 2-8）：

表 2-8　清代内蒙古地区雹灾地理分布

年份／旗县数	受灾地区及灾情概况	文献出处
1656/01	大同（含兴和等）雹，免其田租，八旗地亩被雹等	《清世祖实录》卷 89
1681/02	宁古塔地方雹灾，赈济	《清圣祖实录》卷 98

续表

年份/ 旗县数	受灾地区及灾情概况	文献出处
1694/02	开平大雨雹	《清史稿·灾异志》
1728/01	大同（含兴和县）雨雹	《大同府志》卷25
1740/04	托克托城、善岱、清水河、霜雹成灾，蠲免，绥	《清高宗实录》卷132
1744/01	清水河所属村庄六月二十八日被雹伤禾，蠲绥额赋	《清高宗实录》卷225
1759/03	善岱、托克托城、清水河雹灾，蠲缓额赋	《清高宗实录》卷598
1767/01	蠲免绥远城助马口外、拒门、借安等处雹灾田地761顷55亩有奇额赋	《清高宗实录》卷794
1779/01	赈恤绥远城浑津庄头雹灾户口，并蠲免本年额赋	《清高宗实录》卷1086
1831/05	黑龙江齐齐哈尔墨尔根城、额玉尔、库穆沁被雹，展缓并货银米	《清宣宗实录》卷198
1832/01	萨拉齐等7厅州县被雹，蠲缓额赋	《清宣宗实录》卷225
1837/03	山西河曲……朔……大同……清水河11厅州县被雹，贷	《清宣宗实录》卷293
1842/01	萨拉齐等三厅州县被雹，蠲缓粮石	《清宣宗实录》卷383
1843/03	宁远、萨拉齐归化等被雹，蠲缓	《清宣宗实录》卷398
1846/03	归化城、托克托城、萨拉齐厅被雹，蠲缓	《清宣宗实录》卷436
1847/01	萨拉齐等11厅州县被雹，蠲缓	《清宣宗实录》卷449
1850/01	萨拉齐等2厅被雹，蠲缓新旧额赋	《清宣宗实录》卷21
1858/02	清水河、萨拉齐二厅被雹，贷灾民籽种口粮	《清文宗实录》卷243
1859/02	萨拉齐、清水河二厅被雹，蠲缓新旧额赋	《清文宗实录》卷301
1861/01	萨拉齐等九厅县被雹，货灾民仓谷	《清文宗实录》卷340
1868/01	清水河雨冰雹	《清水河厅志》卷17
1869/02	萨拉齐、清水河等七厅县被雹，蠲缓新旧额赋	《清穆宗实录》卷273

年份 / 旗县数	受灾地区及灾情概况	文献出处
1870/01	萨拉齐等五厅县被雹，蠲缓新旧额赋	《清穆宗实录》卷 294
1874/02	萨拉齐、清水河被水、雹，蠲缓新旧额赋	《清穆宗实录》卷 2
1876/01	张皋镇北，阴云密布，冰雹交集，北山雪白	《丰镇县志书》卷 6
1877/03	托克托、和林格尔、萨拉齐 3 厅被雹，蠲缓	《清德宗实录》卷 64
1879/01	光绪五年秋，青山雨雹，大如车轮，山前后禾稼大伤	《丰镇县志书》卷 6
1880/02	萨拉齐、和林格尔等 12 厅县被雹，蠲缓	《清德宗实录》卷 125
1883/02	清水河东乡冰雹如鸡卵，打禾殆尽，粮钱蠲缓；和林格尔、萨拉齐等 17 厅州县被雹，蠲缓	《清水河厅志》卷 17 《清德宗实录》卷 176
1902/01	宁远厅旱雹	《绥远通志稿》卷 29

表 2-8 表明，与前述水旱霜等灾害相比，雹灾的空间分布相对比较集中，多数情况涉及某个旗县或某个旗县的某些部分，但也有少量涉及 2 个及其以上至 7 个旗县的部分地区。当然这是就涉及内蒙古地区而言，这些雹灾的记载是与其他省区同时发生，危及范围也极其广泛。其中，于光绪三至五年间发生的雹灾尤重。如，光绪三年（1877 年）十二月，"上谕，本年山西各厅州县[1] 秋禾被旱，雹霜成灾，将钱粮米分别蠲缓。……着加恩一律停征"。光绪四年（1878 年）秋发生在山西阳曲等 30 厅州县[2] 的雹灾（还包括旱、水、霜灾），"上谕该三十厅应征四年下忙钱粮分别蠲免，并减成征收，以苏民困"。

---

[1] 包括内蒙古托克托、和林格尔和萨拉齐三厅。

[2] 包括内蒙古的归化城、托克托城、萨拉齐、和林格尔、清水河、宁远和丰镇等七厅。

（三）雪灾状况

依目前所掌握的关于清代内蒙古地区雪灾记载的史料，清代内蒙古地区共有 18 个年份发生 21 次雪灾。将它们绘成年际分布图，可得如下结果（见图 2-10）：

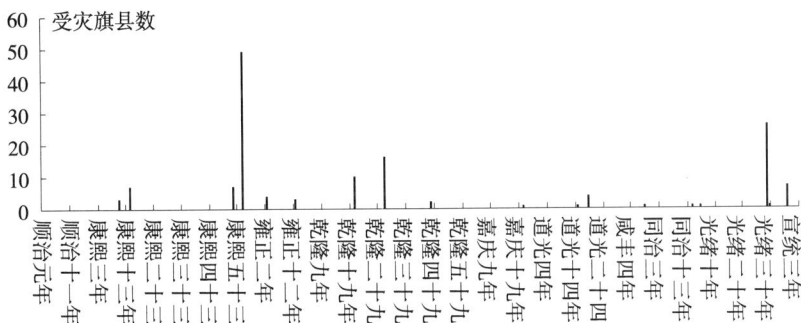

图 2-10　清代内蒙古地区雪灾年际分布

从图 2-10 中，我们可以看出，清代内蒙古地区的雪灾以乾隆四十七年（1782 年）为界，明显地可分为前后两个时期：前期是从康熙十年至乾隆四十七年（1671—1782 年），在这 112 年中只发生了 9 次雪灾，平均每 12.44 年发生一次；后期是从嘉庆二十年至宣统元年（1815—1909 年），在这 95 年中也发生了 9 次雪灾，平均每 10.56 年发生一次。可见，后期雪灾发生的频率比前期还是高出一些（见表 2-9）：

表 2-9　清代内蒙古地区雪灾地理分布

年份 / 旗县数	受灾地区及灾情概况	文献出处
1671/03	苏尼特部、四子部大雪饥寒，谴官赈之	《清史稿·圣祖本纪一》
1675/07	鄂尔多斯天寒大雪	《清圣祖实录》卷 52
1712/07	鄂尔多斯地方连年大雪，饥馑存臻，将人口卖 49 旗	《清圣祖实录》卷 252

续表

年份 / 旗县数	受灾地区及灾情概况	文献出处
1715/49	从前 49 旗，田禾不收以致大饥，蒙古被雪损伤，特别是吴喇忒、蒿齐忒、阿霸垓、阿霸哈纳、苏尼特等为甚	《清圣祖实录》卷 262
1724/04	苏尼特、阿霸垓、阿霸哈纳大雪，发银 20000 两	《清世宗实录》卷 18
1734/03	吴喇忒属游牧地去冬大雪，查明 15385 人，赈济共米 7240 石一斗	《清世宗实录》卷 142
1755/10	杜尔伯特纳默库等十旗连遭大雪。赈 500 石	《清高宗实录》卷 491
1766/16	鄂尔多斯地方大雪，内外蒙古大雪，饥荒。赏银粮赈	《清高宗实录》卷 756
1783/02	张家口、赛尔乌苏两台站共 28 处因去年被旱，冬间复遭雨雪，倒毙牲畜甚多	《清高宗实录》卷 1185
1815/01	赛尔乌苏风雪。赈之	《清仁宗实录》卷 304
1834/01	喀尔喀游牧被灾，内外蒙古交界地区牲畜倒毙业已成灾	《清宣宗实录》卷 250
1858/01	宁远厅之保康尔镇大雪三尺，牲畜死伤殆尽	《绥远通志稿》
1875/01	图尔班郭勒台陷雪，冻毙驼只	《清穆宗实录》卷 3
1878/01	归绥道属雨雪，民困难苏	《清穆宗实录》卷 80
1902/26	东蒙地区遭受雪灾，深四尺	《日文东盟调查》
1903/01	(赤峰) 大雪一米半厚，损失重大	《赤峰市志》第 529 页
1909/07	西林果勒盟属阿巴嘎、阿巴哈纳尔、浩齐特、乌珠木沁等八旗游牧地方连遭亢旱，上冬又大雪，赏银 30000 两；黑龙江大雪厚五六尺为灾	《清朝续文献通考》卷 82；《黑龙江志稿》第 590 页

依史料记载，鄂尔多斯地区受灾最为严重，于康熙十四年（1675年）、康熙五十一年（1712年）、康熙五十四年（1715年）和乾隆三十一年（1766年）共发生 4 次大雪灾。特别值得一提的是，在清代内蒙古地区曾于康熙五十四年（1715年）发生覆盖 49 旗的特大雪灾中，乌喇特

等14旗（即今呼、包二市，乌盟中西部及伊、巴两盟等一带地区）、察哈尔八旗尤重。对此次雪灾，《清实录》有较详细的记载：

康熙五十四年三月"庚申，谕阿霸垓辅国公德木楚克等，从前四十九旗，田禾不收，以致大饥。朕施恩给予米粮，又赏牲畜。嗣因大雪，牲畜殆尽，朕复施恩如前，尔等三年内已渐致富。又七旗喀尔喀为噶尔丹所败，牲畜帐房全无，单身来归者，朕恩赐米粮牲畜等物，不令死伤一人。拯救以后，富于旧日。今尔等十余扎萨克蒙古纵多不过万数，令尔等富足甚易。但尔等目今穷困，救济宜速，而运米势需时日，故先教以捕鱼资食，以待米至给散，至其后施恩养赡处，朕现在等书二三年内，可使致富也。尔等遍谕众蒙古知之。"①

康熙五十四年三月"壬子，理藩院遵旨议覆：蒙古被雪，损伤牲畜，吴喇忒等十四旗缺食之人，酌量速运附近粮米，散给两月。其三吴喇忒、毛明安、喀尔喀贝勒詹达古米，此五旗应将湖滩河朔存仓米石散给。其四子部落、二苏尼特，此三旗应将张家口存仓米石散给。其二阿霸垓、二蒿齐忒、二阿霸哈纳，此六旗应将唐三营存仓米石散给。其米石派八旗佐领下官驼运往。户部、理藩院各派司官一员，会同该札萨克等查明散赈。又察哈尔八旗缺食人等，户、兵二部各派官会同察哈尔统领等将各该旗存仓米石，算至秋收，酌量散赈。得旨，所派官员带领八旗兵丁骆驼前去。若驼有倒毙，运米不到，失落抛散必致误事，著户部尚书穆和伦前去查看。又喀尔喀、厄鲁特蒙古侍卫执事人等亦著派往。"②

康熙五十四年四月，"壬申，上诣皇太后宫，问安。谕理藩院，阿霸垓王里颖，阿霸哈纳贝勒索诺穆喇布坦二旗分缺食贫穷之人，务须丰裕养赡，著议奏。寻理藩院议覆，应将二旗穷丁，自十岁以上，每口给

---

① 《清圣祖实录》卷262，第584页。
② 《清圣祖实录》卷262，第583—584页。

乳牛一头，母羊三只，其无牲畜台吉，每口给乳牛一头，母羊五只，派部院大臣一员及臣院司官一员，前往散给，得旨。"①

康熙五十四年七月，"己亥，谕议政大臣等，推河一路台站，俱系归化城之土默特三处，吴喇忒，毛明安、四子部落之台站，伊等去年遭雪，牲畜损伤，军需事务恐致遗误，既现有运米大臣所设台站，遇有紧急事务，著将运米台站马匹通用。"②

二、蝗、疫、风、震灾实况

(一) 蝗灾状况

清代内蒙古地区共有 18 个年份发生 21 次蝗灾，在此绘成年际分布图如下 (见图 2-11)：

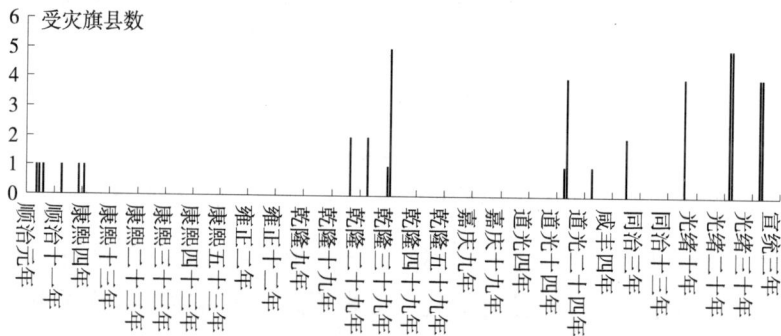

图 2-11 清代内蒙古地区蝗灾年际分布

由图 2-11 我们可以看出，清代内蒙古地区的蝗灾以乾隆三十九年 (1774年) 为界，明显地可分为前、后两个时期，前期是从顺治四年至乾隆三十九年 (1774年)，在这 128 年中发生了 9 次，平均每 14.22 年发生

① 《清圣祖实录》卷 263，第 587 页。
② 《清圣祖实录》卷 264，第 601 页。

一次；后期是从道光十六年至光绪三十三年（1836—1907年），在这72年中亦发生了9次，平均每8.00年发生一次；可见，后期蝗灾发生的频率比前期高出近1倍。

其中19世纪末和20世纪初发生在内蒙古的4次蝗灾最为严重：光绪二十一年（1895年）萨拉齐厅西境之后套地区（今巴盟乌加河以南地区）飞蝗蔽日，食禾成灾。翌年夏，亦是该地区飞蝗蔽日，田野密集如沙，全境禾苗仅余十之一二，是岁遂告饥。光绪三十二年（1906年）五月，五原蝗蝻成灾，始起自洋堂庙圪堵、鱼洼圪堵、乌梁素海三处，东入达拉特地，聚集之多，有厚至三四寸、七八寸者，长宽数里至二十余里，弥望无际，人难插足。所至，惟罂粟、蔴、豆不食，其余田禾，一经阑入，茎叶无遗，经垦局督驻套续备兵夫扑捕，而势盛不能灭。达旗东段，受灾最重。既延及中段及杭旗之布袋口、皂火河各处，官备荞麦籽种贷民佈种并免田租。翌年春，后套各地，以上年死蝗遗子余孽未尽，及解冻后，入土蛹子已蠕矣。土人挖出蝗蛹形如小筒，每筒有九十九子，历数不爽。厚积数寸，宽长五六里，或七八里。未几出土生翅，群飞为害，东至倒拉忽洞，西至强家油房，疏密不一，遍佈垦界数百里，一望皆黑。刨坎埋之，引火药焚之。附近教堂地方蝗生尤多，是年以扑灭迅速为害尚轻。① 具体状况见表2-10：

表2-10 清代内蒙古地区蝗灾地理分布

年份/旗县数	受灾地区及灾情概况	文献出处
1647/01	大同、榆林蝗	《清史稿·灾异志一》
1760/02	热河、宁远等厅蝗	《清史稿·高宗本纪三》
1766/02	索伦、达呼尔等蝗灾	《黑龙江志稿》第586页
1774/05	东土默特及巴林、扎鲁特蝗	《清高宗实录》卷962

① 参见绥远通志馆编纂：《绥远通志稿》第九册，第16—17页。

续表

年份／旗县数	受灾地区及灾情概况	文献出处
1836/01	清水河厅蝗，贷灾民仓谷	《清宣宗实录》卷289
1837/04	朔、大同、应、清水河等11厅州县被蝗，贷	《清宣宗实录》卷293
1846/01	归化城厅春夏无雨，秋蝗，大饥，蠲免田租	《绥远通志稿》卷29
1858/02	萨拉齐、清水河二厅被蝗，蠲缓额赋	《清文宗实录》卷243
1879/04	乌拉特三旗、阿拉善等旗蝗	《清史稿·德宗本纪一》
1895/01	萨拉齐厅西境后套地区（今巴盟乌加河以南地区）飞蝗蔽日，食禾成灾	《绥远通志稿》卷29
1896/05	萨拉齐厅西境后套地区飞蝗蔽日，全境禾苗仅余十之一二，告饥	《绥远通志稿》卷29
1906/04	始起自洋堂庙圪垯、宣德圪垯、乌梁素三处，东入达拉特，厚至三四寸、七八寸，长宽二十余里	《绥远通志稿》卷29
1907/04	后套各地复发蝗灾	《绥远通志稿》卷29

（二）疫灾状况

清代内蒙古地区共有16个年份发生16次疫灾，在此绘成年际分布图如下（见图2-12）：

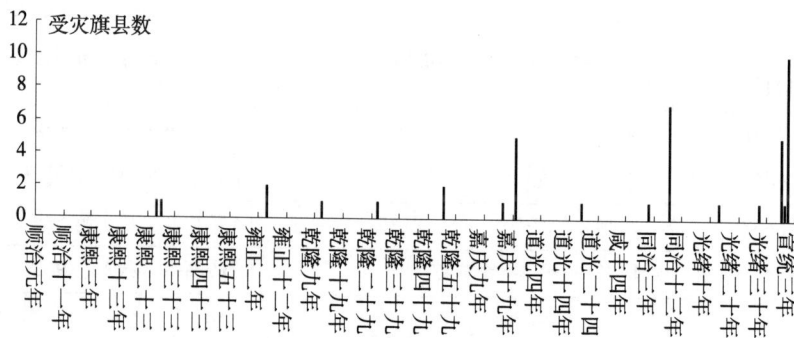

图2-12　清代内蒙古地区疫灾年际分布

由图 2-12 我们可以看出，清代内蒙古地区的疫灾以乾隆五十五年（1790年）为界，明显地可分为前后两个时期：前期是从康熙二十六年至乾隆五十五年（1687—1790年），在这 104 年中发生了 6 次疫灾，平均每17.33 年发生一次；后期是从嘉庆十五年至宣统三年（1810—1911年），在这 102 年中发生了 10 次疫灾，平均每 10.2 年发生一次。可见，后期疫灾发生的频率比前期高出许多。比较典型的疫灾有：

乾隆五十五年十二月己未，"又谕：据都尔嘉等奏，打牲索伦达呼尔等马匹牲畜，频遇瘟灾，兼之田禾歉收，生计拮据，请将现在捕貂之丁役四千六百五十六名，各赏借银十二两，即将打牲地方收养之滋生马匹变价充用等语，打牲索伦达呼尔等，均赖牧养马匹、打猎为生，今值频年瘟疫，马匹牲畜多有伤耗，加以田禾歉收，自应加恩量予接济。著照所请，每名各赏借银十二两，即将滋生驹马五百余匹，全行变价，以为赏借之用，如有不敷，即于库贮谷价银两内动支，其应行赔补之倒毙马匹，并免赔补，以示朕轸念世仆之至意。"①

嘉庆二十年四月，甲子，"谕军机大臣等，祥保奏察哈尔达哩冈爱牧群马驼被灾情形一折，察哈尔右翼骒驼十六群，倒毙官驼二千六百余匹，看来管群官员，以今岁系清查各群之年，难保不将平时缺短马驼报入被灾数内。著寄谕祥保等，于查马大臣未到之前，务须彻底详查，如有此等情弊，即行据实参奏。"②

道光十八年五月，"乙丑，谕内阁，赛尚阿等奏马群亏短，援案酌筹办理一折，太仆寺右翼马群被灾，倒毙一千八百九十一匹，据该都统查明，请照例按款筹买，以符原额。著照所请，准其在口北道库贮闲款项下拨借银一万四千两，每匹照例作价银五两五钱。即著赛尚阿等派委要员，协同该总管等，如数采买膘壮马匹，分补被灾各群，以资牧放。

---

① 《清高宗实录》卷 1368，第 357—358 页。
② 《清仁宗实录》卷 305，第 47 页。

其余银三千五百九十余两，著赏给被灾穷苦蒙古，俾资生计。所借银两，自应于亏短马匹之正黄、镶红二旗官兵俸饷内坐扣归款。惟该翼本有前借口北道库贮，并户部坐扣马价银两分限接扣，若将此次借项银两与前项并扣，各蒙古生计未免拮据。著俟部扣马价完竣后，再将此次所借银两，与前借口北道库贮银，均自道光二十四年起统予限十四年，每年扣还银二千二百八十五两零，以清款项。所有倒毙马皮，即赏给被灾蒙古变价，以示体恤……"①

表2-11　清代内蒙古地区疫灾地理分布

年份/旗县数	受灾地区及灾情概况	文献出处
1687/01	巴林地方马牛羊多染疫倒毙，田禾亦不收获	《清圣祖实录》卷130
1689/01	喀尔喀所属牲畜尽毙，饥荒不能度日	《清圣祖实录》卷142
1727/01	索伦达呼尔等地两年马匹牲畜多有倒毙	《清世宗实录》卷63
1746/01	内外蒙古边界有疫	《清高宗实录》卷278
1766/01	内外蒙古雪大灾疫，官马驼额外倒毙者甚多	《清高宗实录》卷756
1790/02	打牲乌拉、达呼尔等马匹牲畜频遇瘟灾，兼之田禾歉受，生计拮据	《清高宗实录》卷1368
1810/01	察哈尔牲畜因疫倒毙，贷五品以下官员一年俸银，兵丁二年饷银	《清仁宗实录》卷225
1815/05	察哈尔马驼被灾，察右旗驼16群倒毙2600匹	《清仁宗实录》卷305
1838/01	太仆寺右翼马群被灾倒毙1891匹……	《清宣宗实录》卷310
1862/01	丰镇城民多疫	《绥远通志稿》卷29
1869/07	口外各厅瘟疫流行，归化城厅尤甚，城乡交通断绝，多有全家就毙者	《绥远通志稿》卷29
1887/01	克什克腾旗白岔马家营子村发生鼠疫，发病30人，全部死亡	《内蒙古大事记》第142页

---

① 《清宣宗实录》卷310，第835页。

续表

年份 / 旗县数	受灾地区及灾情概况	文献出处
1893/01	在满洲附近的扎赉诺尔车站一带发生鼠疫，死亡 100 余人	《内蒙古鼠疫》卷 1
1901/01	丰镇厅内瘟疫流行，俗名传症，人畜伤亡甚众	《绥远通志稿》卷 29
1909/05	东清路火车大疫，蔓延黑龙江各地	《黑龙江志稿》第 590 页
1910/01	满洲里地区鼠疫流行	《内蒙古鼠疫》第 1—2 页
1911/10	满洲里经齐、长、哈、沈及河北、山东等地，死亡 60468 人	《内蒙古鼠疫》第 2—3 页

（三）风灾状况

清代内蒙古地区共有 11 个年份发生 11 次风灾，在此绘成年际分布图如下（见图 2-13）：

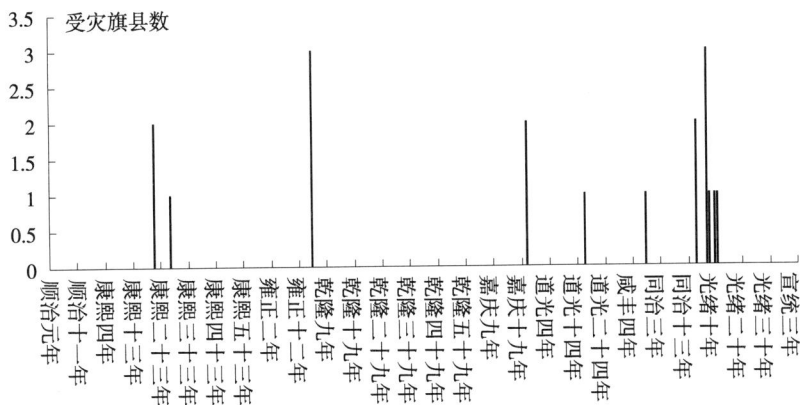

图 2-13　清代内蒙古地区风灾年际分布

由图 2-13 可知，清代内蒙古地区的风灾以乾隆四十三年（1778 年，是有清一代 268 年的中介线）为界，明显地可分为前后两个时期：前期的 134 年中发生了 3 次风灾，平均每 44.67 年发生一次；后期的 134 年中共发生了 8 次风灾，平均每 16.75 年发生一次。可见，后期风灾发生的频率比前期高出 2.67 倍。如果将前期只从发生风灾的康熙二十六年至乾隆三年（1681—1738 年）共 58 年的时段计算，也平均每 19.33 年发生一次；将后期只从发生风灾的嘉庆二十年至光绪十年（1815—1884 年）共 70 年的时段计算，也平均每 8.75 年发生一次；可见，如此计算，后期风灾发生的频率也比前期高出 2.21 倍。其地理分布见表 2-12：

表 2-12　清代内蒙古地区风灾地理分布

年份 / 旗县数	受灾地区及灾情概况	文献出处
1681/02	大同诸处（丰镇、兴和）大风坏麦，甚饥，去岁发银 200000 两，今再赈	《清圣祖实录》卷 96
1687/01	今兹仲夏，久旱多风，阴阳不调，灾孰大焉	《清史稿·圣祖本纪二》
1738/03	甘肃口外（阿盟地区）风灾，缓、停征	《清高宗实录》卷 76
1815/02	内外蒙古交界大风雪	《清元宗实录》卷 304
1836/01	内外蒙古交界地区大风沙致灾	《清宣宗实录》卷 292
1858/01	宁远厅之康保尔镇大风，积沙尺余，腴壤为沙田	《绥远通志稿》卷 29
1876/02	张皋镇东起羊角风，通天至地；丰镇属白毛沟村起羊角风，入云际，飞沙走石	《丰镇县志书》卷 6
1880/03	察哈尔正红旗，即今丰镇、集宁地区大风雷	《丰镇县志书》卷 6
1881/01	丰镇城南二十一沟村，五月三日午后狂风拔起村北杨树八株，百余年物也，周围大七八尺许，打坏居民屋顶无算	《丰镇县志书》卷 6
1883/01	赤峰，秋分后五日，暴风乱三昼夜，田禾粒全光	《赤峰市志》第 525 页
1884/01	赤峰，六七月间，因风灾，饿死很多人	《赤峰市志》第 525 页

比较典型的风灾有：康熙二十年五月"戊寅，谕大学士等曰，宣府、大同诸处，今虽得雨，田禾长盛，但三月中，大风坏麦，不得收

刈，民间甚饥，虽行赈恤，犹未能苏，前抚臣疏称，饥民因得赈济，又
得雨泽，不至流离，各图生业。以今观之，殊为不然，著将应征康熙
二十年诸项钱粮，及历年带征钱粮，既行蠲免，户部仍遣贤能司官，往
同巡抚，设法赈济，务使均沾实惠。又谕户部，前因大同等处地方，自
去岁饥荒，百姓无食，流离失所，已经发银二十万两。"① 五月"癸亥，
谕理藩院，今遣官往外藩蒙古地方赈济，务期贫人均沾实惠，毋受豪强
嘱托，致有滥冒偏枯，尔等应加严饬，以副朕柔远之意。"②

乾隆三年九月上，"缓征甘肃口外赤金所本年风灾额赋，兼赈饥
民"③。九月下，"停征甘肃碾伯县本年虫灾，并口外靖逆卫属之大东渠、
红柳湾、花海子及头二三沟风灾额赋，兼赈饥民"④。

（四）震灾状况

清代内蒙古地区共有 5 个年份发生 5 次震灾，在此绘成年际分布图
如下（见图 2-14）：

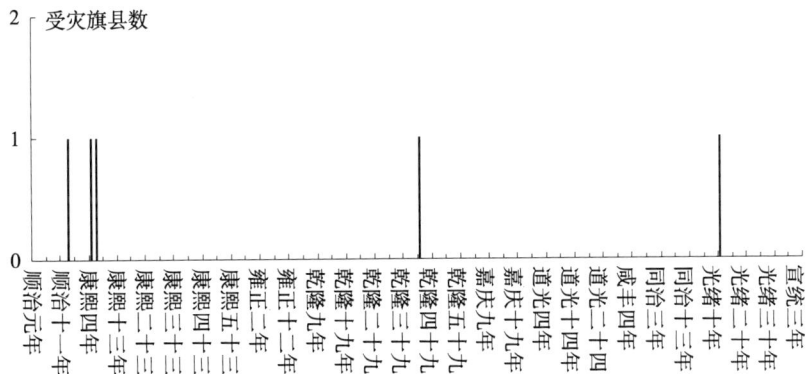

图 2-14　清代内蒙古震灾年际分布

① 《清圣祖实录》卷 96，第 1208 页。
② 《清圣祖实录》卷 96，第 1211 页。
③ 《清高宗实录》卷 76，第 209 页。
④ 《清高宗实录》卷 77，第 217 页。

由图 2-14 可知,清代内蒙古地区的震灾以乾隆四十三年(1778 年,是有清一代 268 年的中介线)为界,明显地可分为前后两个时期:前期的134 年中发生了 3 次震灾,平均每 44.67 年发生一次;后期的 134 年中共发生了 2 次震灾,平均每 67 年发生一次。可见,前期震灾发生的频率比后期高出 1.50 倍。如果将前期只从发生震灾的顺治十四年至乾隆三年(1657—1666 年)共 10 年的时段计算,平均每 3.33 年发生一次;将后期只从发生震灾的乾隆四十四年至光绪十年(1779—1884 年)共106 年的时段计算,平均每 53 年发生一次。可见,如此计算,前期震灾发生的频率竟比后期高出 15.92 倍。其地理分布见表 2-13:

表 2-13 清代内蒙古地区震灾地理分布

年份 / 旗县数	受灾地区及灾情概况	文献出处
1657/01	八旗分地地震,叠遭水潦	《清世祖实录》卷 13
1664/01	五月,开平地震	《清史稿·灾异志五》
1666/01	二月二十二日,开平地震,次又震	《清史稿·灾异志五》
1779/01	春,库伦喇嘛旗发生地震,平地冒水,寺庙与民房倒塌,僧俗伤亡,酿成重灾	《内蒙古大事记》第119 页
1884/01	二月十日,赤峰地震	《赤峰政协文史资料》

需要说明的是,中国科学院地震工作委员会历史组编辑的《中国地震资料年表》[①],列出了发生在清光绪十五年(1889 年)毕克齐镇,二十四年(1898 年)和林格尔、清水河,二十六年(1900 年)包头,二十八年(1902 年)包头,三十二年(1906 年)清水河,宣统二年(1910 年)和林格尔,宣统三年(1911 年)包头等 6 次地震情况。其依据的是调查资料。考虑到科学研究的严谨性与规范性,我们只把这些作为附带

---

① 中国科学院地震工作委员会历史组编辑:《中国地震资料年表》上册,科学出版社1956 年版,第 306—307 页。

资料放在这里，权当对照，仅供参考。

此外，根据我们的初步研究，明代内蒙古地区共发生地震灾害42次；再依据《中国地震资料年表》所列内蒙古地区在民国时期共有19年发生36次地震，我们初步认为，清代内蒙古地区地震灾害处于明代与民国两大地震灾害高峰的低谷时段。

第三章 清代内蒙古地区灾荒成因解析

清代内蒙古地区灾荒实况的研究表明，清代内蒙古地区的灾荒十分频仍，其所造成的社会后果也相当严重。对相关文献史料进行分析，我们不难发现，造成内蒙古地区灾荒的原因既有自然气候地理环境的因素，也有社会制度经济技术的因素，更多的是这两大因素的复杂交错与相互嵌套，这使其灾荒成因呈现出非线性复杂格局。深入揭示并深度解析清代内蒙古地区灾荒的成因，具有重要的历史价值和现实意义。

第一节 内蒙古地区自然环境概述

内蒙古地区位居我国北方内陆温带草原地带，东起大兴安岭北段的西坡和大兴安岭南段东坡的西辽河流域，西至贺兰山，横跨经度17.5°。其南界约与活动温度积温3000℃等值线相当，东段约至西辽河与大、小凌河及深河之间的分水岭，中段为内蒙古高原南缘地形线（如张家口北万全坝），向西大致沿外长城穿过陕西北部，迄于黄河西岸腾格里沙漠边缘。其西界大致与干燥度4.0等值线相符，北起中蒙国境，经狼山西端、贺兰山西麓，迄于腾格里沙漠东南缘，为荒漠与荒漠草原的分界。① 内蒙古地势高平，地貌多样。其类型可分为平原、山地、丘陵、高原和沙漠戈壁等。区内有山地 24.67 万平方公里，占全区土地面积的 20.8%；丘陵 19 万平方公里，占 16.1%；高原 33.03 万平方公里，占 27.9%；沙漠 11.6 万平方公里，占 9.8%；戈壁 10 万平方公里，占 8.5%；平原 10 万平方公里，占 8.5%。高原面积最大，成为本区地貌的主体和骨架。本区地貌类型是由南向北和由东向西呈现着平原、山地和高原镶嵌的带状分布。② 内蒙古地区具有坦荡的地貌特征，除山岭外，大部分地区海拔在 1000—1500 米，为一曾经夷平的高原面。因太平洋季风受大兴安岭、燕山山地的阻滞，使本区形成明显的内陆半干旱的自然环境，为多年生、旱生低温草本植物的生长创造了有利条件，构成了我国北方最广大的干草原。③ 内蒙区的天然植被以草原为主。随着水分的自东向西减少和热量的自南向北降低，草原群落的组成、生态幅度及其相应的土壤发育，反映着明显的地带性递变规律。④

一、温带草原：草原植物群落及其分布

内蒙古草原植被类型（见图 3-1）的主要特点，是在群落组成中，多年生、旱生低温草本植物占优势。建群植物主要是禾本科，即禾草，并随湿润程度不同，有或多或少的杂类草及一些旱生的半灌木和灌木。本区冬季严寒，降水量少，草本植物为适应这种环境条件，地上部分虽然死去，而地下部分仍维持生命，成为多年生草类。各种禾草叶形狭

---

① 参见任美锷主编：《中国自然地理纲要》，商务印书馆 1992 年版，第 312 页。
② 参见张永江：《清代内蒙古的生态环境、经济类型与社会变迁》，北京师范大学 2001 年博士后研究工作报告，第 12—13 页。
③ 参见任美锷主编：《中国自然地理纲要》，第 312 页。
④ 参见任美锷主编：《中国自然地理纲要》，第 313 页。

窄，常呈卷曲状，以适应干旱气候。有些草原植物根很浅，但根系向水
平方向发展（如羊草），以便充分吸收表土中的水分。

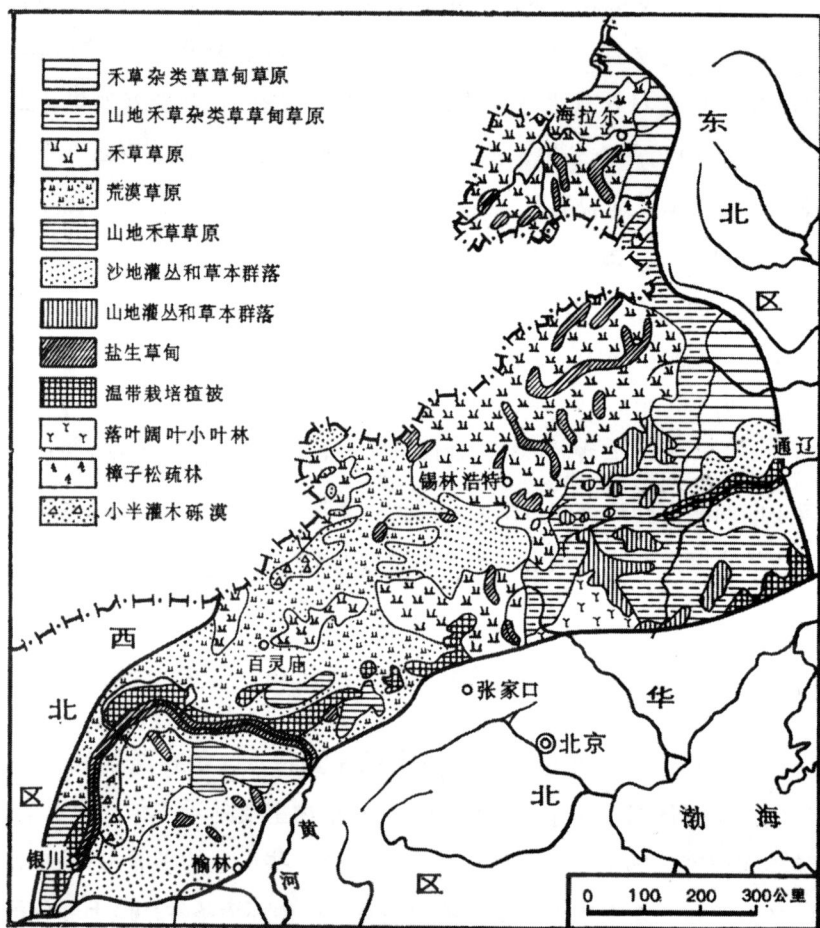

图 3-1　内蒙古地区的草原植被类型

资料来源：任美锷主编：《中国自然地理纲要》，商务印书馆 1992 年版，第 314 页。

禾本科草类以针茅和羊草最有代表性。前者是丛生禾草；后者是根茎禾
草，根茎发达，横向蔓延成网状。针茅种类甚多，从东向西随着干燥度
的增加，主要种类逐渐由大针茅、克氏针茅，渐变为戈壁针茅、沙生针

茅等。杂草类主要属菊科和豆科，有西伯利亚艾菊、各种黄芪、花苜蓿等。旱生灌木以锦鸡儿属为最主要。这些禾本科、豆科等植物，大多为各种家畜四季所喜食，故内蒙古草原一向是我国重要的畜牧业基地之一。而豆科等杂草中又盛产各种药材，如黄芪、桔梗、柴胡、沙参等，故内蒙古草原也是我国主要采药基地之一。

内蒙古地区干燥度，从东向西，从 1.2 递增至 4.0，故草原类型在东部为温带禾草、杂类草草原，中部为温带丛生禾草草原，即典型草原或干草原，西部则为温带丛生矮禾草、矮半灌木草原，即荒漠草原。草类高度和植被覆盖度也相应地逐渐减小。在植被组成中，从东向西，杂类草数量逐渐减少，旱生灌木和半灌木逐渐增多，反映出气候的干旱程度逐渐增加。

内蒙古东部草原是我国最肥美的大草原，草群生长茂密，覆盖度可达 60% 以上，草高平均在 40 厘米以上，种类组成复杂，营养价值亦高。群落组成中以贝加尔针茅和羊草为主，并包含有多种杂类草，如西伯利亚艾菊、日阴菅、山野豌豆、直立黄芪、裂叶艾蒿等。在丘陵或沙地的阴坡还有岛状疏林分布，主要树种为杨、桦。这类草原称为禾草、杂类草草原。大致包括呼伦贝尔草原、锡林郭勒草原以及大兴安岭南段和西辽河流域，后者部分已经开垦，为农牧并重地区。在满洲里——锡林浩特一线的西北，过渡到典型草原。

典型草原草层一般高 30—50 厘米，生长较稀，覆盖度 30%—50%。群落组成中以旱生、丛生的大针茅和克氏针茅为主，伴生着一定数量的杂类草和少量的羊草，旱生灌木在群落中甚少。向西到锡林郭勒盟的西部，组成草群的主要植物是克氏针茅，其次是大针茅，杂类草极少，而以锦鸡儿为主的旱生灌木层片开始星散地分布于群落之中。

温都尔庙一带及集二铁路以西，由阴山、狼山北麓直到中蒙边境，主要为荒漠草原，丛生禾草以戈壁针茅、沙生针茅为主，草高仅 10—25 厘米，覆盖度 30% 以下。旱生矮半灌木和灌木较多。前者如冷蒿、旱蒿等，植株矮小，高仅 4 厘米左右，平铺地面构成独立的层片。由于半灌木和灌木的比例增加，植物群落的外貌已有较明显的灌丛化特点。到内蒙古西部，随着干燥度的增加，荒漠草原逐渐向荒漠过渡，草原植被中渗入相当数量的荒漠半灌木，如珍珠猪毛菜、琵琶柴等，成为戈壁针茅、旱蒿、珍珠猪毛菜草原，草群高仅 10—15 厘米，覆盖度不足 10%，并常与荒漠植被呈复合体交互出现。

在整个内蒙古草原中，河旁、湖滨或水分较好的地方，则为盐渍化草甸或沼泽，植物以芨芨草、星星草、碱蓬、硬苔草等为主。

内蒙古地貌在阴山以北、大兴安岭以西，主要是海拔 1000—1500 米的高原，地面起伏微缓，没有显著的山脉与谷地，这就是"蒙古准平原"。这种单调的地貌结构，使温带草原在辽阔地面上连续分布，一望无际，形成"天苍苍、野茫茫、风吹草低见牛羊"的典型的大草原景观。①

此外，内蒙古地区自东而西大体依次分布着森林、草原和荒漠 3 个植被地带。分布在大兴安岭山地北部的针叶林带，总面积 13 万平方公里，占全区面积的 11%，林带西面和南面，逐渐过渡到草原带。林带以兴安落叶松为主，还有白桦、黑桦、蒙古栎、樟子松、云杉和山场林等，是温带夏绿针叶林。分布在赤峰市南端燕山山地的为夏绿阔叶林带，是华北夏绿阔叶林带的延伸，主要有栎树、杨树、椴树及油松林等。全区分布最广的草原带总面积大约为 58 万平方公里，占全区面积的 49%，是畜牧业的天然牧场。天然草场的饲用植物约有 1200 多种，占全区植被总数一半以上，其中有 200 种为天然饲用植物，是家畜的主要饲草。在饲用植物中，禾本科占首位，豆科其次，非豆科灌木类占第三，菊科蒿类为第四，还有苔草、盐生小半灌木、葱类、鸢尾类和

---

① "温带草原"这一部分除注明外均参见任美锷主编：《中国自然地理纲要》，第 313—315 页。

禾本叶枝类。草原类又可分为森林草原亚带、典型草原亚带和荒漠草原亚带。草原带以西为荒漠带，植被更加稀疏，由超旱生的小灌木和小半灌木组成。荒漠带面积46.7万平方公里，占全区面积的40%，位于阿拉善、乌海、伊克昭西部和巴彦淖尔北部。荒漠带植被主要有藏锦鸡儿——小针茅、红砂小针茅、隐子草、松叶猪毛菜、艾菊刺豆、梭梭、沙拐枣、泡泡刺及沙竹等。在戈壁滩上还有霸王、红砂、麻黄等植物。在内蒙古荒漠带的沙漠上还有各种沙生植物，数量最多的是沙生半灌木植被，如油蒿、籽蒿等，这些都是羊饲料。①

二、高原地貌：地表开阔坦荡并切割轻微

内蒙古高原，北起中蒙、中俄边境，南至阴山山地，东抵大兴安岭西坡，西至河西走廊北山。东西长2000公里，海拔在600—1400米之间。② 其高原地带大部分在海拔1000米以上。按地貌划分，内蒙古可以分为：内蒙古高原区、大兴安岭山地和丘陵区、阴山山地和丘陵区、鄂尔多斯高原区、辽嫩平原区。内蒙古高原区包括呼伦贝尔高原、锡林郭勒高原、乌兰察布高原和巴彦淖尔—阿拉善高原。大兴安岭山地和丘陵区包括大兴安岭中山低山、昭乌达丘陵和熔岩台地。阴山山地和丘陵区包括阴山中山低山丘陵、察哈尔低山丘陵。鄂尔多斯高原区包括鄂尔多斯高原、河套平原、贺兰山山地。辽嫩平原区包括嫩江西岸平原、西辽河平原。

内蒙古地区的主要山脉有纵横东半部的大兴安岭山脉、横亘中部的阴山山脉和西南部的贺兰山脉。这些山脉绵延连接，长达2600多公里，形成了内蒙古地区的地貌脊梁。大兴安岭以洮儿河为界，分南北两段，

① 参见张永江：《清代内蒙古的生态环境、经济类型与社会变迁》，第18—19页。
② 参见张永江：《清代内蒙古的生态环境、经济类型与社会变迁》，第13页。

北段长约 670 公里，有伊勒呼里山、雉鸡场山等，南段又称苏克斜鲁山，长约 600 公里。阴山山脉包括大青山、乌拉山、色尔腾山和狼山。贺兰山长 270 公里，达胡洛老峰海拔 3556 米，是内蒙古最高的山峰。①

内蒙古高原，地势由南向北、由西向东平缓倾斜。地表开阔坦荡，切割轻微，缓穹岗阜与宽广浅盆地、平地相间。东部草原广布，水草丰美，是我国优良牧场；西部戈壁沙漠广布，戈壁沙漠 12 万平方公里，有巴丹吉林沙漠、腾格里沙漠、乌兰布和沙漠，这些戈壁沙漠是亚洲荒漠区的最东部；中部地面波状起伏，为草原植被，间有熔岩和台地。

鄂尔多斯高原为一古老的陆台，处于河套平原以南，三面为黄河环抱，海拔在 1100—1400 米。基岩以中生代砂岩为主，地面覆盖着第四纪冲积物和风积物。中部剥蚀平原有残丘、沟谷和湖盆洼地等，水草较好，有利于发展畜牧业；西部桌子山呈南北走向，海拔约 1600—2000 米；东部为流水切割十分破碎的黄土丘陵沟整区，是农耕之地，水土流失严重，滩地和河谷阶地可发展农牧业。流沙主要分布在乌审旗一带；北部黄河南岸还有一条狭长的库布齐沙带横贯东西。

大兴安岭山地位于内蒙古东部，介于内蒙古高原与松辽平原之间，北起黑龙江岸漠河，南到西拉木伦河上游谷地，与赤峰丘陵台地相邻，沿着北东——南西方向延伸，长达千余公里，宽达 200 公里。山体巍伟，以火成岩为主体，在山间盆地和边缘地区，只露出少量的侏罗纪、白垩纪砂页岩和煤系地层。以洮儿河为界，大兴安岭分成南北两段。北段山体低而宽，海拔 1000—1100 米，降水较多，比较湿润，森林多，是以兴安落叶松为主的针叶林区。南段山体高而窄，海拔多在 1000—1300 米，森林少，是坐落在草原上的山地草坡。

---

① 参见亦邻真：《内蒙古历史地理·绪论》，载周清澍主编：《内蒙古历史地理》，内蒙古大学出版社 1994 年版，第 2—3 页。

阴山山地屹立在内蒙古高原南缘，横亘于河套——土默特川平原北边。自西向东由狼山、色尔腾山、乌拉山和大青山、卓资山等组成。东西长 1000 公里，卓资山以东分成数股，最东延伸至锡盟多伦县。海拔在 1200—2300 米。阴山山脉南北两侧极不对称：南坡陡峭，显示出巍峨的中山地貌；北坡（后山）平缓，渐没入内蒙古高原丘陵之中，相对比高只有二三百米，低山与丘陵盆地相间，适宜于农牧业发展。阴山山地作为内蒙古中部隆起的山脉，对南北气流均能产生阻挡作用，使山地南北两侧热量与水分有显著的差异，将内蒙古高原草原区和山南农业区划分开来。

贺兰山阿拉善盟高原区东南边缘隆起的山地，主峰高达 3556 米，相对高度在 1500—2000 米。山地植被垂直分布明显，上部有亚高山植被发育。其分水岭亦是一条重要天然界线，将银川平原区和荒漠区截然分开。

河套——土默特川平原，介于阴山山地与鄂尔多斯高原之间，是一个东西走向的沉降盆地，海拔 900—1000 米。西山嘴以东为前套平原，又称土默川平原；西山嘴以西为后套平原，又称河套平原。东西长 170 公里，南北宽 40 公里，乌梁素海为最低处。河套——土默特川平原，水土条件优越，是内蒙古农业地区。

嫩江右岸平原和西辽河平原统称为松辽平原西缘地带。嫩江右岸平原，海拔近 500 米，面积狭长，呈长条状，又称为山前倾斜波状平原，水源丰富，土质较好，耕地集中。西辽河平原海拔一般在 200—400 米，沿河两岸有宽广的河漫滩和阶地，大部分已开辟为耕地，灌溉条件优越，平原上散布着下湿滩地，湖泊与沙地相间排列的甸子等地，也是本区主要农牧业地区。①

戈壁、沙漠和沙地约占内蒙古地区总面积的 1/4。阿拉善高原的戈

壁最大。阿拉善高原的巴丹吉林沙漠是我国的第三大沙漠。巴彦淖尔—阿拉善高原的腾格里沙漠、巴音温都尔沙漠、乌兰布和沙漠，鄂尔多斯高原的库布齐沙漠，都是有名的荒漠景观。沙地则有鄂尔多斯高原的毛乌素沙地，大兴安岭南段东麓和辽河平原上的科尔沁沙地，察哈尔丘陵的浑善达克沙地，锡林郭勒高原的乌珠穆沁沙地，呼伦贝尔高原的呼伦贝尔沙地。这些沙漠沙地有不少是晚近一两千年甚至是近几十年才形成的，是破坏天然植被、破坏生态平衡所引起的沙化造成的。①

三、气候特征：温带大陆性干旱—半干旱型

温度分布与水热分布不平衡格局。温度分布趋势是自东北向西南递增，年降水量分布趋势则与温度分布相反，从东北向西南递减，因而形成在热量最多的地区（阿拉善荒漠）降水最少，热量最少的地区（大兴安岭）降水最多的水热分布不平衡格局。②内蒙古地区草原景观的形成，及其自东向西的地带性递变，温带半干旱气候是一个主导因素。其气候的基本特征是干旱—半干旱型，冬寒夏温，多风沙，富日照，具典型的温带大陆性半湿润到半干旱的过渡类型。

冬季在蒙古高压笼罩下，天气干燥，地面辐射冷却因此加强。北方新鲜极地冷气流经常向南或东南流动，使全境盛行偏西北大风，寒潮猛烈。如南来气流较强而持久，冷空气再次南下时，即出现大风雪天气。但由于空气中水汽含量贫乏，降雪量一般不多。夏季蒙古高压退缩消失，大陆低压形成，东南季风得以进入内蒙古高原。其前锋一般要到7月间才能推进至内蒙古的南缘，9月下旬即很快南撤，雨季不过一两个月。且随季风的盛衰强弱，降雨变率很大。

---

① 参见亦邻真：《内蒙古历史地理·绪论》，载周清澍主编：《内蒙古历史地理》，第3页。

② 参见王文辉：《内蒙古气候》，气象出版社1990年版，第3页。

对温带草本植物及农作物生长而言，内蒙古地区的热量资源是充足的。首先是日照丰富。终年云量不多，日照百分率均高达 70% 以上，年平均日照时数在 3000 小时左右，如海拉尔为 2792 小时，呼和浩特为 2962 小时。冬季丰富的日照对牲畜在天然条件下越冬有利。其次是夏季温暖。虽然冬季十分寒冷（1 月平均气温在 −10℃ 以下，甚至到 −28℃，绝对最低气温达 −40℃ 以下），但夏季气温却普遍升高，7 月在 19—24℃，最高温常升至 30℃ 以上。全年日平均气温 ≥ 5℃ 的持续期始于 4 月到 5 月上旬，终于 9 月下旬至 10 月中旬。生长期 100—150 天。日平均气温 ≥ 10℃ 的持续期始于 4 月下旬至 5 月底，终于 9 月上旬至 10 月上旬。活动温度积温为 1700—3200℃。阴山山地以北、锡林郭勒盟北部以及呼伦贝尔地区，冬季寒潮频率最高，强度最大，成为全区最冷地区，1 月平均气温达到 −20℃ 以下。东南部哲里木盟、昭乌达盟和河套平原地区冬季则较暖，1 月平均气温在 −14℃ 左右。

降水集中于夏季，由东南向西北减少。在水分条件方面，全区降水量 200—400 毫米，由东南向西北减少。降水集中于夏季，6—9 月降水占到全年的 80%—90%。降水变率越向西越大，平均变率在 20%—25% 以上。例如，呼和浩特在 20 年的记录中，雨量最多的一年为 658.7 毫米，最少的一年为 201.3 毫米。春末夏初气旋过境较为频繁，东部地区 6 月份降水已开始增多，但很不稳定。6 月降水多寡对牧草萌发和农作有相当影响。如 1959 年 6 月内蒙古东部出现较多降雨，是年牧草萌发极好，产量高，农业也获得丰收。但 1961 年 6 月降水很少，农牧业都受到很大影响。7 月中旬以后，东南季风前锋推至内蒙古东南边缘，才导致较为集中的降水。但东南季风 9 月初即开始南撤，所以内蒙古草原上雨季很短。随着夏季风各年盛衰不同，多雨年和少雨年降水量相差可达 3 倍以上，干旱现象频繁出现。

大部分地区降水稀少而干旱严重。内蒙古全区大部分地区降水稀少，干旱严重。年降水量在 50—450 毫米。干旱比较突出，几乎每年都有不同程度的干旱发生。① 内蒙古干旱现象的形成不仅与夏季降水直接有关，还与前一年冬季降雪多寡也有密切关系。由于冬季严寒，如有降雪即可形成雪覆盖。降雪量和积雪时间、积雪深度都自东向西减少，东部呼伦贝尔和锡林郭勒草原地区稳定积雪期自 11 月中下旬至次年 3 月下旬，达 120—130 天以上，积雪深度平均 20—30 厘米，最深达 40—60 厘米；向西由于雪量很少，常不能形成雪覆盖。适量降雪对农牧业生产都是有利的，草场积雪可部分解决冬季牲畜饮水问题，因而可利用目前尚无供水条件的草场放牧。积雪到春季融化，增加地表湿润程度和改善土壤墒情，有利于牧草返青和作物出苗，河湖水量及潜水也因得到融雪水的补给而增多。但深厚而持久的雪覆盖（>15 厘米时）或冻结而持久的雪覆盖，能使牧草覆埋和牧场封冻，造成畜牧业上的"白灾"。反之少雪或无雪不仅不能利用无供水条件的草场放牧，增加夏秋草场放牧时间，易导致夏秋草场因过度放牧而退化，带来"黑灾"的危害。

全区特别是北部区全年风力强劲。内蒙古地区全年风力强劲，特别是北部地区，全年 5 级以上的大风日数可达 100 天以上。冬季大风多伴以寒潮雪暴，被称为"白毛风"，对牲畜放牧有很大威胁。大风以春季最多，这时地表积雪融尽，气温开始增高，相对湿度下降，往往形成旱风，灼枯作物和牧草，还容易引起草原火灾。在地表植被已破坏的情况下，则形成风沙。

本区的地貌结构加强了内蒙古高原气候的干旱与寒冷。首先，高原的南缘，从林西至集宁为广大的玄武岩台地，台地顶面向南翘起，向北则缓缓地倾没于高原面之下。其次，高原东侧为大兴安岭，高原西部（集宁以西），南侧为阴山山脉（包括狼山、大青山），高峰海拔 2000—2400 米。高原边缘这些较高的山地和凸起的地形，阻碍东南季风的深入，使高原内部格外干旱。最后，高原地面平坦，北来寒潮毫无阻隔，

---

① 参见王文辉：《内蒙古气候》，第 3 页。

可横扫全部高原，加剧了高原的低温和大风雪。[1]

总之，内蒙古东部降水多，热量少；西部则热量多，水分不足。其水热配置的干湿状况有显著的地带性分布，由东北部大兴安岭的湿润气候向亚洲腹地极干旱气候过渡。其中包括：大兴安岭北段湿润气候和岭东半湿润气候；大兴安岭北段以南和东乌珠穆沁旗——大青山北麓——包头——乌审旗一线之间的区域为半干旱气候；此线以北以西到乌拉特后旗——乌审旗一线之间的区域为半干旱气候；此线以北以西到乌拉特后旗——乌海——贺兰山西麓一线之间的区域为干旱气候；再往西阿拉善高平原为极干旱气候。[2]

四、水系分布：水资源严重匮乏且不平衡

内蒙古地区的河流既有外流水系，也有内流水系。外流水系有黄河水系、永定河水系、滦河水系、西辽河水系、嫩江水系和额尔古纳河水系。黄河从宁夏石咀山流入内蒙古，在准格尔旗榆树湾流出内蒙古辖境，这一段干流长 830 公里。在内蒙古境内，黄河有许多大小支流，如乌加河、昆都仑河、大黑河、浑河、乌兰木伦河、红柳河等。永定河的上源大洋河和御河发源于乌兰察布盟的兴和县和丰镇县，有若干支流，都流入河北境。滦河源于河北丰宁，流入锡林郭勒盟正蓝旗，经过多伦县流向河北省境，滦河的这段上游称上都河，长约 254 公里。西辽河干流长 827 公里，是辽河最大的上游，主要的支流有老哈河、西拉木伦河、教来河、英金河、新开河、乌力吉沐伦河等。嫩江是内蒙古东部最大的河流，发源于伊勒呼里山，流入黑龙江省境，重要的支流有甘河、诺敏河、阿伦河、雅鲁河、淖尔河、洮尔河、根河、德尔布尔河、贝尔

---

[1]　"气候特征"这一部分，除注明外主要参见任美锷：《中国自然地理纲要》，第 317—320 页。

[2]　参见张永江：《清代内蒙古的生态环境、经济类型与社会变迁》，第 16 页。

茨河、阿巴嘎河、乌马达河等。海拉尔河是额尔古纳河的主源,有特尼河、莫尔格勒河、免渡河、伊敏河等支流。额尔古纳河水系还包括呼伦贝尔水系,哈勒哈河、乌尔逊河、克鲁伦河都属于这个水系。

内蒙古地区的内流河有锡林郭勒高原的乌拉盖河、锡林郭勒河,乌兰察布高原的艾不盖河、沙拉木伦河,阿拉善盟高原的额济纳河等。这些河流的水源主要靠夏日雨水和高山融雪补给,水量因季节不同而有很大变化。① 具体分类如下②:

全区有大小河流数千条,流域面积在 1000 平方公里以上的河流有107 条,主要有黄河、辽河、嫩江、额尔古纳河等四大水系,此外还有不少季节性河流及相当大面积的无流区。

黄河,境内长约 830 公里。内蒙古区间流域面积 14.35 万平方公里。两岸汇流入的支流以短小沟谷居多,其中较大支流有都思兔河、昆都仑河、大黑河、浑河、纳林河、乌兰木伦河等。黄河过境水量,为农业灌溉提供了丰富水源。河套平原成为内蒙古最大的灌溉农业基地。

额尔古纳河,地处大兴安岭西北侧,干流为中俄界河。干流在本区境内长 540 公里,流域面积 11.6 万平方公里。流经地区皆为林区和植被良好的森林草原,流水含沙量少。主要支流有:根河、得尔布河、莫尔道嘎河、海拉尔河等。呼盟西部的克鲁伦河发源于蒙古,河水注入呼伦池。

嫩江,位于大兴安岭东侧,发源于大兴安岭伊勒呼里山,属松花江上游,其干流长 719 公里,境内流域面积 15.91 万平方公里,地表径流量为 219.6 亿立方米,是内蒙古地表年径流最丰富的河流。右岸主要支流有多布库尔河、欧肯河、甘河、诺敏河、阿伦河、雅鲁河、淖尔河、洮儿河、霍林河等。上游地处山地丘陵,森林广布,涵养水源条件好。

---

① "水系分布"的总体概述参见亦邻真:《内蒙古历史地理·绪论》,载周清澍主编:《内蒙古历史地理》,第 3—4 页。

② "水系分布"的具体分类见张永江:《清代内蒙古的生态环境、经济类型与社会变迁》,第 16—18 页。

中下游河谷开阔，土壤肥沃。

西辽河。西辽河上游为老哈河，发源于七老图山，经赤峰市东南部、哲里木盟，在辽宁省康平县与东辽河会合。境内流域成扇形，干流长 827 公里，流域面积 14.18 万平方公里。主要支流还有西拉木伦河、乌力吉木伦河、教来河、新开河等。西辽河水系水资源 30 亿立方米。

内流河。内流河水源补给主要靠大气降水，次为地下水潜流和融雪，季节性较强。位于内蒙古高原东北部的乌拉盖水系，包括乌拉盖河、保尔斯太河、彦吉嘎河、高力根河和锡林河等，是内蒙古最大的内流水系，流域而积 6.88 万平方公里，河网不发育，流水量小，但却是本区畜牧业生产的重要条件。位于中西部的还有塔布河、霸王河、全玉林河、艾不盖河、弓坝河、摩林河以及额济纳河。内流河水系水资源，多分布在草原牧区，是人畜供水的良好水源。

全区有湖泊千余个，大多分布在降水 200—400 毫米的地区，总面积为 7，500 平方公里。其中水面在 100 平方公里以上的有 9 个。最大的是呼伦池，又称达赉湖，面积 2，315 平方公里，是我国最大的草原湖泊。还有贝尔湖、达里诺尔、库伦查干诺尔、黄旗海、岱海、哈素海、乌梁素海和居延海。全区湖泊总蓄水量为 270 亿立方米。其湖泊主要特点是湖浅泊小，水量不大，草原地区时令湖居多。分布在草原区的湖泊，是牧区人畜用水的水源地。

内蒙古是全国水资源较少的省区，有 509 亿立方米（河流径流量 370.92 亿立方米加地下水 138 亿立方米）。其耕地水资源占有量，每亩为 697 立方米，是全国亩均水量的 2/5，是世界亩均水量的 3/10。由此可见，内蒙古水资源严重匮乏且分布不平衡，其规律是东部多西部少。东部占全区的 78.35%，中、西部占 21.65%。通过水资源供需分析，除东部大兴安岭地区外，其他各流域都缺水，特别是西辽河流域、黄河流域和内流河流域，缺水量较大。

五、土壤类型：明显的水平分布的土壤带

内蒙古地区由于地理环境、气候生物等因素的差异，形成了明显的水平分布的土壤地带。自东向西依次分布着黑土带、黑钙土带、栗钙土带、棕钙土带、灰漠土带、灰漠荒漠土带，部分地区有褐土带、灰钙土带。高山区有垂直分布的棕色森林土带。①

属于干草原的地带性土壤是栗钙土，在内蒙区内分布最广。西部荒漠草原植被下发育着棕钙土。在这两个地带性土类分布的范围内，相应的隐域土——草甸土、沼泽土、盐碱土和沙土，分布面积也不小。

草原土壤形成过程的主要特点，是有明显的生物积累过程和钙积化（主要是碳酸钙积累）过程，土壤剖面分化清晰。在以多年生旱生低温禾本科草本植物占优势的草原植被下，土体上部进行着腐殖质积累过程，有机质含量相当高。土体中碳酸钙普遍发生淋溶，并淀积在剖面中、下部，形成钙积层。随着干旱程度的增加，钙积层愈趋明显而愈接近上层，表层有机质含量愈少，腐殖质层的厚度愈薄。

栗钙土与黑钙土不同之处是腐殖质层较薄，一般厚25—45厘米。它可按有机质含量多寡，分为暗栗钙土与淡栗钙土两类。暗栗钙土分布于呼伦贝尔、东乌珠穆沁以及大兴安岭南部，一般处在缓坦的高原与丘陵坡面上。腐殖质含量在2%—4%，磷、佣的含量都相当高。在生草过程旺盛的平坦积水之处有轻度潜育化现象形成草甸暗栗钙土，其有机质含量可达4%—7%，水分条件较好，牧草生长旺盛，是优质牧场。大兴安岭东南地区黄土状沉积母质上所发育的暗栗钙土，腐殖质较薄，有机质含量低，从表层起即有石灰性反应，属碳酸盐暗栗钙土型。其结构欠佳易受水力和风力侵蚀，土中氮素较缺。

在锡林浩特一线以西的典型草原地带，发育着淡栗钙土。其有机

---

① 参见张永江：《清代内蒙古的生态环境、经济类型与社会变迁》，第19页。

质含量通常在 1.5%—2.5%，从 10—20 厘米深度起即为钙积层，土层较薄，剖面发育欠佳。阴山以南也有从表层起即呈石灰性反应的碳酸盐淡栗钙土。

棕钙土在内蒙区分布于淡栗钙土地带以西、百灵庙——温都尔庙以北的高原和鄂尔多斯西部。其特征是：表层多砾石、沙，壤质土层很少，腐殖质层厚约 15—25 厘米，但有机质含量仅 1.0%—1.5%，钙积层的位置不深，土层下部有时有石膏和易溶性盐类（氯化钠、硫酸钠）。这些特征表明：棕钙土的形成基本上仍以草原土壤腐殖质积累和钙积化过程为主，但已具有荒漠成土过程的一些特点，故棕钙土在我国的分布也介于栗钙土与漠境土之间。

内蒙区沙地颇广，按其土壤发育阶段，可分为栗钙土型沙土、松沙质原始栗钙土与全剖面没有发泡反应的沙质栗钙土，结构很松，有机质及矿质养分都比较贫乏，物理性也不好，翻耕后容易使沙丘活动。

盐渍土、草甸土和沼泽土在内蒙区分布也很广泛，多分布于塔拉（蒙语称平浅广阔的平地为塔拉，现已通用）中或季节积水处。这里的盐渍土多属于草甸盐土，盐分组成氯化物——硫酸盐为主，硫酸盐——氯化物次之，苏打盐土又次之。盐分主要集中于表层，常形成盐结皮，向下层减少。这种盐分的剖面分布与地下水的季节变化密切有关。在东部暗栗钙土中还分布着一些苏打草甸碱土。如能开沟排水，盐碱不再结聚，即可生长牧草。草甸土分布于河流两岸河漫滩及河阶地上，生长羊草、苔草、芨芨草、野大麦等，肥力较高，是优良牧场。塔拉中低洼之处或平广的河滩，每形成沼泽。如呼伦湖与贝尔湖之间的乌尔逊河和东乌珠穆沁旗乌拉根郭勒河两岸，是一片湿地，发育着沼泽土。[1]

---

[1]　"土壤类型"这一部分除注明外，均参见任美锷：《中国自然地理纲要》，第 321—322 页。

第二节　灾害形成的自然环境因素

　　灾害的发生本身就是一种环境演变过程。人类开发自然资源活动既受环境制约，又参与和改变环境演变的进程。人类社会经济活动对自然环境的冲击和扰动及生态效应在不同的地域系统具有显著的不同特征。包括天文因素、地理地貌和气候条件等在内的自然环境因素，决定了自然灾害的种类、频率、强度、复杂性等方面的差异，使各类自然灾害的分布具有不同的时空特性。内蒙古地区特殊的自然地理环境因素，使本区在整个清代一直受困于自然灾害的干扰。生态环境脆弱地区对各种自然和人为的扰动极为敏感，本研究所涉及的内蒙古地区即属这类地区，是一个天文因素、古地理环境变迁和气候条件的敏感地带。

一、天文因素：天体运行与地球自身运动

（一）星体位置排列的影响性

　　各种星体都有其自身的运行轨道，但它们其处于一种特殊的位置排列时便会积聚并释放大量的能量，引起灾害的发生。如"行星直列"现象就是一例。每隔 179 年，从太阳的角度看上去，包括地球在内的太阳系全部行星将大致排列在一条直线上。出现这种星体位置排列的异常性，地球会发生什么变化？克利本和普列莱茨博士合著的《行星直列》一书指出："它将破坏地磁。为此，电波将产生障碍。它还会破坏大气的平衡，发生干旱、水灾、酷暑、寒冷。甚至连在地底下的高能粒子，也会发生混乱，导致大地震的产生。""对人的精神也会产生不良影响。不管怎样，把直列引起的大地震，气候异常，看成现代天地变异的前兆

是没有错的。"① 有科学家认为，在最近几次的行星直列发生的 15 世纪
30 年代、17 世纪 20 年代和 20 世纪 80 年代都是地球上自然灾害严重的
时期。② 历史上内蒙古地区的情况怎么样呢? 以清代该地区的水灾为例
(见表 3–1):

表 3–1　17 世纪 20 年代内蒙古地区水灾简表

年份 / 地点	受灾地区及灾情概况	文献出处
1820/5	齐、黑、墨、布特哈、茂兴等水灾，田亩 112870 余晌，免额粮贷银米	《清仁宗实录》卷 6
1822/2	给山西归化厅、萨拉齐二厅被水灾民一月口粮并坍塌房屋修费	《清宣宗实录》卷 40
1823/3	萨拉齐厅被水借粮；齐、黑、墨、布特哈四城歉收，展缓	《清宣宗实录》卷 48、59
1826/2	归化厅属被水，给一月口粮，并房屋修费	《清宣宗实录》卷 105
1827/2	萨拉齐厅被水，贷；归化厅被水，免上年地租银十分之七	《清宣宗实录》卷 122

① 转引自蒋琳:《农业灾害经济》，载范宝俊主编:《灾害管理文库》第 3 卷 (2)，当代
　中国出版社 1999 年版，第 1181 页。
② 从当代的角度看，科学家们的研究成果也部分证明了星体异常排列会引起自然灾害
　的论点。如 1991 年 6 月上、中旬全世界范围内发生了一连串的地震、火山爆发和
　台风、暴雨。6 月 5—12 日，巴基斯坦德信省气候酷热，温度高达 50℃，300 多人
　受热死亡；6 月 3 和 10 日日本仙山火山在沉默 200 年后连续两次喷发，造成数十
　人死亡；6 月 9 和 15 日菲律宾纳图博火山喷发，800 余人丧生，损失 50 亿比索；
　6 月 9 日，印度孟买暴雨不断，44 人死亡；同时阿富汗北部大雨成灾，七百多人遇
　难；6 月 15 日菲律宾北部发生 4 次地震，同日，日本东京以北 225 英里处为震中，
　发生里氏 5.2 级地震，与此同时日本南部的仙岳火山口内熔岩大量堆积，太平洋西
　南部的桑威奇岛和格鲁吉亚北部分别发生两次 6.6 级和 6 级的地震；6 月上、中旬也
　是我国百年不遇特大洪水，降雨量在集中的时候……这是什么原因? 原来 6 月 14
　日和 15 日月球、金星、火星和木星连成一线，比 1796 年 12 月 23 日前后以来的任
　何时候都更加接近地球。这种星体的异常排列引起地磁场和地电场的变化，因而引
　起一系列自然灾害。参见蒋琳:《农业灾害经济》，载范宝俊主编:《灾害管理文库》
　第 3 卷 (2)，第 1181—1182 页。

续表

年份 / 地点	受灾地区及灾情概况	文献出处
1828/1	归化城被水	《清宣宗实录》卷 133
1829/2	黑龙江、齐齐哈尔，贷	《清宣宗实录》卷 161

表 3-1 比较集中地说明该时段的水灾状况。不仅如此，在此期间还有旱灾发生。如道光八年（1828 年）九月下，"以黑龙江各属被旱歉收，免呼兰官庄屯兵应交钱粮，并展缓齐齐哈尔、黑龙江、墨尔根、打牲乌拉四处兵丁旧借粮银。"[1] 道光八年十月下，"贷齐齐哈尔、黑龙江、额裕尔、墨尔根、博尔多、打牲乌拉等处歉收旗营官庄人等银粮有差。"[2]

（二）太阳黑子活动的周期性

太阳是与人类关系最为密切的恒星。太阳黑子的多少、太阳耀斑的大小以及太阳风的强弱都会诱发自然灾害。太阳黑子是指太阳光球层上出现的斑点，温度比光球低 1000℃—2000℃，和光球相比就成为暗淡的黑斑。太阳黑子数的多少呈周期性变化。太阳黑子数 ≥ 90 的年份为多年，≤ 20 的年份为少年。由多年过渡到少年平均需要 7 年，接着由少年过渡到多年平均需要 4 年，平均周期 11 年左右。我国学者解思梅、王景毅和日本学者吉野正敏共同研究结果表明，太阳黑子数多年之后的第 1 年和第 4 年西太平洋上的台风显著增多，少年之后的第 5 年显著偏少。在太阳黑子多年与少年时，厄尔尼诺海区（10°N—10°S、100°W—80°W）和北太平洋暖流区（35°N—42°N、140°E—150°E）的海水水表温度年平均值的上升和降温也明显相反。此外，厄尔尼诺现象多发生

---

[1] 《清宣宗实录》卷 143，第 191 页。

[2] 《清宣宗实录》卷 145，第 225 页。

在黑子峰年后迅速衰减时期，如 1770 年、1791 年、1871 年、1939 年、1941 年、1957—1958 年、1972—1973 年、1982—1983 年、1991—1992 年。热带风暴 / 台风、海温变化、厄尔尼诺现象等许多其他气象灾害和生物灾害的起因。可以说，地球上的大部分自然灾害都与太阳的活动有关。如蝗灾每隔 11 年发生一次，正好与太阳黑子 11 年活动周期吻合。[①] 从清代相关时段看内蒙古地区蝗灾简况（见表 3-2）：

表 3-2　18 世纪 70 年代至 19 世纪 90 年代内蒙古地区蝗灾简况

年份 / 旗县数	受灾地区及灾情概况	文献出处
1774/05	东土默特及巴林、扎鲁特蝗	《清高宗实录》卷 962
1836/01	清水河厅蝗，贷灾民仓谷	《清宣宗实录》卷 289
1837/04	朔、大同、应、清水河等十一厅州县被蝗，贷	《清宣宗实录》卷 293
1846/01	归化城厅春夏无雨，秋蝗，大饥，蠲免田租	《绥远通志稿》卷 29
1858/02	萨拉齐、清水河二厅被蝗，贷灾民籽种口粮	《清文宗实录》卷 243
1879/04	乌拉特三旗、阿拉善等旗蝗	《清史稿·德宗本纪一》
1895/01	萨拉齐厅西境后套地区（今巴盟乌加河以南地区）飞蝗蔽日，食禾成灾	《绥远通志稿》卷 29
1896/05	萨拉齐厅西境后套地区飞蝗蔽日，全境禾苗仅余十之一二，告饥	《绥远通志稿》卷 29

我们并非刻意地套用什么固定模式，但表 3-2 所列该地区的蝗灾大致周期很能说明问题。[②] 与此同时，在与上述相对应的年份中，仍有旱、水、雹、蝗等多种灾害出现。例如，乾隆三十八年（1773 年）闰三月

① 参见蒋琳：《农业灾害经济》，载范宝俊主编：《灾害管理文库》第 3 卷（2），第 1182—1183 页。
② 有关整个清代内蒙古地区蝗灾的总体情况可参见本论文第二章第三节第一个问题，见本书第 56—57 页。

上，"豁免山西丰镇厅属二道沟等村水冲旗地五百六十顷二十亩额赋"①。乾隆三十八年七月上，"署山西巡抚、陕西巡抚觉罗巴延三奏：本年五月下旬，归化城等处水发，饬委布政使朱珪亲往查勘。兹据查明归化、萨拉齐二厅属夏麦未经刈获，秋禾俱已被淹，应请抚恤一月口粮，并照例给予修屋之费。其二厅内，有民租蒙古口粮地，向不查办，但数十村庄，同时被水，盖藏已空，明春籽种更难称贷，应请借给一月口粮，俟明年秋后，免息还仓，并明春有愿借籽种者，准其一体借给。得旨，如所议行。"②乾隆三十八年七月上，"赈恤绥远城浑津、黑河二处，本年水灾庄户，并缓新旧额赋"③。道光十七年（1837年）十月，"蠲缓齐齐哈尔、黑龙江、墨尔根三城被灾屯田新旧额赋有差，并贷旗丁口粮"④。道光二十六年（1846年）十一月，"癸未，……蠲缓山西垣曲、保德、河曲、和顺、屯留、岚六州县暨归化城、托克托城、萨拉齐厅被雹被旱村庄新旧额赋有差，赈垣曲县灾民"⑤。咸丰八年（1858年）正月上，"壬午，……贷山西……及清水河、萨拉齐二厅被蝗被雹灾民籽种口粮"⑥。同治六年（1869年）十二月上，丙戌，"缓征山西萨拉齐厅被水地方新旧额赋，暨民借仓谷"⑦。光绪五年（1879年）三月上，"乌里雅苏台将军春富等奏酌撤察哈尔残病官兵，又奏，蒙古灾区宜恤，军务未定，请展限查边，均报闻"⑧。

① 《清高宗实录》卷 930，第 505 页。
② 《清高宗实录》卷 938，第 655 页。
③ 《清高宗实录》卷 938，第 657 页。
④ 《清宣宗实录》卷 302，第 711 页。
⑤ 《清宣宗实录》卷 436，第 452 页。
⑥ 《清文宗实录》卷 243，第 763 页。
⑦ 《清穆宗实录》卷 218，第 862 页。
⑧ 《清德宗实录》卷 89，第 344 页。

（三）地球自身运动的诱发性与不同纬度分布的影响性

地球自身运动也有诱发自然灾害的可能性，如地球自转、地球内应力的变化、地起内热的变化和地球重力势能的变化等。地球自转的不均匀性会引起地球各圈层的变化，如大气环流、地球水圈的不规则运动，地极移动和地幔物质的平衡状态的打破等。地球是围绕其自转轴转动的，自转轴与地球表面的交点称地极。地极以 6—7 年的周期作有规律的移动，与地极移动相关联的海洋水准面、海洋热状况以及受其影响的大气环流也具有相应的变化，致使灾害发生。中国科学院北京天文台高建国研究了 1853—1854 两年地极移动的情况，认为这两年是地极移速变化较大的时间，由于地极移动情况特殊，致使地球上灾害频仍。[①] 地球内应力的变化引起时时运动的地壳的变化，有毒气体、放射性物质的泄露，地热能的积聚与释放等，有时也会造成或放大灾害。[②]

从地球不同纬度分布的影响看，据我国著名沙漠学家朱震达先生的研究，沙漠的成因就其自然条件而言，干旱少雨是沙漠形成的必要条

---

① 参见蒋琳：《农业灾害经济》，载范宝俊主编：《灾害管理文库》第 3 卷 (2)，第 1187 页。这一方面的实证依据，如在我国东部的浙江、江苏、安徽、江西、湖北和湖南等省发生了一次罕见的分布广泛的水沸事件。该次水沸事件的水沸区东西长 1000 公里，南北宽 400—500 公里，为中国历史记录之最。1854 年世界上有 12 座火山喷发，而且喷发的火山地理位置集中。另外 1853—1854 年，中国江西大水灾，淹死人数以万计，浙江黄岩、温岭一带发生大海啸淹死 5—6 万人；英国霍乱大流行，死亡万余人；日本大雪、大旱；朝鲜爆发严重饥荒；世界各地发生 6 级以上地震 10 多次，累计死亡几十万人。在这 10 多次大地震中烈度最大的达 11 度，震级最高的达里氏 8 级。1968 年加拿大的两位科学家公布了他们对全球 1957—1968 年间 22 次 7.5 级地震的统计资料，认为其中有 15 次是在地极移动轨迹突然转折时发生的。总之，地极颤动超常变化会触发地震并加速板块运动，引起地下熔岩上涌的增强和扩散，使地球表层处于非平衡态，负熵增加，大气对流异常，动能大释放，灾害频发。参见蒋琳：《农业灾害经济》，载范宝俊主编：《灾害管理文库》第 3 卷 (2)，第 1187—1188 页。

② 参见蒋琳：《农业灾害经济》，载范宝俊主编：《灾害管理文库》第 3 卷 (2)，第 1188—1189 页。

件，就是说，沙漠是干旱气候的产物。就世界范围而论，干旱气候区域（干旱区）的形成主要与纬度、环流因子有关。在南北纬 15°—35°之间，为副热带高压带的控制范围，终年为信风吹刮的区域。在高气压带，内对流层气柱具有下沉作用，它使空气动力增热（绝热变热）并使相对湿度减小（对流层较低处整个厚层的温度低），空气非常干燥；同时，因下沉作用稳度加大，从而抑制了阵雨和对流。而信风乃是由高纬度吹向低纬度的比较低温而干燥的旱风，特别是大陆西岸因信风绕副热带背岸而吹，使之干旱更为加甚。③ 从历史时期以来，特别是清代以来，内蒙古地区旱灾发生频率、强度和范围等均位居各类灾害的首位，可见其区域不同纬度分布的影响性。

二、地貌环境：生态环境的独特与脆弱性

（一）古地理环境的复杂性

古生代晚期，海西运动以前，内蒙古阴山山地以北仍是一片浩瀚的大海。阴山以南的鄂尔多斯，虽自晚元古代后已结束地槽阶段，但在强烈的地壳运动下，也几经频繁的海侵海退沧桑变化。唯有阴山地区除局部地段外，自太古代后期五台运动奠定了地台基础后，虽也历经构造运动的影响，使其为岩浆侵入，构造变动、岩性变质并接受侵蚀夷平、断陷或抬升，但大体上保持着陆地面貌。海西运动后期的造山使本区阴山南北均结束了海洋环境，褶皱成山，接受侵蚀，夷平与陆相堆积。作为陆地环境并为外营力所作用，大致始于古生代晚期或中生代初期。

在中生代，内蒙古中部基本上为一被侵蚀、夷平的地区。低洼地沉积有厚度不同的白垩系或侏罗系的陆相沉积物，岩层以砾岩、砂页岩为主，并形成煤层或油页岩等。开始于中生代中后期的燕山运动，对本区

③ 朱震达、吴正、刘恕等：《中国沙漠概论》（修订版），科学出版社1980年版，第8页。

地势轮廓也发生了深刻影响。被侵蚀夷平的阴山地区有程度不同的岩浆侵入，中性岩浆喷发，山体断裂抬升，岩层深度变质，构造变动剧烈，为形成现代阴山山地奠定了基础。

燕山运动后本区较长期处于稳定状态，在阴山以北地区接受大面积的第三系沉积物，地面呈准平原化。

新生代始新世后，内蒙古地区受喜马拉雅构造运动的影响，在燕山运动构造线的基础上，使阴山山地及其以北地区呈强度不同的上升，而沿云杉南麓自东向西大范围断裂下陷，构成了呼和浩特——包头——河套拗陷，接受深厚的第四系冲积——湖积沉积。伴随构造运动的同时，在阴山山脉东端灰腾梁、岱海南部、集宁及北乌兰哈达地区，均有较大面积的玄武岩喷发，构成了高度不同的熔岩台地。喜马拉雅运动的进行，不仅在地质构造、地势变化上完成了今天的轮廓，还对现代气候的演变也产生了深刻的影响。

自中生代以来，内蒙古地区自然地理环境虽有不少起伏变异，但总的趋势是从暖热湿润向湿凉干旱方向变化。其综合过程可概括为三个时期：森林化时期（自中生代至新生代早三系）、草原化时期（新生代第三纪至新生代至早更新世）、荒漠化时期（中更新世至现代）。[1]

（二）自然生态环境的脆弱性

1987 年 1 月，巴黎工作组提出生态环境脆弱带（Ecotone）的新概念。它把生态系统界面理论以及非稳定的脆弱特征结合起来。1988 年在布达佩斯召开的第七届 Scope 大会上，全会成员明确认定上述概念，并通过决议，呼吁国际生态学界开展对于 Ecotone 的研究。[2] 在国内，

---

① 参见内蒙古自治区城乡建设环境保护厅编著：《内蒙古自然保护纲要》，内蒙古人民出版社 1988 年版，第 14—16 页。

② 参见郭增建、秦保燕、李革平：《未来灾害学》，载范宝俊主编：《灾害管理文库》第 3 卷 (1)，当代中国出版社 1999 年版，第 498 页。

1989 年牛文元对此做了详细介绍和研究，认为所谓生态环境脆弱带，指的是生态系统中凡处于两种以上的物质体系、能量体系、结构体系和功能体系之间所形成的界面以及围绕该界面向外延伸的过渡带或边缘地带。在这种地带中，环境变化的频率高、速度快、空间范围广，可被替代的概率大，可以恢复原状的机会小，对于改变界面状态的外力抵抗能力低，因而整个生态系统不稳定性强，脆弱度高，往往某一环境要素一旦出现波动，整个系统就会随之发生变化并造成灾害。按照这一理论，凡是两种生态系统的过渡地带，也必然是一个灾害多发的地带。①

内蒙古地区正处在典型的生态环境脆弱带。内蒙古地区地处中国北部，土地面积辽阔，是我国跨经度和纬度最大的地区。独特的地理位置决定了本区不同的水热结构，自然带分布及气候类型。本区处于中纬度地带，跨山地寒温带和中温带两个温度带，光热资源丰富，各地常年日照时数在 2600—3400 小时，由东北向西、向南递增，属于温带大陆性季风气候。本区年降水量一般在 50—450mm，降水由东北向西南递减。春季降水稀少，占全年总降水量的 10%—12%，春旱现象严重。夏季降水集中，占全年总降水量的 60%—75%，且多暴雨，容易形成洪涝灾害。受降水条件的限制，本区农牧业生产不稳定，生产力水平与能力较低，极易受到水旱灾害的侵扰。

本区水热条件的分布具有明显的过渡性特征。光热由东北向西南递增，而降水由东北向西南递减，造成西北内陆干旱的特征，旱灾、风灾时有发生。气候类型的分布由季风气候向大陆性气候过渡，形成东北—西南走向的自然带分布规律，使土被、植被有明显的过渡性特征。本区的过渡性特征使生态环境具有一定的不稳定性，本区由东北向西南有大面积的农牧交错带存在，此间又成为生态环境脆弱带，自我调解能力低，极易受到各类自然灾害的损害。本区独特的地理位置使本区成为易

① 参见牛文元：《生态环境脆弱带 ECOTONE 的基础判定》，《生态学报》1989 年第 2 期。

灾、多灾的地区。各主要生态因子和生态系统极易受到扰动而发生恶性循环。

（三）自然地貌环境的严酷性

一般而言，水热条件、气候特征是影响本区自然灾害发生的基本因素，同时，地貌环境也起着放大灾害因子的作用。本区主导地形特征是呈东北—西南走向的大兴安岭—阴山—贺兰山贯穿全区。以此山为界，气候、植被、土被等有明显的带状分异特征，呈东北—西南延伸、东南—西北更替的格局。大兴安岭—阴山—贺兰山成为内蒙古地区重要的生态分界线。受这条生态分界影响，季风受山脉阻挡，界线东南部受降水影响明显，水旱灾害频繁发生，界线西北，季风难以伸入内陆，降水稀少，干旱、大风、雪灾连年不断，威胁草原人民的生产生活。土壤类型的分布在一定程度上也会放大灾害因子的作用强度。本区除岭东地区以黑土为主导土壤，土质肥沃，抗侵蚀能力强，其余农牧交错区以黄土、沙土土质为主，受水蚀、风蚀作用强烈，这加大了洪涝灾害及风灾的侵害。西北高平原、鄂尔多斯高原土壤以砾钙土为主，沙性较强，抗侵蚀能力差，加之地表植被的破坏，土地的风蚀、水蚀作用强，沙漠化严重。地貌条件对水热的再分配影响了本区气候类型及自然带分布，使气候多变，自然带具有明显的过渡性特征，从而使自然界的不稳定因素加强，进而使自然灾害对本区影响剧烈，在空间范围内，表现出明显的地域分异的特征。

阴山山脉横亘于内蒙古高原中部。整个地区以山地和丘陵为主，平原极少。这样的地貌无论是对农业还是牧业都是不利的，尤其是对农业的发展。我们以察哈尔地区为例来看这一问题。察哈尔地区的地表形态可分为两种，南部主要是山地和丘陵地区，主要特征为山沟纵横，宜农地所占比例极小。由于山地的土壤极薄，植被情况也不理想，不能保持和涵养水分，有限的降水在很短的时间内就蒸发或流失。这是这一地区旱灾频繁的因素之一。我们从前文中可以得知，内蒙古地区的水灾，除个别地区和大江大河（黄河、海河等）有关外，基本上是以山洪型水灾为主。内蒙古地区属于温带季风、寒温带季风半干燥气候，在这种气候条件下，降雨量、降雨时间相对比较集中，再加上上述的地貌特征，极易造成山洪性的洪水灾害。

三、气候条件：气候条件的多变与恶劣性

（一）地质时代的气候变迁概况[①]

在漫长的地质时代中，随着地质时代的变迁，气候在不断地变化。

在古生代，即距今 6 亿年至 2.25 亿年前，由于阴山古陆的隆升，呼和浩特南部地壳下沉，"华北古海"由东向西入侵，形成了"鄂尔多斯古海"。鄂尔多斯珊瑚化石的大量发现，说明当时内蒙古的气候是温暖湿润的。从已发现的蕨类化石可看出，当时的植物有两个显著特点：一是根深叶茂，躯干魁伟，鳞木、芦木等可高达 30—40 米，直径达 1 米左右；二是树木均匀生长，普遍缺少年轮。由这两个特点可以推测当时的气候是炎热多雨，四季不明显。鄂尔多斯大煤田就是那个时期极为茂密的森林所形成的。

中生代即今 2.25 亿年前至 7000 万年前的内蒙古地区气候状况可根据已发现的生物化石作出推断。从杭锦旗一带发现的白垩纪初期蜥脚龙的椎体化石，体长达 20 米左右。据推算，此类恐龙活着时体重可达 30—40 吨重。这反映了当时的气候具有高温高湿的特点。

另外，根据内蒙古乌兰察布盟一带的各钻孔资料分析岩性的变化，便可发现，该地岩层除从红色砂砾岩逐渐变为多呈暗色、深灰、青灰的岩层外，还有大量的短足兽、犀牛、鳄鱼化石。这可以推算第三纪初期

[①]　参见王文辉主编：《内蒙古气候》，第 253—254 页。

仍是湿热的气候。

最近在内蒙古北部赛汉塔拉古河道中首次发现距今 2500 万年前的古植物孢粉化石。它们分别为雪松、藜、杉、榆、栎、麻黄等。这些孢粉是生长在热带、亚热带气候条件下的树木花粉。它向我们揭示了第三纪渐新世时期的内蒙古气候：温热多雨，植物繁茂。

第三纪中新世时期，距今 1100 万年前，由于喜马拉雅造山运动的影响，高原上湖盆逐渐缩小，湖水大量浓缩，氧气作用强烈，岩相中反映出高价铁富集，以致构成此时期的砖红色泥岩的沉积构造，说明此时期气候逐渐变干。但温度又有大幅度上升的迹象，以致发育了红层以及普遍夹有石膏透镜的岩性特征，因此，推测当时的气候是干热的。

第三纪上新世时期，距今 500 万年前，当时的沉积岩由红色砂砾相转变为青灰色的粉砂岩、淡水灰岩以及泥灰岩，生物由三趾马、鹿类转变为斧足类动物。岱海盆地以南的紫红色湖相沉积岩中发现的孢子花粉化石有针叶树的云杉、冷杉，阔叶树的桦、栎、椴以及禾本科、藜科等。这说明内蒙古那时的气候已经由炎热转为温和，已属于一种类似温带森林草原气候的气候型。

第四纪初——早更新世时期，距今 300 万年前，此时期内河流、湖泊等水系发育十分完整，达来诺尔湖盆就在那时形成的。据湖滨遗迹推测，达来诺尔湖的面积比现在大 5 倍以上，所以这时期的气候又转向炎热多雨。

近年来在二连浩特东北的哈拉图庙、巴彦哈少、哈尼河一带发现的冰川地貌及冰碛漂砾等充分说明，第四纪晚更新世时期，即距今 24 万年前，这一时期内蒙古气候普遍变得寒冷。

第四纪全新世初期，气候趋于暖和，极区冰川消退，永冻带北移，草原带重新占领了内蒙古地区。

第四纪全新世后期，气候再度变干，此时河湖水量大规模地缩减，形成了许多干谷和内陆河，暴露于地表的冲积、湖积沙层，在风力作用下，形成坨甸地和黄土的堆积。

（二）历史时期的气候变化轨迹[1]

竺可桢先生根据考古资料和历史文献记载，研究了我国冰后期的后半期近5000年来气候变化，划分出明显的4个温暖期和4个寒冷期（见表3-3）。近5000年气候变化的特点是温暖期越来越短，温暖程度越来越低，而寒冷期越来越长，寒冷程度越来越强。据历史资料和气候分析判断，现在仍处在第4个寒冷期中。[2] 内蒙古地区历史时期的气候变化是与全国气候变化基本一致的。

表3-3 中国近五千年来气候变化示意表

年代	前4000—前1300年／仰韶—殷墟时代	前1299—前850年／周代初期	前849—初年／秦—西汉	25—580年／东汉—南北朝	581—960年／隋唐	961—1279年／宋朝	1280—1573年／元明	1574—1900年／明末—清
冷暖	第一个温暖期	第一个寒冷期	第二个温暖期	第二个寒期	第三个温暖期	第三个寒期	第四个温暖期	第四个寒冷期

表格资料来源：王文辉主编：《内蒙古气候》，第255页。

据考古学者研究，准格尔旗及鄂尔多斯其他地区发现的新石器遗址，和赤峰地区出土的公元前16世纪的铜器，属于夏家店下层文化。从出土石器有铲、锄等家具推断，在仰韶——殷墟时代（公元前6000年至公元前1100年）；内蒙古地区气候宜人，人类活动比较活跃，气候

---

[1] 关于这一部分内容重点参考王文辉主编：《内蒙古气候》，第255—259页。

[2] 参见竺可桢：《中国近五千年来气候变迁的初步研究》，《中国科学》1973年第2期，转引自王文辉主编：《内蒙古气候》，第255页。

类型属于温暖期。①

在距今 3000 年到 2500 年的周代初期，气候比较寒冷干燥。据《甘肃通志》记载，西周历王六年（公元前 872 年）鄂尔多斯近邻甘肃地区出现"大冰雹，牛羊冻死"。这是现有史料中，第一次出现牛羊冻死的记载。②

春秋时期（公元前 770—公元前 481 年），气候又转暖。从大量的出土文物考证，当时鄂尔多斯气候适宜，农业、畜牧业及青铜器技术都很发达，故称"鄂尔多斯青铜文化"。赤峰地区出现夏家店上层文化，出土文物中金属武器突出增多，并发现了以前没有的马的遗骸和青铜马器。③

战国时期（公元前 480—公元前 222 年），当时生活在鄂尔多斯地区的匈奴族依仗这里草木茂盛的自然条件，大力发展畜牧业，逐步强大起来，成为"林胡"的一支。"林胡"即为林中之人的意思。可见当时鄂尔多斯森林之多，从而可以推测当时内蒙古的气候依然是温暖湿润的。④

秦—西汉时期（前 221—23 年），内蒙古的气候温和，雨量适中。公元前 221 年秦始皇统一全国后，派大将蒙恬征服匈奴。此后，在这里设置郡县，同时又将内地居民大批迁入，耕田垦殖。如秦始皇十六年（公元前 210 年），一次就迁入北河榆中（今杭锦旗至准格尔旗一带）3 万户，十多万人。又据《史记·匈列传》和《汉书·匈奴传》记载，公元前 127 年，汉武帝派大将卫青从云中（今呼和浩特一带）出击鄂尔多斯各部，击败楼烦、白羊王，掠得牛羊百余万。可见当时鄂尔多斯高原载畜量之大和畜牧业之发达，这与温暖湿润的气候分不开。西汉统治者一致认为，"朔方（今鄂托克旗、杭锦旗、乌审旗北部、达拉特旗西部

---

① 参见王文辉主编：《内蒙古气候》，第 255 页。
② 参见王文辉主编：《内蒙古气候》，第 255 页。
③ 参见王文辉主编：《内蒙古气候》，第 255 页。
④ 参见王文辉主编：《内蒙古气候》，第 255 页。

一带）土地肥饶"，"沃野千里"。汉武帝二年（前127年）募民迁朔方10万人，又于元狩四年（前119年）将山东等地灾民72.5万人迁入鄂尔多斯地区。到汉平帝元始二年（2年），鄂尔多斯农业人口已达167万之多，尚不包括十多万从事畜牧业的匈奴降民。这种农牧业空前发展的状况，是与秦汉时期长期温暖和雨水丰富的气候分不开的。当时河西走廊和额济纳旗一带也是水草丰美，良田万顷的地方，边关曾屯兵万千。①

该时段记载该地区的灾害状况是：旱灾27次、水灾13次、风灾7次、雹灾6次、雪灾5次、虫灾3次、震灾11次、疫灾3次，共计75次。其中的水灾、雹灾、雪灾共计24次，占总灾次的32%。如秦二世二年（前208年）七月，"天大雨，三月不见星"②。

东汉、三国、西晋时代（公元初—317年），气候寒冷，干旱严重。这个时期的旱灾表现：一是范围广。如晋武帝太康九年（273年），"夏，郡国三十三旱"③。说明旱灾动辄波及十几州镇乃至几十州镇。二是灾害程度深。新莽天凤二年（公元15年），"五原、代郡兵起。时卫卒二十余万人，久屯塞边三岁不得代，谷籴常贵，仰衣食于县官。岁大饥，人相食，盗贼蜂起。"④ 东汉光武帝建武二十二年（公元46年），"是时匈奴中连年旱蝗，赤地千里，草木尽枯，人畜饥疫，死耗大半"⑤。公元100—119年气候干旱更为突出，短短20年中竟出现12个旱灾年份。由于接连不断地发生干旱，造成农业歉收，牧草枯黄。据文献记载，东汉末年，蔡文姬以"处所多霜雪，胡风春夏起"来形容当时的干旱、寒冷气候特点。这种寒冷干旱的恶劣气候，使鄂尔多斯地区的人口从公元

---

① 参见王文辉主编：《内蒙古气候》，第256页。
② 司马迁撰：《史记》，第768页。
③ 房玄龄等撰：《晋书》，第839页。
④ 王轩等纂修：《山西通志》，第5690页。
⑤ 范晔撰：《后汉书》，第2942页。

2 年的 167 万减少到 7 万多人，几乎减少 96%。①

　　魏晋时期，文献上接连出现"四月陨霜"、"七月陨霜杀稼"、"八月大雪"、"八月大寒"等记载。如汉武帝元封六年（公元前 105 年）冬，匈奴大雨雪，畜多饥寒死；汉宣帝本始三年冬，匈奴大雨雪，一日深丈余，人民畜产冻死。②特别是在公元 270—289 年的 20 年中，有 9 年出现大雪、严寒，或春秋乃至夏季出现冻害情况。这一时期，内蒙古的阿拉善盟地区至锡盟多伦、阿巴嘎纳尔旗以西各盟旗县地区，大风及沙尘暴的记载增多。如魏废帝嘉平元年（249 年）正月壬辰，"西北大风，发屋折树木，昏尘蔽天"③。晋惠帝永康元年（300 年）冬十一月戊午，"大风从西北来，折木，飞沙石，六日止"④。晋惠帝永兴元年（304 年）正月乙丑，"西北大风"⑤。晋穆帝永和七年（351 年）春三月己卯，凉州大风拔木，黄雾下尘。⑥

　　东晋、六朝时代（317—589 年），气候寒冷，但转向多雨。史籍中记载公元 421—521 年间出现大雪和水涝灾害 18 次之多。如北魏太武帝太平真君八年（447 年），北镇寒雪，人畜多冻死。⑦北魏孝文帝太和四年（480 年）九月甲子朔，京师大风，雨雪三尺。⑧北魏宣武帝正始元年（504 年）五月壬戌，武川镇陨雪。⑨再看霜、雹。如北魏孝文帝太和三年（479 年）七月，朔州大霜，禾豆尽死。⑩北魏宣武帝正始元年五月壬

---

①　参见王文辉主编：《内蒙古气候》，第 257 页。

②　参见 [英] 巴克尔：《鞑靼千年史》，向达、黄静州译，商务印书馆 1936 年版，第 27 页。

③　房玄龄等撰：《晋书》，第 885 页。

④　房玄龄等撰：《晋书》，第 886 页。

⑤　房玄龄等撰：《晋书》，第 887 页。

⑥　《甘肃全省新志》卷二《天文志》，第 149 页。

⑦　参见王轩等纂修：《山西通志》，第 5773 页。

⑧　参见王轩等纂修：《山西通志》，第 5780 页。

⑨　参见绥远通志馆编纂：《绥远通志稿》第九册，第 4 页。

⑩　参见绥远通志馆编纂：《绥远通志稿》第九册，第 3 页。

戌，武川镇陨霜。六月辛卯，怀朔镇陨霜。① 公元407年，匈奴赫连勃勃建立大夏国，国都设在统万城，当时赫连氏赞美该城"临广泽而带清流，吾行地多矣，自马领以此，大河以南，未三有也！"② 这说明当时统万城附近森林茂密，水草丰美，气候湿润。史籍中也未见有沙漠记载。包括大兴安岭的南端、呼伦贝尔高原、东北平原、内蒙古高原以及黄土高原的西北部，历史时期的天然植被以温带草原为主。这一带的居民古代过着"逐水草迁徙"③，"俗善骑射，弋猎禽兽为事，随水草放牧，居无常处"④ 的游牧和狩猎生活，就是草原自然环境的具体反映。而北齐《敕勒歌》"敕勒川，阴山下。天似穹庐，笼罩四野。天苍苍，野茫茫，风吹草低见牛羊"⑤ 等，都是古代阴山以南地区土默川一带草原的生动写照，也说明了当时的气候是雨水调匀、适中。

隋唐时代（589—907年），气候明显转暖。在唐朝统治的289年中，史料中记载北方黄河流域有霜和冻害的只有9年，平均30年出现一次。这时期大风的记载也相对减少。⑥ 但在气候相对温暖之中也有比较寒冷的年份出现，如唐太宗贞观元年（627年），"其国大雪，平地数尺，羊马皆死，人大饥"⑦。贞观三年（629年），突厥国以"频年大雪，六畜多死，国中大馁"⑧。唐代时期赤峰地区也有"平地松林"之称。宋代文人欧阳修（1007—1072年）《春使契丹道中五言长韵》中有"山深闻唤鹿，林里自生风"的描写，可以推测当时气候的温暖湿润和林深草茂的自然景观。⑨

① 参见绥远通志馆编纂：《绥远通志稿》第九册，第4页。
② （唐）李吉甫：《元和郡县图志》，中华书局1983年版，第100页。
③ 司马迁撰：《史记》，第2879页。
④ 范晔撰：《后汉书》，上海古籍出版社1998年版，第2015页。
⑤ 郭茂倩：《乐府诗集》，上海古籍出版社1998年版，第918页。
⑥ 参见王文辉主编：《内蒙古气候》，第257页。
⑦ 参见刘昫等撰：《旧唐书》，第5158页。
⑧ 参见刘昫等撰：《旧唐书》，第5159页。
⑨ 参见王文辉主编：《内蒙古气候》，第257—258页。

从史料记载统计看,这一时期是内蒙古地区灾害相对较少的历史时期,每 5.81 年有一次灾害。这与魏晋南北朝时期平均 2.53 年和后来的宋辽金元时期平均 1.24 年就有一次灾害相比,确是相对稳定期。

宋朝 (辽、金、西夏) 时期,气候又转向寒冷干旱。在宋朝 300 年间,有 13 年发生冻灾,13 年冬天奇寒,比隋唐时期要多。这说明宋朝时期比隋唐时期的气候要冷得多。与寒冷相对应的是干旱,宋时的干旱既频繁又严重。[①] 在宋辽金 (960—1279 年) 的 320 年中,文献记载内蒙古地区的旱灾 96 次,远远超过了以往历代的记录,平均每 3.3 年便有一次旱灾,呈现出面广灾重的特点。史料记载 "大旱" "久旱" "大饥" "人相食" 等随处可见。如宋太宗至道三年 (997 年) 饥,德明表求粟百万 (石) 赈济。[②] 辽统和二十八年 (1010 年),饥,贷粟于宋。绥、银久旱,灵、夏禾麦不登,民大饥。德明遣使奉表,求粟百万斛。[③] 宋真宗大中祥符三年 (1010 年) 六月庚巳,边臣言契丹饥,来市籴。诏:雄州粜粟二万石赈之。[④] 宋仁宗天圣七年 (1029 年),契丹岁大饥,民流过界。[⑤] 金宣宗贞祐四年 (1217 年) 春,河朔人相食。[⑥] 等等。

元朝——明初,[⑦] 气候又转入温暖多雨时期。查阅元代史料,除有十余年 "陨霜杀禾" 的记载外,未见有奇寒冬天的记载。另一个特点是降水明显增多,常有不少 "雨淋" 及暴雨成灾的记录。[⑧] 元朝统治的 98 年中发生水灾的记载就有三十余次,其中暴雨年记载达二十多次。在此

---

① 参见王文辉主编:《内蒙古气候》,第 258 页。
② 参见马福祥修:《朔方道志》卷一《天文志》,第 6 页。
③ 参见戴锡章编:《西夏纪》,第 119 页。
④ 参见脱脱等撰:《宋史》,第 143 页。
⑤ 参见董煟:《救荒活民书》卷上,载《文渊阁四库全书》影印本,第 662 册,第 247 页。
⑥ 参见脱脱等撰:《金史》,第 542 页。
⑦ 王文辉主编的《内蒙古气候》一书将此时段限定在整个 "元朝—明朝"。历史资料表明所谓的 "温暖多雨期" 从明初也就是 14 世纪便逐渐转向气候寒冷期。
⑧ 参见王文辉主编:《内蒙古气候》,第 258 页。

期间，元成宗大德六年至元仁宗皇庆元年（1301—1312 年）的 12 年间，除 1309 年、1310 年两年外，均有水灾的记载；元英宗至治元年至元顺帝元统二年（1321—1334 年）的 14 年中，除 1328 年、1329 年两年外，其他 12 年均有水灾的记载。如元世祖至元三年（1266 年）夏，上都、大都大水①；至元六年（1269 年）十二月，丰州大水②；至元三十年（1293 年）三月，"上都雨，坏都城，诏发侍卫军三万人完之"③。元成宗大德七年（1303 年）六月，辽阳、大宁、开元等路大雨水，坏田庐，男女死者一百有九人。④ 元泰定帝泰定三年（1326 年）十二月"大宁路大水，坏田五千五百顷，漂民舍八百余家"⑤ 等。

明—清朝年间，内蒙古地区气候又一次变冷。邹逸麟先生在其《明清时期北部农牧过渡带的推移和气候寒暖变化》一文中结合学界的研究认为，据今人研究，13 世纪的气候是一个比现在更温暖的气候期。⑥ 这个温暖期大约结束于该世纪末。到 14 世纪前 50 年，中国东部气候已从温暖期向寒冷期转变。⑦ 这种转变在我国北部有明显的反映。例如元朝前期在上都（今内蒙古多伦诺尔西北闪电河北岸）及更北的口温脑儿的黄山（今查干诺儿南）和应昌府（今克什克腾旗西）都有屯田。可见这一带农业还是相当可以的。然而到了 14 世纪初（至大元年，1308 年），应昌府的屯田撤销了。蒙古高原上的气候有明显转寒的现象。天历元年、致和元年（1323 年、1328 年）蒙古高原上曾发生过两次严重寒潮，

---

① 参见《新元史》，转引自《内蒙古历代自然灾害史料》上册，第 91 页。

② 参见绥远通志馆编纂：《绥远通志稿》第九册，第 6 页。

③ 宋濂撰：《元史》，第 371 页。

④ 参见吕耀曾修：《盛京通志》卷十一《星野》，第 17 页。

⑤ 宋濂撰：《元史》，第 676 页。

⑥ 参见邹逸麟：《明清时期北部农牧过渡带的推移和气候寒暖变化》，《复旦学报》1995 年第 1 期。

⑦ 参见满志敏等：《中国东部十三世纪温暖期自然带的推移》，载《中国气候与海面变化研究进展》（一），海洋出版社 1990 年版。

"风雪毙畜牧"[1]，造成严重后果；至顺三年（1332年）八月山西北部、内蒙古呼和浩特有"陨霜杀禾"[2] 的记载。此外，进14世纪以后，山西北部、河北北部、辽宁西部在五至八月间阴霜、雨雹、风雪记载特多。可见，关于进入14世纪以后北中国气候转寒的推断是有充公分材料根据的。[3]

　　从我们掌握的资料看，明代文献中（主要是《明实录》、《明史·五行志》等）记载内蒙古地区的雹灾50次、霜灾13次、雪灾8次，共计71次（见表3-4）。

表3-4　明代内蒙古地区雹、霜、雪灾时段统计表

灾型 \ 次数 \ 时段	1368—1400	1401—1450	1451—1500	1501—1550	1551—1600	1601—1644	1368—1644
	33 年	50 年	50 年	50 年	50 年	44 年	268 年
雹灾	3	2	12	16	14	3	50
霜灾	1	1	2	8	1		13
雪灾	—	—	3	1	—	4	8
合计	4	3	17	25	15	7	71

　　其中14世纪以后，特别是进入15世纪，与气候寒冷相关的雹、霜、雪等灾害增多，其危害也加大，往往导致稼伤民饥。如"阴霜伤禾稼民饥"，"连日雨雹，其深尺余，伤害稼穑"，"风雪骤至，裂肤断指者二百余人"，"大风雨雪，天大寒，畜多冻死"，"雨雹，大如鸡卵"，"风雨冰雹骤下，毙人畜伤禾民舍"，"暴风大雨雹，深三尺"，"雨雹，大如鸡子，深四五尺"，"白昼晦冥，风雷雨雹大作，平地水深二尺，杀田稼七十

---

① 宋濂撰：《元史》，第639页。

② 宋濂撰：《元史》，第810页。

③ 关于中国北部农牧过渡带和气候寒暖变化的研究还可参见满志敏的《气候变化对历史上农牧过渡带影响的个例研究》，《地理研究》2000年第2期；高寿仙先生的《明清时期的农业垦殖与环境恶化》，《光明日报》2003年2月25日等。

里"，"雨雹，厚三尺余，大如卵，禾苗尽伤"，"雨雹大如拳，如鸡卵伤禾稼，坏人畜"，"大雨雪，驼冻死二千蹄"，"大雪深二丈"等记载就很说明这一问题。① 这种情景从南宋以后还是少见的。这种寒冷的气候一直持续到康熙五十九年（1720 年）。

康熙六十年至光绪六年（1721—1880 年）气候有些回暖，文史上间隔 10 年以上无霜冻灾害达 5 次之多，最长一次达 22 年之久（1786—1808 年）②。清德宗光绪七年至民国九年（1881—1920 年）气候变冷；尤其是光绪二十六年至民国九年（1900—1920 年），气候严寒，20 年间有10 年出现冻灾。又如民国三年（1914 年）史料记载：东蒙地区遭受雪灾，地面积雪 3 尺，寸草不见，全被大雪遮盖，家畜死亡大半，幼畜大部冻死。可见当时寒冷的程度。③

第三节　灾荒发生的社会因素分析

自然灾害是在自然界更叠演替发展过程中孕育形成的，自然灾害的作用范围包括自然界及人类社会，人类社会的某些活动在某种程度上对自然灾害的形成发展也起着推波助澜的作用。历史上，自然灾害的产生固然以自然因素为主导原因，但人类社会的影响作用也不可忽视。人类社会对自然灾害的干扰作用体现在两个方面：一是人类不合理的活动诱发自然灾害；二是人类社会放大灾害作用强度，即承灾能力不同，受灾程度也不同。清代内蒙古地区的人类活动对自然灾害的影响也体现在这

---

① 关于该时段内蒙古地区雹、霜、雪等灾害增多及其危害的实际情况，可参见本书第二章第二节"明代内蒙古灾荒简况"中的第三个问题，即"雹、霜、雪灾"。

② 在 1786—1808 年期间有局部小范围的霜灾。

③ 参见王文辉主编：《内蒙古气候》，第 258—259 页。

两个方面。具体而言，其影响灾荒发生的社会因素主要表现在以下若干层面。

一、制度因素：导致灾荒的根本社会因素

（一）封建剥削与思想：导致灾荒的根本制度因素

封建剥削：导致灾荒的根本制度因素　人与自然之间的矛盾冲突常常是由人类社会中人与人之间关系的紧张化引起的。在封建社会中，封建剥削制度是导致人民生活困难，无力抵御自然灾害侵袭，致使灾荒不绝的实质所在。清代内蒙古地区推行盟旗制度，扎萨克王公对其游牧土地拥有支配权，牧民与封建领主有人身依附关系，处于封建领主控制之下，进行繁重的生产劳动。在残酷的剥削之下，广大牧民生活困苦，几乎没有任何积蓄，一遇灾害，生活便陷于困境。乾隆曾劝诫封建主减少对人民的剥削："蒙古资生之道所恃牲畜蕃盛，并非倚赖银米，该扎萨克王公台吉塔布囊等，平日若能使其部落以时勤于牧养，差役减少，征收轻薄，教以本来资生之术，蒙古等何至于累遭困苦……"[1] 封建统治者的横征暴敛，诛求务尽，降低了人民抵御自然灾害的能力。岁偶不登，人民生活便无所着落。

封建社会土地兼并严重。封建统治者占有大片土地，使劳动人民手中的土地极其有限。随着土地兼并的严重及中国人口的增加，乾隆年间，人均土地面积已低于 4 亩。"兼并之家，一人据百人之屋，一户占百户之田，何怪乎遭风雨霜露，饥寒颠路而死亡者比比乎！"[2] 清代内蒙古地区土地兼并也很严重。封建领主占有大片土地，让牧民为其耕种、放牧，或出租收取地租。以土默特地区为例，"土默特地土，本系恩赏

---

[1] 《清高宗实录》卷 147，第 1117—1118 页。
[2] 洪亮吉：《施阁文甲集》卷一《意言·治平》，转引自行龙：《人口压力与清中叶社会矛盾》，《中国史研究》1992 年第 4 期，第 58 页。

游牧，从前既未均派，任有力者多垦，则侵占既多，无力之人，不得一体立业"①。不仅封建主占有大片土地，清朝廷也在草原上以圈占、征用等形式控制土地。征用土地进行粮食生产以备军需，设置多处役站、卡伦道路，兴办牧场。当时牧场占地辽阔，"仅大青山后牧厂，东西宽三百里，南北长二百里"②。统治阶级对土地的大量兼并，使人民失去了安身立命的土地，加之统治阶级的残酷剥削，人民生活没有任何保障，一遇自然灾害，生活受创，生产被迫中断，灾荒不断。

封建思想：认识灾害的自觉意识淡漠　在封建社会里人民生活困苦，无力发展教育，当时只有王公贵族、八旗子弟才可能接受教育，而他们又是清廷统治人民的工具。草原人民相关知识匮乏，相关技术落后，加之封建思想的影响，他们认为灾难是上天的惩罚，是不可抗御的，灾荒来临之际，只能祈祷上天的风调雨顺，而没有必要的防灾与抗灾意识。

清朝统治者为维护其统治，也大肆宣传封建迷信思想。清历代王朝的统治者一遇灾荒都要祈祷上苍，或进行大赦以平天怒，在历史文献中可以经常看到这样的记载。清廷为加强对内蒙古地区人民的思想控制，在草原大力提倡喇嘛教等一些宗教，灾荒来临时，即以这些宗教和封建迷信思想安抚人民，以防动乱。乾隆五十六年七月上，有谕："苏尼特二旗，连年被旱成灾，众蒙古等牲畜多有伤损。本年虽经加恩赏给银米散赈，今值夏令，应当祈雨之时，蒙古等素崇黄教，何不聚集大喇嘛诵经祈祷。今特因二旗生计，发去大云轮经一份……交有道行喇嘛，将此经嗹诵，祈祷应时甘澍以弥旱灾。"③清延虽也有兴修水利、储备粮食等备荒和救荒措施，但大多是消极应付，起不到从根本上减少灾害侵扰的作用。在封建迷信思想统治下的人们，缺乏必要的灾害意识，只能安于

---

① 《清高宗实录》卷178，第291页。
② 叶新民等：《简明古代蒙古史》，内蒙古大学出版社1993年版，第180页。
③ 《清高宗实录》卷1382，第537—538页。

天命，忍受灾荒。

（二）技术落后：抵御灾害的实际能力低下

"依天地自然之利，养天地自然之物"的草原人民，极易受到自然灾害的侵扰。以牧业为主的草原人民从事着简单的生产经营活动，定期迁移畜群，为牲畜存储饲草，筑圈抵御灾害能力十分有限，一遇灾害，牲畜不免会冻饿而死。当时，草原上的农业生产也是粗放式的生产经营，广种薄收，只有在风调雨顺的年景，才有一定的收获。如西拉木伦河北岸巴林左右旗地在辽金时期有过少量农业，元明时以游牧为主。清前期蒙古族曾在此从事过原始性的种植，所谓"漫撒子"，即没有固定耕地，地随人走，一年一换。当时种地不用犁，只把种子撒在草地上，让牛群或马群在上面来回践踏，将种子埋入地下，遇雨草苗齐长，中间不管，称作"凭天收"，可见是一种十分粗放的农业。① 康熙帝教化蒙古时说："蒙古之性懒惰，田土播种后，即各处游牧，谷虽熟，不事收获，时至霜陨穗落，亦不收敛……"② 农业生产的粗放式经营，影响粮食产量，平时勉强维持温饱，很少积蓄，灾荒来临，难免受到侵害。

清代内蒙古地区不仅农牧业生产技术原始落后，还缺乏抵御自然灾害的技术。以水利建设为例，本区只在农业较发达且靠近水源的地区有基本的水利设施，更多的地方水利设施简陋，甚至于没有。康熙帝曾将会开渠的人派往草原，以助兴修水利。"蒙古地方多旱少雨，宜教之引河水灌田，朕巡幸所至，见张家口、保安、古北口及宁夏等地方，皆凿沟洫引水入田，水旱无虞，朕于宁夏等地方取能引水者数人，遣至尔所。"③ 落后的水利设施建设限制了农牧业生产的发展，使其深受水旱等

---

① 参见巴林左旗志编辑委员会编：《巴林左旗志》第五编第一章农业，1985 年，第101—102 页。
② 《清圣祖实录》卷 191，第 1027 页。
③ 《清圣祖实录》卷 191，第 1028 页。

自然灾害的影响，降水稀少时，受干旱之苦，而降水集中时又面临暴雨成灾，山洪暴发的威胁。《张北县志》中有这样的描写："至坝下各区山岭重叠，每遇夏季山洪暴发，冲坏田亩约有三千顷之谱，受此害者逃亡殆尽，非无筑堤坝而致之乎？"①粗放式的生产经营方式、落后的科学技术使本区人民深受自然灾害之苦，缺乏抵御灾害的能力，影响了农牧业生产的发展。

就整个内蒙古地区而言，可资利用的水利资源并不是很多。但我们也必须注意到，除黄河外，这一地区还是有一些小流域范围的水利资源的。内蒙古地区的水利资源主要是一些地区性的、季节性的河流，如绥远地区的大（小）黑河、清水河等。一方面，明清以来内蒙古地区的开垦还处于草创阶段，受资金、技术等因素的困扰；另一方面，是清中叶以来（特别是近代以来）不断恶化的社会环境，如政治上的动荡、经济上的凋敝等，使这些资源得不到充分利用，即使有利用也极为简陋。我们可以从以下几个例子来看这一问题。

首先我们来看绥远地区大黑河流域归绥县的情况。大黑河发源于卓资县，其主要灌溉范围为归绥、萨拉齐、托克托三（厅）县。明清至近代以来，这一流域基本谈不上什么水利设施，有关的文献在这方面的记载几乎没有。我们可以看到的有关记载要到20世纪20年代。1928年至1929年大旱后，归绥县对于水利才"稍稍重视"，新凿土井513眼，开渠57条。到1934年，水渠增至130条，灌溉面积达5500顷。在这些水渠中，多数渠长3至8里，最长的民丰渠也只有40里长，能灌溉土地800顷，这样的规模和内地是无法相比的。据史料载，归绥县"有田十顷而兼有水田二顷者全县六户而已"②。在这之中，有相当一部分水渠是依赖山洪作为水源的，这就更增加了其不确定性，沿河各县

① 陈继淹修，许闻诗纂：《张北县志》，成文出版社（台北）1968年版，第235页。
② 《归绥县志·产业志》，远方出版社2012年版，第325页。

常因水源而发生争执。① 即使是水利条件较好、灌溉比较发达的河套地区，灌溉面积在近代也是逐年减少的。据有关调查，"即以达旗永租地而论，只光绪三十三年灌地至三千一百余顷，至光绪三十四年则只灌地二千五百余顷，宣统元二两年灌地且不及二千顷。"② 造成这种现象的主要原因是社会因素。清末，清政府在河套地区设置了水利局管理放水，"局中的吏役常常作额外的需索，不肯纳贿的就不给水，逼得人不能种，河套里的良田又变成沙碛了"③。"自垦务局成立后，以官力压迫商民，土地水渠尽收为局有，办理腐败，水利多半废弛；虽有水渠之设，实无水渠之用。"④ 另外，由于种种原因河套地区还常常发生"河水泛溢，近岸民舍田地多被毁伤"⑤ 的情况。翻检史料给我们的印象是：水利设施的缺乏或不完善，造成了绥远地区无雨则旱、有雨则涝的局面。

与绥远地区相邻的察哈尔地区的农业也是典型的旱作农业，这两个地区的气候条件、地理特征在大的方面也差别不大。在土地的开垦方面两地区所经历的过程也大致相同。同样的状况，有关水利设施的记载要到 20 世纪才能看到。据《察哈尔通志》统计，察哈尔地区大多数州县的水田数量十分有限，而且有限的水田基本集中在南部州县。蔚县有水地 200 顷，占总耕地面积的 1.48%；商都县多数水田的水源是河流，有的还是季节性的河流，通过修渠引河水达到灌溉的目的。由于种种原因，如生产力的发展状况、察哈尔地区的自然地理条件、农民的投资能力等，这方面的成绩是十分有限的。

除了以河流为水源的灌溉渠道外，我们在有关的史料中还没有看到

---

① 参见《归绥县志·建置志》，第 167 页。

② 李文治编：《中国近代农业史资料》第一辑，生活·读书·新知三联书店 1957 年版，第 848 页。

③ 李文治编：《中国近代农业史资料》第一辑，第 848 页。

④ 章有义编：《中国近代农业史资料》第二辑，生活·读书·新知三联书店 1957 年版，第 663 页。

⑤ 《五原厅志稿》上卷，江苏广陵古籍刻印社 1982 年版，第 28 页。

有别的水利设施。从相关的记载来看，无论是政府还是农民个体在水利设施方面的投资都是极少的。在有关的地方志中我们经常可以看到一些个人义举，如修筑水坝、修建桥梁，这也从另一个角度说明整个社会对水利设施投入极少这一事实。民国以来，社会秩序动荡不安，苛捐杂税繁重，农民处境更加艰难，这使得在水利方面的投资更不可能。因此便出现了这样的民谣："有地不卖，终久是害；今年五毛，明年一块。"①在这种情况下，农民是不可能有财力去投资水利事业的。水利事业投资的不足又反过来加剧着这一地区的灾荒程度，尤其是水旱灾害。这样，历史就陷入了一个恶性循环的怪圈之中而不能自拔。

受自然条件的限制，内蒙古地区的降水量有限，而农业的发展和水利事业的发展是相关联的。正如许多研究者所提到的一样，内蒙古地区的农业发展是一个自然的过程，或者说，明清以来内蒙古地区的农业发展有其一定的必然性。这样，历史就给我们设定了这样一个悖论：农业的发展需要水利事业的配套，而当时的条件又不可能完成这一任务。于是内蒙古地区的农业就在恶劣的自然条件下被强行发展起来。由此，我们也就能够理解清代以来内蒙古地区灾荒严重——尤其是旱灾所造成的严重后果了。

二、人口剧增：超过草原的承载力而致灾

清代以前，中国人口最多时在 7000 万左右。②到了清代，康熙朝以后，中原地区的人口迅猛增长。乾隆六年（1741 年），清廷在内地省份各州县依据保甲门牌统计户口，这一年年底统计的人口总数为 1.4341 亿余人。乾隆二十七年（1762 年）人口突破 2 亿，到乾隆五十五年（1790

---

① 《怀安县志》，成文出版社（台北）1968 年版，第 301 页。

② 参见梁方仲：《中国历代户口、田地、田赋统计》，甲表 1，上海人民出版社 1980 年版。

年）又突破 3 亿。在半个世纪里人口总数翻了一番，这在中国人口史上是空前的。

人口的增长必然导致人均耕地面积的下降，出现人口增加与粮食供应不足的矛盾。乾隆十八年（1753 年），全国人口为 1.0275 亿人，人均耕地面积为 6.89 亩。乾隆三十一年（1766 年），人均耕地面积减到 3.53 亩。到了嘉庆十七年（1812 年），平均每人只有耕地 2.19 亩。

按照清代的生活状况，如缴纳赋税、购置生产工具和生活用品等各项开支计算，维持一个人生活所需要的耕地，正如明末清初人张履祥所说，"百亩之土可养二三十人"①，即平均每人为 4.15 亩。清代的洪亮吉认为：一岁一人之食，约得四亩，② 即是说，一个人有四亩耕地就能维持自己一年的生活。但是，人口的激增完全打破了社会供养的能力。广大农民终岁辛劳，不少人却过着"衣不蔽体，食不果腹"的生活。处于饥寒交迫中的破产农民，一遇灾荒或社会变乱，往往会发生"民变"。对此，康熙帝晚年就已觉察。他曾对身边的大臣说："今人民蕃庶，食众田寡，山巅尽行耕种，朕常以为忧也。"③ 雍正帝即位不久也不无忧虑地说："国家承平日久，生齿殷繁，地土所出仅可赡给，偶遇荒歉，民食维艰，将来户口日增，何以为业？"乾隆初政十余年间，使其"甚忧之"的突出问题也是如何养活日益繁衍的人口。

在这种情形下，由生活所迫的贫苦农民为了生计纷纷向人口相对稀少的边疆地区迁徙，涌向内蒙古地区的流民便呈上升趋势。加之雍正初年，直隶、山东等省灾荒不断，就更壮大了流民队伍。

这里需要提一下雍正朝的"借地养民"政策。雍正元年（1723 年），"河南武陟等处七县，夏被旱灾，入秋又值黄水为害，将康熙六十、

---

① 《杨国先生全集》卷 5，转引自马汝珩等：《清代的边疆政策》，中国社会科学出版社 1994 年版，第 107 页。

② 《洪亮吉集》，中华书局 2004 年版。

③ 中国第一历史档案馆整理：《康熙起居注》，中华书局 1984 年版，第 2094 页。

六十一年分未完钱粮分作三年带征"①，大批衣食无着的流民涌入京师一带。为了解决流民问题，清政府一面在京师开设粥厂，采取一些应急措施，一面下令内地灾民可往口外开垦蒙地谋生，并要求各蒙旗收留流入蒙古的灾民，允许蒙族"吃租"。雍正帝发布谕令："惟开垦一事，于百姓最有裨益……嗣后各省，凡有可垦之处，听民相度地宜，自垦自报，地方官不得勒索……不得阻挠。"②这既解决了流民的生存问题，蒙民亦可收地租，有利于蒙民生计，因此被蒙古地区称为"借地养民"令。由于雍正朝此项政令，不少灾民闻风而至，又有大批灾民涌入蒙古地区。以后每遇荒年，清政府为解决灾民问题往往都采取同样的措施。例如乾隆八年（1743年），山东、河南发生灾荒，大批灾民流向口外。清廷令喜峰口、古北口、山海关诸关口，"如有贫民出口者，门上不必拦阻，即时放出"③。清朝统治者意识道："目今流民不比寻常，若稽查过严，若辈恐无生路矣……令其不必过严，稍为变通，以救灾黎。"④

雍正朝与乾隆初年对蒙古地区采取的上述措施，不过是清廷在荒歉之年采取的一项权宜之计；但由于大量的内地民人流入蒙古地区，当地的王公贵族和土地所有者把土地更多地租佃给汉人开垦，公有牧地被大片占用，发生美国著名学者G.哈丁所说的"公有地悲剧"⑤便只是个时间问题了。

清代内蒙古地区人口数量呈增长趋势。《张北县志》中提到本县人口的增长："雍正年间，坝下初行开辟人口不过三万余口，延至十七年，人口增至二十万以上。"⑥《集宁县志》描写人口增长状况："户口滋繁，

① 《清世宗实录》卷4，第96页。
② 《清世宗实录》卷6，第137页。
③ 《清高宗实录》卷195，第508页。
④ 《清高宗实录》卷208，第685页。
⑤ 参见 Garret Hardin, "The Tragedy of the Commons", Science, 162 (1968), pp.1243-1248.
⑥ 陈继淹修，许闻诗纂：《张北县志》，第529页。

积户成村，积村成县，星罗棋布，村里纵横"。① 清代内蒙古地区人口的增长除土著居民繁衍生息外，更主要的是大量区外人口的迁入。清代内蒙古地区相对于内地庞大的人口压力而言为人口的"低压区"，招致了大量外籍人口的涌入。

到了康熙年间国内政治稳定，政府开始提倡开垦荒地。于是大批河北、山东、山西失去土地的农民纷纷涌往口外开垦。康熙帝曾说："蒙古田土高，而且腴，雨雪常调，无荒歉之年，更兼土洁泉甘，诚佳壤也。"② 又说："今巡行边外，见各处皆有山东人，或行商，或力田，至数十万之多。"③ 康熙五十一年（1712 年）仅"山东民人往来口外垦地者，多至十万余"④。随着口外沿线大批牧地被开垦，北部农牧过渡带逐渐向北推移。内蒙古今土默特旗地区汉人占耕很早，归化城一带大都为山西移民出口垦殖，初为"冬归春往"，以后竟一家移出口外。雍正初，仅大同等府百姓"散居土默特各村落"者，"已不下二千家"，而"归化城外尚有五百余村，更不知有几千家矣"⑤。据察哈尔都统雍正二年（1724年）的调查，察哈尔右翼 4 旗已有出边汉民私垦农田近 3 万顷。"自张家口至镶蓝旗察哈尔西界，各处山谷僻隅所居者万余。"⑥ 雍正十一年方观承《从军杂记》（《小方壶斋舆地丛钞》第二帙）载："自张家口至山西杀虎口沿边千里，窑民与土默特人咸业耕种。北路军粮岁取给于此，内地无挽输之劳。"雍正十三年清政府曾一次开放归化城土默特地区 4 万顷土地招民垦种。⑦ 雍正二年、十年、十二年先后设置张家口、独石口、

① 杨葆初撰：《集宁县志》，成文出版社（台北）1968 年版，第 7 页。

② 《清圣祖实录》卷 224，第 253 页。

③ 王先谦：《东华录》，上海古籍出版社 2008 年版，第 481 页。

④ 《清圣祖实录》卷 250，第 478 页。

⑤ 《宫中档雍正朝奏折》第 17 册，台北故宫博物院 1979 年版，第 837 页。

⑥ 《口北三厅志》，成文出版社（台北）1968 年版，第 22 页。

⑦ 贻谷：《土默特旗志》，文秀等修：《新修清水河厅志·土默特旗志》，远方出版社 2009 年版，第 433 页。

多伦诺尔三厅就是为了管理口外汉民的。① 乾隆初，归化城郊"开垦无复隙土，大成村落"。城内除蒙古族外，还有汉族、回族等居民，人烟凑集。出城西行至黄河河套的土默特左右二旗地，向北直到大青山下，皆有"山西人携家开垦"的田地，据乾隆八年（1743年）的统计，归化城土默特旗的75048顷土地中，牧地只占14268顷。② 这说明农耕已占主要地位。乾隆二十五年在土默特左右旗地区设置了归化厅、托克托城厅、清水河厅、和林格尔、萨拉齐厅，加上乾隆五年置的绥远城厅（今呼和浩特新城），共六厅，属山西省管辖。这表明这些地区已从游牧地向农耕地转化。例如清水河厅"所辖之属，原系蒙古草地，人无土著，所有居民皆由口内附近边墙邻封各州县招徕开垦而来，大率偏关、平鲁两县人居多"，乾隆年间有一千八百五十余户，如每户以五口计则有近十万人。内地人民不断移入，到康熙末年至乾隆年间，"山陕北部贫民由土默特而西，私向蒙人租地垦种，而甘省边民亦复辟殖，于是伊蒙七旗境内，凡近黄河、长城处，所在多有汉人足迹"③。乾隆十四年，由于"康熙年间，喀喇沁扎萨克等，地方宽广，每招募民人，春令出口种地，冬则遣回，于是蒙古贪得租之利，容留外来民人，迄今多至数万"④。

　　光绪二十七年（1901年）清政府实行新政，其主要内容之一就是放垦蒙地，于是农牧过渡带发生了更大的变化。1902年设立蒙旗垦务总局，以贻谷为督办垦务大臣，负责动员各蒙旗报垦，以后察哈尔左右旗、乌兰察布盟、伊克昭盟开垦出大批农田。直至光绪三十四年四月贻谷被撤职以前，共计在内蒙古西部放垦土地约84000余顷，以后又在乌伊两盟续放垦地3300余顷。在清末新政的十年里，内蒙古西部新放垦

---

① 《口北三厅志》，文秀等修：《新修清水河厅志·土默特旗志》，远方出版社2009年版，第23页。
② 《清高宗实录》卷198，第543页。
③ 潘复：《调查河套报告书》，京华书局1923年版，第219页。
④ 《清高宗实录》卷348，第799页。

土地共约87000余顷。这次大规模放垦，内蒙古西部的农耕区有了空前的扩大。察哈尔左右翼（除北部少数地区）、归化城土默特、后套地区，凡属可耕地几乎垦辟殆尽，基本上变成了纯农业区。伊克昭盟中东部的郡王、扎萨克、准噶尔、达拉特旗，以及大青山后的广漠高原上，也出现了成千顷连绵的大面积农田。① 例如大青山北麓的武川县，"昔为蒙民游牧之区，土著者无多，自清季末叶，垦殖以来，移民渐多，由晋北陕北移来者约占十分之七八，冀鲁豫各省来者占十分之二三"，"境内居民，十分之七，以务农为业"②。据宣统元年（1909年）统计，喀喇沁三旗有牛2万头，马1.6万匹，羊5万只，而垦地面积却达111400顷，约占喀喇沁三旗总面积的1/7，土地利用率几达可耕地的极限。③ 外籍人口的迁入促动本区农牧业特别是农业经济的发展，但也加大了内蒙古地区土地的人口承载力，并不可避免地带来了一定的生态环境问题，同时也为包括垦殖型土地沙化在内的各类灾害的发生和加剧埋下了重大的隐患。

随着清代内蒙古地区人口的增长，大量土地被开垦，出现了耕地与牧地、林地争地的现象，使本区草场资源破坏严重。尤其清末期清政府在内蒙古地区鼓励开垦，破坏了大量植被，使生态环境变得脆弱，增加了自然灾害的侵害。加之对农业用地的使用不当，使大量土地被荒弃，如归化城托克托及和林格尔"从前开垦之始，沙性尚肥，民人渐见生聚，适至耕褥既久，地方渐衰，至咸丰初年，即有逃亡之户"④。被荒弃的土地易受到水蚀、风蚀，破坏了土壤的肥力，渐至沙化。不合理的人

---

① 参见汪炳明：《清末新政与北部边疆开发》，载马汝珩、马大正主编：《清代边疆开发研究》，中国社会科学出版社1990年版。

② 《武川县志略》，文秀等修：《新修清水河厅志·武川县志略》，远方出版社2009年版，第257—258页。

③ 参见王玉海：《清代喀喇沁的农业发展和土地关系》，载马汝珩、马大正主编：《清代边疆开发研究》。

④ 曾国荃：《曾忠襄公奏议》卷十，转引自罗桂环、舒俭民：《中国历史时期的人口变迁与环境保护》，北京工业出版社1995年版，第65页。

类活动破坏了生态平衡，为自然灾害的发生和加剧提供了可能。

三、过垦过牧：加大灾害的破坏侵害力度

在任何时代，自然灾害的发生都是不可避免的。从这一角度上讲，造成灾荒的主要原因不是自然条件的恶劣，而是社会原因。我们认为，一个社会自身的调节能力与控制机制如果完善的话，就能够有效地预防灾荒发生；即使是十分严重的自然灾害，也能够控制其对社会的危害程度，不使其在整个社会中造成灾难性的后果。从有关的资料我们可以了解到，内蒙古草原这一生物带的特点是生物有机体与其周围的环境处于一种较脆弱的相对平衡状态。从自然因素方面看，这一地区本身又潜在着引起沙漠化的物质条件，正如我们前述的干燥少雨、日照强烈、冷热剧变、风力强劲等。在这种条件下，人类不合理、不科学的活动势必造成生态环境的破坏，从而受到自然的惩罚。在这里我们所说的人类的不合理、不科学活动主要是指明清以来对草原的滥垦。

内蒙古地区的灾荒是和历代对内蒙古地区的开垦联系在一起的。特别是清代内蒙古地区无序无度的开垦现象普遍存在。正是毁林开荒弃牧务农，滥砍乱伐等无视生态环境有序运作良性循环的活动使大量的天然植被遭到破坏，致使流弊丛生，水土流失、水蚀风蚀、土地沙化等现象接连出现，同时也加剧了自然灾害的侵害作用。以清代林木砍伐为例，即可看出内蒙古地区植被破坏的严重性。清朝初年，内蒙古地区植被资源丰富，许多地区森林密布，植物种类繁多。顺治年间，到过归化城的俄国人巴依柯夫见到归化城附近的森林有各种各样的槲橡林、白桦林、松林、西洋杉林、菩提树林、枞树林等①。

清代内蒙古地区在康熙年间开始了木植的砍伐。康熙三十八年开始

---

① 参见杰密托娃等编：《第一个到中国的俄国使节》，莫斯科 1966 年版，第 123 页。

对杀虎口外大青山林木的采伐，当时清廷提倡这一做法，认为"内外之
民俱属一体，大青山木伐卖，商民均为有益"①。到了清后期对林木的采
伐破坏已有了一定的规模，甚至达到无以复加的程度。再举与内蒙古中
西部相关的案例，怀安县与山西省天镇县交界处有六道山沟，曾满山
皆为桦树，后因归属权不明确，附近居民任意砍伐，由此两县于光绪
三十一年发生纠纷，直到 1924 年，因砍伐森林而发生的纠纷仍没有停
止，也就是说，对森林的任意砍伐在此期间就没有中断过。本来就稀缺
的森林资源，在这种人为的破坏下，其状况就更不堪言了。据 20 世纪
20 年代末国民政府内政部调查统计，察哈尔省林地面积仅为 2873 顷，
占全省耕地面积 2.6% 强。② 森林覆盖率的这种状况更加剧了察哈尔地
区的水土流失。

　　总体而言，对森林的大肆砍伐，使有限的森林面积锐减，特别是晚
清以后，帝国主义大肆掠夺中国的森林、矿产等资源，对内蒙古地区的
原始森林以及草原植被破坏极为严重，从而也破坏了这里的生态平衡。
历史上鄂尔多斯、科尔沁等草原是水草丰美的地方，正是由于违背大自
然的生态环境演化规律，特别是晚清对这些地区大面积的无序开垦，放
大并加剧了草原荒漠化乃至沙漠化的进程。

　　关于内蒙古地区的农业发展情况，学界著名专家已有全面系统的论述。③
从有关的史料和相关论述中，我们可以得出这样的结论：由于气候、土
壤、水利等自然条件的限制，内蒙古地区除个别地区（如河套地区、土

---

① 《清圣祖实录》卷 193，第 1043 页。
② 参见张福廷：《察绥之森林》，《开发西北》第三卷第一、二期，开发西北协会 1935 年版。
③ 关于清代内蒙古地区的农业发展情况，著名学者周清澍先生在其《试论内蒙古农业
的发展》一文（载《内蒙古大学学报》1964 年第 2 期）中有全面系统的论述。这篇
论文尽管写作于 20 世纪 60 年代初，但至今仍是此方面的权威之作，对我们今天内
蒙古地区农牧史特别是农史的研究仍具有重要的启发意义和借鉴价值。关于清代内
蒙古地区的农业发展的研究，还可参见刘海源主编：《内蒙古垦务研究》第一辑（内
蒙古人民出版社 1990 年版）中的相关论文。

默特地区）外，基本上是不适宜农业发展的。明清以来，特别是清代以来内蒙古地区土地的大量开垦、农业的发展是这一地区灾荒严重的重要原因。其中，对内蒙古地区草原的滥垦尤其起了破坏性的作用。从一般规律来讲，对于一个地区的农业发展来说，首先得到开垦的是那些适宜于农业发展的地区，在内蒙古地区主要是河套地区和土默特地区以及东部沿长城一带接近内地的地区。如果说这种情况是明清以来内蒙古地区农业发展的主要特点的话，那么清中叶以来，尤其是近代以来，在各种因素的综合作用下，这种规律被彻底打破了。清中叶以来，特别是近代以来，大量土地被开垦出来，从而直接造成了内蒙古地区的土地沙化以及与旱灾有关的一系列灾荒的大量发生。这一点可以从近代以来对察哈尔地区开垦的规模见其一斑。我们阅读相关的史料和论著可以看到，察哈尔地区南部各州县的开垦要早于北部，而对环境影响比较大的是北部的开垦。自清初至1928年，察哈尔地区仅口外六县就垦地49000余顷。[①]据民国年间所修《张北县志》载，"张北开垦始于清雍正年间，初在东西两汛坝下开放右翼旗地，继放左翼旗地，至光绪年间始在坝上开放，复放王公马厂等地"。其具体开垦数目及时间见表3-5：

表3-5　清代以来张北县土地开垦情况表

垦地名目	面积（顷）	开垦年限
旧地	5816.89	雍正、嘉庆年间
旧垦地	10717.14	咸丰、光绪年间
新垦地	15987.79	光绪末年

资料来源：据《张北县志》卷六《政治·田赋》制成。表中数字与前述的49000余顷相比较似乎是有矛盾的，但我们考虑到清末民初以来察北各县疆界之变动，所引数字姑作参考。

---

① 口外六县是指张北、多伦、商都、沽源、宝昌、康宝六县。参见袁勃：《察绥之农业》，《开发西北》第三卷第一、二期，开发西北协会1935年版。

从表 3-5 我们可以看到，张北县的土地开垦主要是在近代进行的。在此我们要特别强调的是：无论是清前期的开垦还是近代以来在"移民实边"名目下的大规模放垦，也无论是官垦还是私垦，一个不可否认的事实是，来这一地区垦荒的大都是内地的无业、失业贫民。诚如嘉庆皇帝所言："其内地民人，均有土著版籍，设地方间遇灾荒年岁，……州县官果能勤宣德意，劳来安集，小民又何肯轻去其乡，至出口垦荒者，动辄以千万计。"① 当然，造成农民失业流离的原因是多方面的，但以小农经济为基础的封建专制王朝无法解决这些人的生计问题也是事实。所以，尽管清初以来清政府在"民族隔离"政策下屡申禁令，但还是有大量贫民不断涌入这一地区垦荒谋生。对于清政府来说，颁布一纸禁令是易事，要解决广大贫民的生计则非其能力所及。尤其是近代以来，政治上腐败，财政上濒临破产，内忧外困中的清政府处于捉襟见肘的境地，更被迫在光绪末年大规模地开放蒙荒。

归纳起来说，不管是清前期出于军事供应目的的开垦，还是清末以来"移民实边"的开垦，也无论是官垦还是私垦，一个不容忽视的事实是，不解决内地大量失业贫民的存在，对蒙地的开垦就不可能停止。正如我们在前文中所讲到的，无论从土质上还是气候上看，察哈尔地区，尤其是阴山山脉以北的内蒙古草原地带，都不宜于发展农业；大规模开垦的唯一后果就是造成这一地区的水土流失和土地沙化。

位于内蒙古地区西部的绥远地区也是这种情况。经过有清近 200 年的开垦，清中叶以后，绥远地区的宜农土地已开垦殆尽。近代以来，随着清王朝统治危机的日益严重与财政的拮据，清王朝在加紧对绥远地区控制的同时，也加重了对这里各族民众的封建剥削。为了逃避日益繁重的苛捐杂税，已垦熟地区的民众开始向还没有开垦的地区流动。近代以来，绥远地区传统农业区民众的流亡现象是相当普遍的。嘉庆十五

---

① 《清仁宗实录》卷 164，第 130—131 页。

年（1810年），清政府下令严禁开垦位于大青山后属于绥远八旗牧场的沙拉穆楞（即今隶于达茂旗的召河苏木）。道光二十七年（1847年），在看到禁令没有成效的情况下正式宣布"沙拉穆楞等处开垦成熟，每亩征租银三分一厘八丝"[1]。之后不几年，这里便出现了"地户逃弃，租银拖欠"[2] 的情况。就连土地肥沃的河套地区也是这样："道光咸丰年间，后套因经多年之经营，地方颇为繁盛，同治光绪之间，军队剿平回匪后，长期驻于后套，人民负担至重，地户多有逃亡，因而地荒渠废，渐见衰败。"[3] 逃亡垦户有一部分向清政府还无暇顾及的边远地区流动，而这些地区和清代前期的垦区相比较，其发展农业的自然条件要差得多。

前述张之洞奏折中即提到从土默特流亡到达拉特旗、杭锦旗垦荒的汉族农民的状况。如果说清初以来对绥远地区的开垦是在自然状态下进行的，所开垦的地区多是宜农土地，因而和当地的畜牧业经济并没有产生多大的矛盾，而且还有一定的互补性的话，那么近代以来的开垦开始破坏了这种"自然"状态：一方面，许多不适宜农业的地区被开垦，严重地破坏了生态环境；另一方面，由于开垦区向草原深处延伸，开始与畜牧业发生越来越严重的冲突。清末的大规模放垦蒙荒就是在这样一种背景下开始的。清末对内蒙古地区的放垦有许多特点，其中之一即是放垦的无计划性。在清末的放垦中，许多不宜于农业的牧地被开垦，同时，大面积地开垦牧场也开始引发农牧业用地之间的矛盾和与之相关联的其他一系列矛盾，从而使内蒙古地区的局势更为复杂。

清末清政府决定大规模开垦蒙荒是在"移民实边"的口号下进行的。站在历史的角度看，清政府作出这一决策的原因是多方面的：抵制日、俄帝国主义对内蒙古地区侵略，缓解内地人满为患造成的阶级矛盾，加

---

① 《大清会典事例》卷162。

② 《清文宗实录》卷297，第347页。

③ 安斋库治：《清末绥远的开垦》下，载李文治编：《中国近代农业史资料》第一辑，第814页。

强对内蒙古地区的统治以遏制可能出现的蒙古王公对中央政府的离心倾向等。我们认为，在诸多的因素中，更为重要的是清政府为了解决庚子以来由于对外战争的失败所造成的财政上的拮据。义和团运动失败以后，中国被迫与列强各国签订了丧权辱国的《辛丑条约》，条约规定，中国赔偿各国四亿五千万两白银，分 39 年偿清，本息合计达九亿多两。经过近代以来历次对外战争的失败和太平天国等农民战争打击，清政府的财政早已处在风雨飘摇之中，每年财政入不敷出，经济基础出现严重的动摇乃至空前的危机，根本无法支付这笔巨额的赔款。清政府的办法之一是将赔款分摊各省，但各省的财政也并不见乐观，况且全国的财政是一个整体。一句话，庚子以后，清王朝的财政陷入了捉襟见肘的地步。如此，再加上从光绪二十七年（1901 年）开始，清政府在全国范围内推行新政。新政的推行，无论是筹练新军、筹建新式学堂还是设立有关新政的机构都需要大笔的经费。为了解决财政问题，清政府采取了许多措施，开垦蒙荒只是其中的一项。

对此清政府是不予承认的，所谓的开垦蒙荒"乃恤蒙以实边，非攘地以图利也"①。但实际上在绥远地区具体办理垦务的贻谷是十分清楚的。在贻谷办垦期间的奏折中时常提及的就是如何能获得利润，"至若垦利之在，莫大于开辟西盟各旗地，修沿河一带之渠，引水灌溉，而岁食其租"②。经过清代前期的长期开垦，绥远地区的宜农土地已开垦殆尽。在这种情形下，清末以来的开垦除清理旧垦土地以达到收取押荒、升科收税的部分目的外，只有将垦区向草原深处推进，开垦不适宜发展农业的牧场。

这种情况在归化城土默特地区表现得十分明显。归化城土默特蒙古的辖地到清末时已开垦殆尽，传统所说的口外五厅（归化城厅、萨拉齐

---

① 李文治编：《中国近代农业史资料》第一辑，第 820 页。

② 李文治编：《中国近代农业史资料》第一辑，第 819 页。

厅、清水河厅、托克托厅、和林格尔厅）基本上都是在归化城土默特的地界内设立的。因此，到清末放垦时，归化城土默特的垦务主要是清理旧垦。在归化城土默特地区，清末大规模放垦时的主要对象是绥远八旗马场。绥远八旗马场位于大青山后，清末开垦前由绥远都统会同归化城土默特副都统确定的牧场四至为：正南蜈蚣岭、西南诺门罕召香火地、东南班定召香火地、正北沙拉穆楞召、西北茂明安旗、东北四子王旗。这一地区大致相当于今天内蒙古自治区的武川县、固阳县境内。在此范围内除自乾隆以来开垦的 7300 多顷外，尚有草地 20000 余顷。① 这一地区无霜期短，降雨量少，且没有可资利用的水资源，多数地区为沙质土，基本不具备发展农业的条件。对绥远八旗马场地的开垦在贻谷来绥之前就已被提出来了。光绪二十七年（1901 年）12 月，绥远将军信恪在给清廷的一份奏折中提出开垦绥远八旗马场地，将所得收入用作编练新军、建设学堂的经费。贻谷到绥远后即开始着手办理八旗牧场的开垦。从光绪二十九年（1903 年）八月开始丈放，到十一月初报领之户寥寥无几，贻谷不但没有达到其收取押荒的目的，而且举办垦务的经费也无法解决。

出现这种情况的原因是多方面的，但贻谷经过调查也不得不承认，八旗牧场“惟正蓝旗两翼土性差强，余旗沙石相间，可垦者少”，最后他得出的结论是，八旗牧场地放垦困难的主要原因是这一地区“天气则寒早暖迟，地脉则瘠多腴少，其堪列上则者，大半在已放粮地之中……凡未经垦辟各地，多系蒙沙含石，为老农所不屑经营”②。应该说这一结论是比较中肯的。骑虎难下的贻谷为了摆脱这种局面，采取了许多措施，但也无济于事，最后只得寄希望于绥远八旗兵丁的屯垦上。为鼓励八旗官兵，贻谷采取了免收荒价等优惠政策，并在经费无着落的情况下

---

① 参见刘海源主编：《内蒙古垦务研究》，内蒙古人民出版社1990年版，第141、166页。
② 刘海源主编：《内蒙古垦务研究》，第147页。

奏准清廷在察哈尔地区开办牛捐。虽经贻谷的多方努力，从光绪二十八年到三十四年，绥远八旗牧场地的开垦还是收效不大，在此期间共丈放3700多顷，包括民户领地、八旗官兵的屯垦和东路垦务公司的认垦，所收押荒银也寥寥无几。① 尽管如此，经贻谷的多方努力，大青山后的许多不宜于发展农业的草原还是被开垦了出来。到20世纪初，时人的记载中"绥远贻将军方办垦务，沿途多汉民耕种，渐成村落"、"路旁多垦地，蒙汉杂处"的文字已是随处可见。② 我们可以肯定的是，这种不顾自然条件、为收取押荒银而开垦土地的政策的直接后果就是大片不宜于发展农业的土地被开垦为农田。

明清以来内蒙古地区的开垦规模还可以从这一地区的粮食产量及运销情况来看。有清一代内蒙古南部地区所产的粮食沿蒙古地区的驿道向北方广大游牧地区运输。多伦诺尔的粮食运往锡林郭勒盟和外蒙古车臣汗、土谢图汗部，丰镇的粮食经鄂连诺尔运往库伦，归化城有粮食运往乌兰察布盟、库伦、乌里雅苏台、科布多等地。③ 除了向北运输以外，内蒙古南部地区所产的粮食还输往内地："大都京城之米，自口外来者甚多"。④ 塞外名城归化城更是口外的粮食集散之地。该地的粮食可沿黄河运往山西、陕西，可由陆路运往大同、朔平、宁武、代州等地。⑤ 由此可见，清代以来内蒙古地区得到了大规模的开垦。在粮食产量大幅度提高的同时，也为以后的灾荒埋下了伏笔并影响到民国及其以后开垦蒙荒的政策。

---

① 参见刘海源主编：《内蒙古垦务研究》，第151页。
② 参见李德贻：《北草地旅行记》，第22—23页；《中国西北文献丛书》第四辑，西北民俗文献。
③ 参见卢明辉：《清代蒙古地区与中原地区的经济贸易关系》，《内蒙古社会科学》1982年第5期。
④ 《清圣祖实录》卷240，第393页。
⑤ 详细情况可参见邓亦兵：《清代前期周边地区的粮食运销》，《史学月刊》1995年第1期。

　　民国建立后的历届政府继承了清末大规模开垦蒙荒的政策。1915年，民国政府派聂树屏办理察绥垦务，并于1914—1915年先后颁布了《国有荒地承垦条例》、《垦辟蒙荒奖励办法七条》、《禁止私放蒙荒通则》等法规，对大量开垦蒙荒者给予各种晋爵的荣誉性奖励，同时配以各种政策。1925年，交通部为了促进移民垦殖，在京奉、京绥两铁路实行移民减价票规则："凡移民及其家属乘车，票价均较定章减至十分之四五。至孩童年在十二岁以下者，及移民本身所带之农具，均予一律免收车费。"① 同年，西北边防督办冯玉祥"派员积极招兵，在各处（指内蒙古地区）屯垦……闻先后招募万余人"②。

　　综合起来看，进入民国以后，由于政局的动荡，政令不能统一，军阀们出于各自的利益自行其是，毫无计划的滥垦就更为严重。我们以察哈尔右翼陶林县在这一时期的开垦（今内蒙古察右中旗）③为例来说明这一问题。1923年至1926年，在陶林进行大规模开垦的垦殖公司有五家：大有丰公司、大陆公司、大成公司、大北公司、永大公司。这些大公司主要由山西等地的大地主、大商人及大官僚出资组建，如大成公司即是由孔祥熙为主的资本。他们凭借其雄厚的资金和政治上的特权，在陶林县承领大片土地，用当时比较现代化的农业机械进行开垦。大有丰公司在1924年购买机器5部，开垦陶林县后大滩的荒地，"此项机器，每日用煤油六桶，一日可垦地四顷"④。陶林县所在的地区长期以来就是察哈尔右翼牧群的游牧地。如永大公司开垦的大敖包地方，"地面上有一层很厚的，由有机物腐化而成的腐质土。过去多年来这块地方是某些镶红旗的蒙古部落作牧场用的，因此，已经积存了丰富的畜粪和腐化的牧草。"⑤ 但

---

① 章有义编:《中国近代农业史资料》第二辑，第 656 页。
② 章有义编:《中国近代农业史资料》第二辑，第 656 页。
③ 按：陶林县在 1914 年划入察哈尔特别区，1928 年绥远省建立时划入绥远省。
④ 章有义编:《中国近代农业史资料》第二辑，第 356 页。
⑤ 章有义编:《中国近代农业史资料》第二辑，第 356 页。

是必须注意的是，这一地区和我们在前文中讲到的绥远八旗马场基本处于同一地理环境，气候、土壤等条件是极为相似的，在开垦之初，由于有上述的有利条件，发展农业似乎还有一定的潜力，垦务公司也能获得"厚利"。① 一旦畜牧业被排挤出这一地区，原来的有利条件遂丧失，土地的肥力逐渐耗尽，沙化荒漠化就会随之而来。历史的发展已经证明了这一点。

清末至民国以来对绥远地区土地开垦的无计划性还表现为另一种情况，即农民在开垦土地时，"择土地之肥美，为家口之豢养，尚留游牧时代之耕种，尽租蒙古人地，私定契约，约有年限，期满不续，则携牛具他往，以故农民春来秋往，靡有定所，浮萍其家，飞蓬风也"②。简单地说，就是一些个体农民对土地的开垦是掠夺性的，一旦某块土地的肥力耗尽，他们就弃之而去，另开新地。产生这种现象的原因应该说是十分复杂的，如地域的辽阔、政府对这一地区控制的松弛、土地所有权的不明晰等。这种经营方式对于草原植被的破坏一再被历史事实所证明。由于无序的滥垦，畜牧业一再受到排挤。"此地（按：指察哈尔右翼地区——作者注）向为牧羊牧马之地，故名羊群、大马群。现在羊群一段，已由京汉实业公司、宝丰公司、华裕公司暨各民户，先后指领殆尽，所余无几。"③ 事实上这种情况不止在察哈尔地区存在，1919 年 5 月的《农商公报》刊载雨时名为《满蒙之农业》的文章，其中讲到整个内蒙古地区的情况："现今汉人农民之移住者，年年增加，入牧地次地开拓，而变为农耕地。现今除锡林郭勒盟及哲里木盟之外，到处皆见有农耕地。"④

---

① 参见章有义编：《中国近代农业史资料》第二辑，第 355 页。
② 章有义编：《中国近代农业史资料》第二辑，第 663 页。
③ 章有义编：《中国近代农业史资料》第二辑，第 354 页。
④ 章有义编：《中国近代农业史资料》第二辑，第 662 页。

四、社会格局：社会动荡与救灾的不充分

（一）社会秩序的动荡不安

就内蒙古地区的整体形势来看，长期以来这一地区一直受到战争的影响。内蒙古地区的农业发展、土地的开垦在清代得到了长足的发展。随着农业的发展，人口的增长，一旦有大的自然灾害发生，就会造成大的损失。在这种情况下，如果再加上社会秩序动乱这一因素，灾荒的社会后果就显得特别严重。这种局面在近代以来的内蒙古地区尤其突出。清末以来，受全国形势的影响，内蒙古地区经济上的凋敝、政治上的动乱，造成了社会秩序的混乱和土匪的蜂起①，这也是近代内蒙古地区灾荒严重的重要原因之一。如前所述，内蒙古地区虽经清末以来的大规模开垦，但和内地相比仍然是地旷人稀，粮食是自给有余的。清末以来，清政府的腐败，苛捐杂税的增加，特别是民初以来，随着军阀割据局面的出现，内蒙古地区的政局日益混乱，统治者走马灯式地轮换，各派军阀都想染指这一地区，更加重了民众的负担。如此，再加上土匪的蹂躏，使民众的生活雪上加霜。1927—1928 年的大旱灾中，周颂尧作为当局的大员视察了绥远地区，他在事后所著的《绥灾视察记》中对这一情况作了比较透彻的分析。社会秩序的动荡，不仅影响了正常的农业生产和水利建设，更为严重的是它本身即是对社会财富的极大浪费。有关资料显示，当时土匪所到之处，除杀人、掳掠之外，"还得把那粮食作践，粮垛焚烧，意在使人既不能食又不能耕，必须随着他们去当土匪"②。很明显，生活在困苦中的民众是经不起大的灾荒打击的，一遇灾荒，便只能四处流离，甚而转死沟壑，形成严重的社会后果。

---

① 参见牛敬忠：《北洋军阀统治时期绥远的匪患》，《内蒙古师大学报》1993 年第 4 期。

② 周颂尧：《绥灾视察记》，绥远赈务会 1929 年版，第 4 页。

（二）救灾力度的不充分

在中国传统社会中，救治灾荒的功能主要是由政府来承担的。关于清廷对内蒙古地区的灾荒救治措施与政策，我们将在第五章系统探讨，在此不赘述。从我们所接触的有关史料来看，清政府对内蒙古的灾荒虽然都采取了一系列的有时甚至是卓有成效的救治措施；但是，就其实质而言，由于封建制度本身所存在的缺陷，社会生产力发展水平的低下，近代以来全国局势的混乱，统治者对社会调控能力的下降，以及内蒙古地区作为边疆地区的特殊情况，使得由政府执行的这一职能的社会效果十分微弱。

第一是备荒设备设施的不完善。仓储是传统社会中备荒的重要措施，常平仓在救治灾荒方面的应急作用是相当明显的。内蒙古地区由于地处边外，设治较晚，在这方面的建设很少。以内蒙古的中西部地区为例，归化城厅、清水河厅、丰镇厅均设有常平仓，但其规模极小。光绪十八年（1892年）"再查各厅仓谷，归化无存……丰镇现存一万六千余石"[1]。而清水河厅的仓谷已于咸丰十年"碾运宁夏等处充饷无存，至今尚未买补"[2]。这样的仓储规模根本无法与内地州县相比，在救治灾荒中起不到应急的作用。而且这种规模的仓储在清末还受到政治腐败的影响。道光十七年（1837年），张集馨任朔平知府，查出所属宁远厅通判锡纶"亏短仓库四万有奇"[3]。继任的通判外号"齐搂儿"，目不识丁，专以钻营为能，在萨拉齐厅任上因贪污被山西巡抚昇寅参革；继而经多方周旋，复任宁远厅通判；[4] 上任后，视常平仓为其侵蚀之渊薮，将本应征收米谷入仓的制度改折征银，以方便其挪用，使常平仓失去了其备荒的作用。常平仓的亏空在一定程度上取决于州县官的廉洁与否。整体来说，这种现象的出现是近代以来清政府政治上腐败的产物，是和封建专

---

① 内蒙古师范大学图书馆编：《归化城厅志》上册，远方出版社2011年版，第210页。

② 《新修清水河厅志》，远方出版社2008年版，第216页。

③ 张集馨：《道咸宦海见闻录》，中华书局1981年版，第30页。

④ 参见张集馨：《道咸宦海见闻录》，第36页。

制制度相连的。锡纶亏空的仓谷即是如此。"锡纶为人昏庸，当日接收哲成额交代，认亏二万有奇；上年（按：指道光十六年，1836 年）飞蝗入境，省城大小委员，络绎查办，供张需索，支用浩繁，加以托付非人，积累日重，无怪其然也。"① 张集馨在奉命查抄其家产时，见其"门户萧条，孤寡号泣，实惨于心。所抄衣物，半属破烂，估值无几"②，最后此案只得由有关官员摊赔了结③。

第二是临灾救治措施的不得力。对于较轻的灾荒，政府一般通过蠲缓田赋、平粜等措施以缓解灾情。一旦发生严重的灾荒，政府必须采取一系列的救济措施，包括发放口粮、散发银米、施放衣物等，以救灾民于水火之中。在光绪十八年（1892 年）的大旱中，山西巡抚派候补知府锡良在绥远地区设局赈恤，对 132933 名灾民散放粮食 25575 石，银 10114 两，另外还有制钱若干。④ 对于这些数字的真实性今天我们无法考察其真伪，即使相信其全部是真实的，考虑到灾荒延续的时间之长，以灾民的数字与这些救济物质相比的话，也是真正的杯水车薪。如果再加上其他因素的影响，如经手官员的上下其手，以及在流通渠道上的损失，又如奸商的囤积居奇所造成的人为的粮价上涨等，政府临灾救济的力度是不充分的。我们在史料中可以看到大量有关个人义举的记载，但是，正如前述，个人的力量在大面积、长时间的灾荒面前是微不足道的。近代以来政府救灾功能的减弱还表现在基督教传教士对救灾的介入。在有关的史料中我们可以看到，绥远地区许多人信奉基督教都是从荒年接受教会救济开始的。如宣统二年（1910 年），固阳县"又遭荒歉，德明善司铎大施赈济，感化奉教者有 240 多人"⑤ 等。从中我们可以看出其影响。

---

① 张集馨：《道咸宦海见闻录》，第 30 页。
② 张集馨：《道咸宦海见闻录》，第 30 页。
③ 参见张集馨：《道咸宦海见闻录》，第 44 页。
④ 参见《归绥旗志·绥乘·归绥县志》，远方出版社 2012 年版，第 250 页。
⑤ 常非：《天主教绥远教区传教简史》，内蒙古大学图书馆藏抄本 1962 年版，第 79 页。

第四章　清代内蒙古地区灾荒影响剖析

.

　　清代内蒙古地区发生的各类自然灾害给该地区人民造成的威胁巨大，危害深重。尽管自然灾害种类不一甚至表现迥异，但其影响是多方面的。本章着重分析灾荒对牧区生产和生活资料、灾区社会经济和人口大量迁移或死亡的影响。概括地说，灾荒的影响主要表现在：缩小生存空间、破坏生产能力、影响生活质量、加剧生态恶化。就此意义而言，降低了灾荒的影响就等于增进了生存与发展的能力。

第一节　灾荒对牧区社会的影响

　　灾荒的产生必然给人类社会带来危害。严重的灾荒更给人民特别是没有多少抵抗灾害能力的底层人民带来无法弥补的损害。在较原始或生产力水平较为低下的条件下，灾荒直接作用于人类个体身上和比较原始或初级的社会组织上。

一、造成牲畜大量死亡倒毙

在内蒙古广大牧区受灾的直接后果是牲畜大量死亡倒毙。对牧区畜牧业影响最大的自然灾害莫过于雪灾、旱灾和疫灾。内蒙古地区地处塞北，气候严寒，几乎每年冬季都要下雪，适当的降雪可以缓解第二年的春旱，为青草的生长带来充沛的融水。一旦降雪过大，往往会形成大范围的白灾，其最直接的后果便是造成牧民的牲畜因无法在草原上寻找到充足的食物以及抵挡不住严寒的天气而大量死亡。在各类自然灾害中，因雪灾而死亡的牲畜事件是最多的，数量也是最大的。如：

康熙十年（1671 年）正月，苏尼特二旗及乌兰察布盟的四子部落旗因青草不生，又兼雪大，牛羊倒毙殆尽。[①] 康熙五十四年（1715 年），乌喇特等部十四旗、察哈尔八旗发生雪灾，损伤牲畜。[②] 康熙五十四年（1715 年），喀尔喀右翼部，因久雪伤牧产。[③] 雍正二年（1724 年），苏尼特、阿霸垓、阿霸哈纳等旗因连年灾伤，是年又遭大雪，牲畜俱已倒毙。[④] 乾隆三十年（1765 年）冬，鄂尔多斯地方大雪，牲畜多有损伤。[⑤] 咸丰八年（1858 年）冬，宁远厅之康保尔镇大雪三尺，牲畜死伤殆尽。[⑥]

光绪二十八年（1902 年）春二月十七日，东蒙地区遭灾，地面雪深四尺，为二十多年来所未见，饿死牲畜很多。[⑦] 光绪二十九年（1903 年）二月二十一日，赤峰降大雪一昼夜，地面积雪有一米半厚，牛羊损失惨

---

① 转引自马汝珩、马大正主编：《清代边疆开发研究》，第 219 页。
② 参见《清圣祖实录》卷 262，第 583 页。
③ 参见《清圣祖实录》卷 262，第 583 页。
④ 参见《清世宗实录》卷 18，第 298 页。
⑤ 参见《清高宗实录》卷 756，第 328 页。
⑥ 参见绥远通志馆编纂：《绥远通志稿》第九册，第 12 页。
⑦ 参见日文《东蒙古调查经济资料》，转引自《内蒙古历代自然灾害史料》下册，第 5—6 页。

重。① 光绪三十四年（1908 年）冬，锡林郭勒盟所属阿巴嘎、阿巴哈那尔、浩齐特、乌珠木沁等八旗游牧地方，成大雪灾，牲畜倒毙，蒙民困苦。②

宣统三年（1911 年），乌兰察布盟四子王、达尔罕二旗自去年九月间，即泽落大雪，冬三月风雪交集，严冬过甚，又十二月二十八日至正月初八、十日大雪、风沙并作，以致两旗台吉人等产业牲畜丢失、倒毙、伤损极多。③ 同年，伊克昭盟郡王、札萨克两旗冬春频降大雪，深至三尺、四尺、五尺不等，以致牲畜被雪掩埋倒毙者十居七八。④

仅次于雪灾的便是旱灾。经年累月的长时间骄阳燥热，而没有雨水下降，牲畜赖以为生的食物——青草就会长势不佳甚至寸草不生，这样牲畜便因食物缺乏而大量饿毙。如：

康熙五十七年（1718 年），杜尔伯特旗地方连年亢旱，米谷不收，牛羊倒毙。⑤ 乾隆十一年（1746 年），苏尼特等游牧处所雨水短少，水草平常，牲畜多致伤损。⑥ 乾隆二十五年（1760 年），呼伦贝尔地方连年亢旱，牲畜亏损。⑦ 乾隆四十七年（1782 年），察哈尔之八旗地方春季以来雨水短少形成亢旱，青草歉生，八旗官兵牲畜伤损甚多。⑧ 乾隆五十六年（1791 年），苏尼特二旗连年被旱成灾，众蒙古等牲畜多有伤损。⑨

---

① 参见赤峰市地方志编纂委员会编：《赤峰市志》，第 529 页。

② 参见刘锦藻：《清朝续文献通考》，第 8414 页。

③ 参见《录副档》宣统三年八月十三日堃岫折，载李文海等：《近代中国灾荒纪年》，湖南教育出版社 1990 年版，第 802 页。

④ 参见《朱批档》宣统三年九月初八堃岫折，载李文海等：《近代中国灾荒纪年》，第 802 页。

⑤ 参见《清圣祖实录》卷 281，第 747 页。

⑥ 参见《清高宗实录》卷 271，第 530 页。

⑦ 参见《清高宗实录》卷 619，第 962 页。

⑧ 参见《清高宗实录》卷 1158，第 507 页。

⑨ 参见《清高宗实录》卷 1382，第 537—538 页。

光绪二十五年（1899 年）夏，东蒙地区遭受旱灾，河川流水全干，地面的草全枯死。虽有一些家畜赶到山丘避暑，而毙死者仍很多。[1] 从宣统元年（1909 年）六月到二年六月，察哈尔右翼正黄、正红、镶红、镶蓝四旗，整一年未得雨雪，久旱成灾，收成无望，牲畜倒毙甚众。[2]

疫灾和虫灾的发生，也往往会使牲畜或因食物缺乏，或因染病，而大量死亡倒毙。如：康熙二十六年（1687 年），巴林淑慧公主所居地方马牛羊多染疫倒毙。[3] 乾隆五十五年（1790 年），打牲索伦达呼尔等地捕貂的丁役四千余人，均赖牧养马匹、打猎为生，今值频年瘟疫，马匹牲畜多有伤耗。[4] 光绪二十七年（1901 年），因上年冬令雪泽不调，是年春又生虫孽，专吃青草，蒙古各旗大半被灾，其中尤以杜尔伯特旗为重。据杜尔伯特右翼公多诺鲁布呈报，该旗连年被灾，四项牲畜倒毙殆尽。[5]

牲畜因各种自然灾害而大量死亡倒毙，使得广大蒙族牧民生活陷入困顿，这在后面有详细叙述。

二、生活资料遭受重大损失

(一) 生活资料严重匮乏

物质财富的损失是灾荒导致的直接后果；自然灾害破坏了牧业生产，使得畜产品产量下降，甚至绝收。在自然经济条件下，民以食为

---

① 参见日文《东蒙调查经济资料》第 246 页，天灾章，转引自《内蒙古历代自然灾害史料》上册，第 57 页。

② 参见《朱批档》，宣统二年十二月初四日溥良等折，载李文海等：《近代中国灾荒纪年》，第 781 页。

③ 参见《清圣祖实录》卷 130，第 405 页。

④ 参见《清高宗实录》卷 1368，第 357 页。

⑤ 参见《朱批档》，光绪二十七年十二月十九日瑞洵折，载李文海等：《近代中国灾荒纪年》，第 688 页。

天，畜产品的匮乏使人们丧失了基本的生活资料，生活困苦，嗷嗷待哺。在内蒙古地区，由于牧业经济的基本生活手段与生产资料就是畜产品，因此，它在灾荒发生过程中遭受损失更直接，也更脆弱。康熙视察口外，见到人民困苦情形不堪寓目，便说"当此仲秋之时，即以山核桃作粥而食，若时届冬春，何以存活？"①

灾荒对牧业经济的损害主要是使大量牲畜死亡，而牲畜的损失，使得牧区人民失去基本的生活、生产资料，对牧区经济发展造成致命的打击。清廷尽管比较注重民间生产的恢复和重建，采取向灾民贷以籽种、工具和牲畜等措施②，但由于直接依赖农牧业生产的内蒙古人民抵抗灾害的能力低下，或政府由于路途遥远、灾民居住分散、官吏谋私等客观原因的限制而赈济不力，灾区人民饱受灾害困扰、生活艰难困苦。

（二）生产秩序受到干扰

"逐水草而居"的游牧民其生产方式对大自然的变化极为敏感，粗放式的生产经营使其抵御自然灾害的能力更为有限。蒙古民族祭祀鄂博即是祈求大自然恩赐风调雨顺、牲畜兴旺发达的一种祭祀习俗。牧区由于常常受到干旱、风雪等灾害性天气袭击，而靠天养畜的畜牧业的生产技术原始低下，所以在干旱年份天然草场产量大幅度下降，造成牲畜大量死亡，而暴风雪天气造成牲畜的冻饿而死。灾荒使生物生产力降低。牧业生产环节断裂，严重地影响了畜牧业经济的扩大再生产。

清前期，农业在内蒙古地区已经有了一定程度的发展，它作为牧业经济的补充，为之提供粮食，牲畜饲料等。但牧业经济向农牧业混合型经济的转变是一个漫长的时期，需要长期的磨合。当时的农业生产亦是

---

① 《清圣祖实录》卷 141，第 555 页。
② 《清实录》中经常见到"贷被水灾民籽种口粮"，"给冲拥房屋修费""贷籽种工具"等记载。

粗放式的耕作，广种薄收。内蒙古这种自然经济条件下的粗放性兼原始性的农业必然受到灾害的侵扰；不能抵御各种自然灾害，特别是大的水旱灾害。处于经常干旱区的农业受到旱灾的侵扰；而分布在水热条件较好的西辽河平原、土默特平原等地区的农业又经常受到暴雨及河水涨发的危害，大片土地被冲淹，受灾田地涸出缓慢，又会影响下一年的适时播种。各种灾害的频繁发生，使得本就落后的本区经济发展更为缓慢，而且常常间断。

（三）生存资料损失重大

一次大的水灾或风灾，除了使农作物歉收和牲畜大量死亡以外，还往往会冲塌、刮坏灾民的房屋以及冲走灾民的财产，从而使灾民的房屋和财产等生活资料遭受重大损失。如：

道光二年（1822 年）八月，归化城、萨拉齐两厅山水涨发，浑河、黑河毕克齐丰后庄等 37 村庄被灾。其中铁帽、达赖、丹坦、巧报、哈拉沁等 5 个村庄被水冲淹，大量房屋倒塌；萨拉齐所属善岱等 43 个村庄也同时被水淹没，不少房屋倒塌。[①] 道光八年（1828 年）秋，萨拉齐厅水患大作，自苏寨沟冒堤直下，漂没田庐。[②] 道光三十年（1850 年），萨拉齐厅下属的二道河、三道河、三圪堆等濒临黄河的 35 个村庄，于七月二十五日、二十六日并八月初六、二十三等日，黄河河水涨发，冲毁堤坝，田庐有许多被淹没。[③] 同年秋，黄河河水大涨，河口镇水与堤平，公街乡耆昼夜督工，加修堤堰，经数日水不稍退。七月二日夜，天大雨，彻夜不止，平地水深数尺。黎明，镇东南皮条沟附近之堤防溃决，逆流入镇，全市顷刻即浸入巨浪之中，商店民屋悉被冲毁，仅留沿

---

① 参见绥远通志馆编纂：《绥远通志稿》第九册，第 10 页。
② 参见绥远通志馆编纂：《绥远通志稿》第十一册，第 205 页。
③ 参见《录副档》，133，3—32，道光三十年，30 号，载李文海等：《近代中国灾荒纪年》，第 109 页。

堤高处之房院数十所。浸渍月余，水始尽退，损失财产数百万金。南滩一带被灾尤重，镇东之前双墙村，亦同遭淹没。① 同治六年（1867年），黄河由萨拉齐厅今之第三区王八窑子决口，水势东流，直达邑境东界，长流150里，除沿山高地外，皆汪洋一片，悉成泽国。房屋倒塌，村落为墟，以至人无栖止，畜无停厩，生命财产付诸流水。②

光绪九年（1883年），赤峰县从六月十三日（7月16日起）连降大雨七昼夜，山洪暴发，沟满河溢。锡伯河、英金河水深约3丈，英金河北击龙头山崖，南齐蜘蛛山腰。河中不时见漂浮的人畜尸体和物品。大水漫堤冲入头道街广益盛胡同和臭水坑，受灾户过百，构棚栖居蜘蛛山上月余。③ 光绪三十年（1904年）六七月间，五原厅后套地区阴雨连绵，黄河河水暴涨，加以上游甘肃等处雨水过多，水势益形汹涌，遂致河流漫决，民田庐舍多被漂没。此次水灾"为数十年所仅见"，许多被灾民户被迫荡析离居。④

三、农田及草原植被严重退化

（一）农田土质被破坏从而沙化

内蒙古地区所处的气候和生态环境，导致该地区是一个多灾的地区。清代以来人们人们已经注意到了内蒙古地区气候的特殊性。"春夏多风，秋冬多寒"，"塞外时气不正"，"狂风扬沙"⑤。频发的灾害不但使财产损失，更使广大牧民有生计之虞。

---

① 参见绥远通志馆编纂：《绥远通志稿》第九册，第11页。
② 《包头市志·萨拉齐县志》，远方出版社2009年版，第781页。
③ 参见赤峰市地方志编纂委员会编：《赤峰市志》，第504—505页。
④ 参见《光绪三十年九月初四日绥远城将军贻谷折》，载中国第一历史档案馆编：《光绪朝朱批奏折》第100辑，《水利·河湖海塘渠堰工程》，中华书局1996年版，第674—675页。
⑤ 张鹏翮：《奉使俄罗斯日记》，神州国光社1940年版，第30页。

自然灾害往往直接破坏农田土质，如被水淹过的土地，所含大部分碱性化合物遭到分解后在地面上留有白色沉淀，土质不易恢复原状，影响农作物的生长，时间愈久受害愈深。《张北县志》对口外农田盐碱化有详细说明："起盐碱之原因，口外地势平原，河流甚少，每遇雨水，因形格阻，无处泻泄，故洼下之地，累年积水汇聚，久浸不干，即变成盐碱滩地。初垦种者，盐碱性未曾发出，尚能耕种二三年，经耕数次，土壤疏松，日光曝晒，碱气蒸发，土质尽变为灰白色，即种而不苗，即苗亦多枯槁矣。"① 光绪二十一年（1895 年），清水河、萨拉齐等地农田就因被水冲淹，地内生碱而收成歉薄。②

有时洪水中含沙或夹带石子，地面积聚大量沙碛石子也不利于耕种。如光绪二十年（1894 年），归化城、和林格尔、清水河、萨拉齐等地一部分农田就是被水冲、石积、沙压而成灾，收成欠薄。③ 次年，清水河、萨拉齐等地又有一部分农田被水冲，沙石积压，不能耕种。④

风灾对农田土质的破坏更大。本来"边外土地向为沙漠之区，平原辽远，一望无垠，率皆沙底，土壤厚者不过二三尺，其次者约一二尺许，更有不及盈尺者甚夥"⑤，再加上"因接近沙漠，春季多起西北风，其势极猛"⑥，因此往往会"将地上沙土随风飞扬，久而久之，愈吹愈少，愈少愈薄，土壤厚者不过可经五六十年，土壤薄者可经二三十年，最薄者仅经五六年，俱变为硗瘠之地，不堪耕种，然口外农民富而不久，居而不长者，此亦一大原因焉"⑦。狂风一起，势如万马之奔腾，夹带浮沙，天空一片昏暗，轻者拔木偃禾，重则移山崩岳。如咸丰八年（1858

---

① 陈继淹修，许闻诗纂：《张北县志》，第 555 页。
② 参见《录副档》，胡聘之折，载李文海等：《近代中国灾荒纪年》，第 598 页。
③ 参见《录副档》，张煦片，载李文海等：《近代中国灾荒纪年》，第 587 页。
④ 参见《录副档》，胡聘之折，载李文海等：《近代中国灾荒纪年》，第 598 页。
⑤ 陈继淹修，许闻诗纂：《张北县志》，第 554 页。
⑥ 陈继淹修，许闻诗纂：《张北县志》，第 554—555 页。
⑦ 陈继淹修，许闻诗纂：《张北县志》，第 555 页。

年）春，宁远厅所属的康保尔镇起大风，狂风过后，地上积沙尺余，腴壤成为沙田。[①]

灾害破坏了农田土质，不仅使农田在受灾之时不能利用，还常常会增加荒地面积，以致耕地面积缩小，粮食产量减少，进一步加剧灾害的严重性。

(二) 植被遭到严重破坏

由于干旱、暴雨洪涝、风沙等灾害从古至今常年侵袭内蒙古地区，因而加剧了本区的生态环境破坏进程。本区干旱严重，并且风沙强烈，"年大风日数以阴山以北地区最多，锡林郭勒与乌兰察布草原地区在7—90 天，其他地区在 20—40 天以上，年内分配以 4、5 月最多，可占年总日数的 60% 左右"[②]。干旱与大风的叠加作用，加剧了土壤的侵蚀，造成土地的沙化，而本区降水季节分布不均，夏秋多暴雨，因而水土流失现象严重。灾荒在造成对本区的社会危害的同时也加重了本区生态环境的恶化。灾荒使人民流离失所，背井离乡，使大量土地荒芜，加重了土壤的水蚀、风蚀作用，降低了土地肥力，最后使得土地变成不毛之地。如在清水河北面的托克托城以及和林格尔，"农民因收成荒歉，无计谋生，亦挈家他适，且有丁亡户绝，有地无人者，遂至黄沙自草，一望弥漫。"[③]灾荒加剧了本区生态环境的恶化，而本区生态环境的恶化又反过来进一步刺激、诱发或加剧了灾害的产生，灾害生成则不仅使得灾荒成为必然的现实，还使得灾荒在发生频率、作用范围和危害程度上日益严重，由此逐渐形成了清后期内蒙古地区自然灾害与灾荒的越来越严重的恶性循环。

---

① 绥远通志馆编纂：《绥远通志稿》第九册，第 12 页。

② 孙金涛：《内蒙古草原的畜牧业气候》，《地理研究》1988 年第 1 期。

③ 曾国荃：《曾忠襄公奏议》卷十三，转引自罗桂环、舒俭民：《中国历史时期的人口变迁与环境保护》，北京工业出版社 1995 年版，第 45 页。

如前所述，虫灾严重时也会破坏草场，因为蝗蝻等虫类主要以草禾为食，因此每当蝗蝻蜂起之时，成群蔽日，天空一片昏暗，成片的草场立刻就被这些饕餮之虫咀嚼殆尽。如光绪二十七年（1901年），蒙古部分地区遭虫灾，尤以杜尔伯特旗为重。该旗"去年冬令雪泽不调，今春又生虫孽，专吃青草，蒙古各旗大半被灾，轻重不一"①。蝗蝻在给人们带来饥荒的同时，也极大地破坏了草场。

第二节　灾荒对经济发展的影响

各种自然灾害发生后，最直接也是最明显的后果就是导致灾区生产资料、生活资料遭受重大损失，由此造成灾区社会经济的严重破败。这方面的影响是全方位的，其表现可以从以下若干层面来把握。

一、造成农作物歉收甚至无收

翻检各类有关清代内蒙古地区自然灾害的史料，映入眼帘最多的就是口外诸厅等汉族农作区因灾害损坏禾稼而造成农作物歉收甚至绝收。这方面的事例之多，令人吃惊。在清代内蒙古汉族农作区，仍然沿袭着数千年以来的男耕女织的小农生活模式。这种小农经济一方面十分顽强，不断地被摧毁，又不断滋生、复苏、延续；另一方面又十分脆弱，一次自然灾害就能迅速将其扼杀，特别是内蒙古地区更是如此。

---

① 《朱批档》，光绪二十七年十二月十九日瑞洵折，载李文海等：《近代中国灾荒纪年》，第688页。

一连数日的暴雨、上游堤坝的溃决以及人为的河渠改道等，都会将已经成熟或即将成熟的禾稼冲毁淹没，造成农作物歉收甚至绝收。这方面的记载很多，在当时的文献中可谓俯拾皆是。如：

顺治九年（1652 年）七月，"开平大水，害禾稼"①。乾隆二十四年（1759 年），大黑河、浑津河涨水，冲毁农田 180 顷，农作物受损。② 乾隆三十八年（1773 年），山西丰镇厅属旗地 560 顷 20 亩，被水冲塌，农作物大损。③ 同年五月下旬，归化城等处发大水，归化、萨拉齐二厅所属地方夏麦未经刈获，秋禾俱已被淹。④

道光二十二年（1842 年）七月初一至初四，萨拉齐厅下属的丰厚村等 32 个村庄于是日风雨大作，河水陡涨，秋禾被淹。后经勘明，被水淹的丰厚村等 32 个村庄实已成灾六分。⑤ 道光二十三年（1843 年）闰七月十三日，萨拉齐厅下属的代桂营等 15 个村庄以及承种土默特租银地的毛岱镇等 3 个村庄，"均于被水"，收成歉薄。⑥ 道光二十九年（1849 年），从六月二十七日到七月初三，萨拉齐厅下属的二道河等 22 个村庄发生水灾，河水漫溢，田禾受伤，秋收歉薄。⑦

咸丰十一年（1861 年）七月初九、十一等日，萨拉齐厅所属濒临黄河、黑河的安乐村等 16 个村庄秋禾被水淹没。因为萨拉齐厅地气较寒，而种夏麦、秋禾各一季。夏麦早经登场，秋禾布种未久，忽因上游河水涨发，冲决堤坝，以致濒临二河的安乐村、木桂茔、太平庄、太原

---

① 赵尔巽等撰：《清史稿》，第 1536 页。
② 参见《呼市气象局资料》，转引自《内蒙古历代自然灾害史料》上册，第 45—46 页。
③ 参见刘锦藻：《清朝文献通考》，第 5271 页。
④ 参见《清高宗实录》卷 938，第 655 页。
⑤ 参见《录副档》，道光二十二年十月十一日梁萼涵折，载李文海等：《近代中国灾荒纪年》，第 20—21 页。
⑥ 参见《录副档》，道光二十三年十月十二日梁萼涵折，载李文海等：《近代中国灾荒纪年》，第 33—34 页。
⑦ 参见《录副档》，道光二十九年十月二十一日龚裕折，载李文海等：《近代中国灾荒纪年》，第 99—100 页。

县茔、七里湖村、武乡县茔、郭廷贵茔、定襄茔、繁峙茔、何四茔、喇嘛茔、路三圪堆村、高泉村、炭车茔、大水桥村、北口子 16 个村庄的 531 顷 46 亩粮地全被大水淹没。后来经过勘实，核计被淹不过十分之四，系属勘不成灾，但收成究形欠薄。①

光绪三十年（1904 年）六七月间，五原厅后套地区阴雨连绵，河水暴涨，加以上游甘肃等处雨水过多，水势汹涌，遂致河流漫决，发生了后套地区"数十年所仅见"的大水灾，民田庐舍多被漂没，濒临黄河的长济渠口以及长济渠东南到短辫子河新渠一段先后被水冲坏。因为该地骤被水灾，收成无望。②光绪三十年秋（1904 年），五原厅大水，当时阴雨兼旬，以致黄河决口，溢出岸堤，附近沙吉尔召突为巨浸卷入中流，望若洲岛。近河之长济大渠冲毁，田禾均被淹没。③

随着天降大雨而来的还有另外一种自然灾害，即雹灾。冰雹一般是随着雨水而下降的，虽然持续的时间不长，但具有很大的破坏性，尤其是降落大雹块的时候，往往会打坏农作物，造成农作物歉收甚至无收。如道光二十二年（1842 年）七月初四日，萨拉齐厅下属的南寿阳等 6 个村庄天降大雨，并且雨中夹带着冰雹，打伤田禾。后经勘明，被雹打的南寿阳等 6 个村庄实已成灾六分。④同治七年（1868 年）秋，天下大雨，并且夹带着冰雹，清水河厅所属的东南村庄田禾被冰雹打伤，未登。⑤

---

① 参见《录副档》，咸丰十一年十月十二日英桂折，载李文海等：《近代中国灾荒纪年》，第 224—225 页。

② 参见《光绪三十年九月初四日绥远城将军贻谷折》，载中国第一历史档案馆编：《光绪朝朱批奏折》第 100 辑，《水利·河湖海塘渠堰工程》，第 674 页。

③ 参见绥远通志馆编纂：《绥远通志稿》第九册，第 15 页。

④ 参见《录副档》，道光二十二年十月十一日梁萼涵折，载李文海等：《近代中国灾荒纪年》，第 20—21 页。

⑤ 参见阿克达春、文秀等纂修：《清水河厅志》，成文出版社（台北）1967 年版，第 325 页。

光绪元年（1875 年）秋，清水河厅东乡一带下冰雹，如鸡卵，打禾殆尽。① 光绪九年（1883 年）秋，清水河厅所属东乡一带下冰雹，冰雹如鸡卵，损禾殆尽。②

与水灾相反，连日累月的骄阳则又把赤地千里的亢旱滋味强加给人们品尝。每当旱灾来临之时，首先就是地皮龟裂，禾稼或者无法下种。如：

乾隆元年（1736 年）十二月，巴林多罗郡王桑里达报称，伊等四旗今岁亢旱，地亩未种。③

光绪三年（1877 年），口外各厅大饥。萨拉齐、托克托、和林格尔、清水河四厅尤为严重。各厅上年秋稼未登，春夏又复亢旱，秋苗未能播种。④ 光绪十八年（1892 年），归绥道属七厅及蒙旗大饥。去岁灾歉，入春至夏无雨，不能下种，秋收无望，情形与光绪三、四年略同。⑤

或者即使已经下种，但仍因旱黄萎枯死。如：

康熙二十八年（1689 年），口外田亩，因旱歉收，诸蒙古岁旱乏食。⑥ 康熙五十七年（1718 年）九月，杜尔伯特贝子沙津呈称，本旗地方连年亢旱，米谷不收。⑦

雍正十年（1732 年），呼伦贝尔等处，今岁所种地亩因旱歉收。⑧ 乾隆二年（1737 年），归化城地方田禾被旱，收成歉薄。⑨

光绪三年（1877 年），山西日久无雨，官府刚开始的时候下令改种荞麦杂粮，"满拟雨泽沾渥，尚可稍资补救"，但自夏徂秋，天干地燥，

---

① 参见阿克达春、文秀等纂修：《清水河厅志》，第 326 页。

② 参见阿克达春、文秀等纂修：《清水河厅志》，第 326 页。

③ 参见《清高宗实录》卷 32，第 630 页。

④ 参见绥远通志馆编纂：《绥远通志稿》第九册，第 12 页。

⑤ 参见绥远通志馆编纂：《绥远通志稿》第九册，第 13 页。

⑥ 参见海忠纂修：《承德府志》卷二十四，光绪十三年本，第 743 页。

⑦ 参见《清圣祖实录》卷 281，第 747 页。

⑧ 参见《清世宗实录》卷 123，第 622 页。

⑨ 参见《清高宗实录》卷 54，第 903 页。

烈日如焚,补种的禾苗出土仍复黄萎,收成无望。和林格尔、清水河、萨拉齐、托克托等厅都成灾。① 光绪二十五年(1899年)秋,大旱,各厅歉收。② 光绪二十六年(1900年),春夏无雨,夏秋禾稼皆未登场,归绥各属大饥,道馑相望。③ 光绪二十六年(1900年),伏天三十多日,赤峰县没下雨,庄稼旱黄干了,到秋季只有三四成收获。④

宣统元年(1909年)六月到翌年六月,察哈尔右翼正黄、正红、镶红、镶蓝四旗,整整一年未得雨雪,久旱成灾,秋收无望。右翼放垦各地耕种者,去岁收成既欠,今年又颗粒无收,颠连困苦,惨不忍言。入秋以来,虽经得有微雨,亦因亢旱太久,不能沾足。⑤ 宣统二年(1910年)秋,归绥各厅亢旱歉收。⑥ 宣统三年(1911年)秋,清水河厅旱灾,民多乏食。各厅以上年歉收皆告饥。⑦

旱灾不但影响农作物歉收,而且还会带来其他的自然灾害,如蝗灾。飞蝗卵和螟的幼虫多隐藏在地下及作物根系深处,其发育成长须赖温度上升,如果上年冬季严寒,冰雪多,即可杀灭蝗卵和幼虫,雨量丰沛亦可冲杀虫蛆破坏虫卵,使其不致成灾。但如果春夏长时间干旱酷热,雨量稀少,则蝗螟幼虫在高温下即可迅速发育,继而酿成蝗灾。清代内蒙古地区既然旱灾发生频繁,那么蝗灾也不会少,而大量的蝗灾史料也印证了这一点。蝗灾一旦发生,对社会的影响主要体现在对农作物的伤害上,它们往往成群蔽日成片大面积地蚕食农作物,即将成熟的禾稼还没来得及转进百姓的粮缸就首先被这些成批的饿蝗糟蹋殆尽,从而

① 参见王轩等纂修:《山西通志》,第5627页。
② 参见绥远通志馆编纂:《绥远通志稿》第九册,第14页。
③ 参见绥远通志馆编纂:《绥远通志稿》第九册,第14页。
④ 参见赤峰市地方志编纂委员会编:《赤峰市志》,第499页。
⑤ 参见《朱批档》,宣统二年十二月初四日溥良等折,载李文海等:《近代中国灾荒纪年》,第781—782页。
⑥ 参见绥远通志馆编纂:《绥远通志稿》第九册,第17页。
⑦ 参见绥远通志馆编纂:《绥远通志稿》第九册,第17页。

造成农作物大面积地减产甚至绝收。如：

乾隆二十五年，土默特蒙古苇塘闹蝗灾，而且蝗蝻还飞至善岱所属村庄，残食禾苗。① 光绪二十二年（1896年）夏，萨拉齐厅西境后套地区，飞蝗蔽日，田野密集如沙，全境禾苗，仅余十之一二，是岁随告饥。② 光绪三十二年（1906年）五月，五原厅地区蝗蝻成灾，始起自洋堂庙圪堵、鱼娃圪堵、乌梁素三处，东入达拉特地，聚集之多，有厚至三四寸、七八寸者，长宽数里至二十余里，弥望无际，人难插足。所到之处，惟罂粟、麻豆不食，其余田禾，一经阑入，茎叶无遗。经垦局督驻套续备军兵夫扑捕，而势盛不能灭。达旗东段受灾最重，继延中段及杭锦之布贷口、皂火河各处。此次蝗灾不仅对该年农业影响甚大，甚至还影响到了第二年。三十三年（1907年）春，后套各地，因为上年蝗蝻死者遗子余孽未尽，等到解冻以后，"入土蛹子已蠕矣"。当地农民挖出蝗卵如小桶，每桶有九十九子，历数不爽。厚积数寸，宽、长五六里，或七八里。未几出土生翅，群飞为害。东至倒拉忽洞，西至张家油房，疏密不一，遍布垦界数百里内，一望皆黑，附近教堂地方蝗虫尤多，是年以扑灭迅速为害尚轻。③

此外因内蒙古地处塞北高原，纬度较高，气候较内地严寒，所以诸如风、霜、雪等与气候变化紧密相关的自然灾害也经常发生。这几类自然灾害中，除雪灾对农作物影响较轻（但对畜牧业影响非常大，关于这方面的影响将在后面有详细叙述）以外，其他都对农作物的生长、收获有莫大的影响。

风灾一旦发生，或者将下种的农作物籽种从地下吹出来，或者将禾苗打死，或者将即将成熟的果实打落，从而使农作物的产量降低甚至完全绝收。民国时期修的《张北县志》对口外内蒙古地区风灾的危害有非

---

① 参见《清高宗实录》卷616，第926页。

② 参见绥远通志馆编纂：《绥远通志稿》第九册，第14页。

③ 参见绥远通志馆编纂：《绥远通志稿》第九册，第17页。

常详细的介绍:"风灾,口外位居高平原,春秋两季多有狂风剧烈,飞沙走石,往往已播种及出苗之地,或将籽种吹出,或将禾苗打死,但在播种期内尚能重翻改种他苗,若逾期即不能种矣!且在秋季禾苗成熟之后,每经狂风砰击,籽粒落地,苗茎摧折,收成顿减,甚有不能收获者,往往有之,此种灾情,年有患之者也。"① 大量史料亦印证了《张北县志》所说的,如:

光绪九年 (1883 年),秋分后五日,午间赤峰起暴风,刮的特别寒冷,人都穿上棉衣,吃饭剩下的汤菜,也冻结成冰。刮了三昼夜,田禾籽粒全刮光了。加之本年夏天又遭水患,收成无几。翌年六七月间,饿死很多人,造成了赤峰史无前例的歉年。②

霜灾也会对农作物产生重大影响。一旦早霜来得过早或晚霜结束的过晚,往往就会发生农作物被冻死或农作物无法下种,于是引起粮食歉收。如:

乾隆二十四年 (1758 年),归化城同知所属七协厅地方、善岱及和林格尔两协遭受霜灾,归化、清水河、萨拉齐、昆都仑、托克托城等地收成歉薄,秋收只是往年的十分之六。③ 嘉庆五年 (1800 年) 十月,墨尔根、呼兰、布特哈等处严霜早降,禾稼冻损。④

以上我们看到了某一种自然灾害对农作物的影响。更有甚者是多种灾害同时降临,共同加重了农作物的歉收和绝收。如:雍正九年,各扎萨克旗分所种之谷皆以被旱,稍长,又复经霜,未曾收获,以致乏食。⑤ 雍正十三年六月,扎鲁特等旗分,年来连值旱涝,收成歉薄。⑥

---

① 陈继淹修,许闻诗纂:《张北县志》,第 558 页。
② 参见赤峰市地方志编纂委员会编:《赤峰市志》,第 525 页。
③ 参见《清高宗实录》卷 579,第 394 页。
④ 参见张伯芙:《黑龙江志稿》,文海出版社 1965 年版,第 587 页。
⑤ 参见《清世宗实录》卷 111,第 477 页。
⑥ 参见《清世宗实录》卷 157,第 921—922 页。

光绪十七年（1891 年）秋，归化城厅及山后粮地，萨拉齐厅及西部大余太，冻旱成灾。丰、宁二厅被灾亦重。各厅亦皆歉收。①光绪二十年（1894 年），归化城、和林格尔、清水河、萨拉齐等厅先后被水、被旱、被雹、被碱以及耕地被水冲、石积、沙压成灾，禾稼歉收。②光绪二十一年（1895 年），清水河、萨拉齐等厅或山水涨发，河流漫溢，冲没田庐，或雨中带雹，或地内生碱，或积潦未涸，复被水冲，沙石积压，不能耕种，或天寒霜早，以致夏麦秋禾成灾，最终造成收成欠薄。③光绪二十四年（1898 年），直隶承德府属赤峰等县春雨过晚，田苗枯槁。七月间又遭霜冻，民间颗粒未收。后经查明勘实，"今春麦收尚称中稔，惟秋禾因七月间霜冻，晚禾受伤，收成甚薄。幸本年节气尚早，早禾先已登场者无碍收成，未刈获者收成减色。查得……被霜各处，收成一二分至七八分不等"④。光绪二十六年（1900 年）清水河厅先旱后冻，颗粒未收。⑤光绪二十八年（1902 年）秋，宁远厅旱雹歉收，告饥。⑥光绪三十二年（1906 年），各厅均以雨迟霜早，比岁不登。⑦

在以上诸种自然灾害的频繁合力夹击下，农作物产量下降或绝收也是自然的了。

二、导致粮价大涨灾民缺衣少食

如前所述，自然灾害往往都会造成农作物歉收甚至绝收，这样在

① 参见绥远通志馆编纂：《绥远通志稿》第九册，第 13 页。
② 参见《录副档》，张煦片，载李文海等：《近代中国灾荒纪年》，第 587 页。
③ 参见《录副档》，胡聘之折，载李文海等：《近代中国灾荒纪年》，第 598 页。
④ 《朱批档》，光绪二十四年十二月十九日裕禄片，载李文海等：《近代中国灾荒纪年》，第 639—641 页。
⑤ 参见绥远通志馆编纂：《绥远通志稿》第九册，第 15 页。
⑥ 参见绥远通志馆编纂：《绥远通志稿》第九册，第 15 页。
⑦ 参见绥远通志馆编纂：《绥远通志稿》第九册，第 16 页。

灾区食物就会缺乏，从而引起粮价上涨。当时凡是能"入肚"的东西，价格都昂贵得令人难以置信，尤其是蒙旗牧区，粮价一般比口外诸厅还要高。光绪三年（1877年），口外各厅大饥，萨拉齐、托克托、和林格尔、清水河四厅尤其灾重。蒙旗亦大饥。各地粮价大涨，当时伊盟准格尔旗一斗米竟高达制钱一千八百文。[1] 光绪十七年（1891年）秋，归化城厅及山后粮地，莎拉齐厅及西部大佘太，冻旱成灾。丰、宁二厅被灾亦重。各厅亦皆歉收，粮价大涨。[2] 光绪十八年（1892年），归绥道属七厅及蒙旗大饥。入春至夏无雨，不能下种，秋收无望，全境赤地千里。口外粮价，平时粗粮一斗不过值钱三百文，小麦七八百文，是时小麦上涨到价一千八百文，而粗粮增至四倍。蒙旗粮价更是上涨得惊人，杭锦等旗糜子每石高的竟达到五两，上涨幅度已达几十倍。[3] 甚至一些地方少妇、处女鬻之不能易斗米。[4] 而且各处粮价"目下尤复逐日增涨"[5]。光绪二十六年（1900年），春夏无雨，夏秋禾稼皆未登场，归绥各属大饥，道殣相望，归化城、萨拉齐、托克托一带粮价大涨，斗米有价至制钱一千五六百，合银一两三四钱者。蒙旗的粮价照例要上涨得更高，有的地方糜子每斗高达七八钱银子，虽然比光绪十八年的杭锦等旗糜子每石高达五两要低，但仍价高得惊人。[6] 光绪三十二年（1906年），口外各厅与上年一样，均以雨迟霜早，比岁不登，粟价昂贵。[7]

　　灾区粮价的高涨，带来的直接后果便是灾民因买不起粮食而饿毙。如光绪二十六年（1900年），归绥各属春夏无雨，夏秋禾稼皆未登场，

① 参见绥远通志馆编纂：《绥远通志稿》第九册，第12—13页。
② 参见绥远通志馆编纂：《绥远通志稿》第九册，第13页。
③ 参见绥远通志馆编纂：《绥远通志稿》第九册，第13—14页。
④ 参见绥远通志馆编纂：《绥远通志稿》第十册，第293页。
⑤ 内蒙古师范大学图书馆编：《归化城厅志》上册，第256页。
⑥ 参见绥远通志馆编纂：《绥远通志稿》第九册，第14—15页。
⑦ 参见绥远通志馆编纂：《绥远通志稿》第九册，第16页。

各地大饥,道殣相望。粮价大涨,蒙旗糜米每斗高达银子七八钱,灾民无力购买,"多束手待毙,状至惨也"①。

自然灾害造成农作物歉收甚至绝收、牲畜大量死亡倒毙、房屋倒塌、财产受损、交通中断以及粮价高涨的最直接后果,就是灾民缺衣少食,无以为继,生活陷于困顿不堪。

在失却了生存之源后,灾民们不顾一切地到处寻找任何可以充饥的食物,剥光了树皮,掘尽了草根,甚至不得不艰难地吞咽观音土以苟延残喘。几乎每一次灾害发生,都会出现诸如"收成歉薄,民食不敷"、"岁歉乏食"、"牲畜倒毙,人民无计为生"的情况。如:

康熙二十四年(1685 年),蒿齐忒旗被灾发生饥馑,当时受灾的灾民约有 3000 人,已无任何食物,都以荒野草根为食。康熙急派官员前往调查,灾民顿时欢声雷动,"皆环跪,举手加额曰:我等残喘,自分旦夕就死,今幸天使至,我属得生矣"②。康熙二十八年(1689 年),内蒙古地区和华北出现大旱灾,康熙帝在八月出口北巡的时候看到蒙古马匹倒毙,牛羊损耗,灾民无以为食,仲秋之时即以山核桃煮粥作食,"如此情形,躬亲目击,忧悯不能自止"③。

乾隆三十年(1765 年),口外雪大,驿站人等牲畜多被损伤,这些驿站人等俱赖牲畜度日,今损伤过多,生计不无窘迫。④ 乾隆五十五年(1790 年),打牲索伦达呼尔等处马匹牲畜多有伤耗,频遇瘟灾,兼之田禾歉收,生计拮据。⑤

光绪三年(1877 年),和林格尔、清水河、萨拉齐、托克托城等地继上年亢旱之后,入春后仍雨泽愆期。自夏到秋,天干地燥,赤地千

① 绥远通志馆编纂:《绥远通志稿》第九册,第 14—15 页。
② 《清圣祖实录》卷 121,第 281 页。
③ 《清圣祖实录》卷 141,第 555 页。
④ 参见《清高宗实录》卷 758,第 349 页。
⑤ 参见《清高宗实录》卷 1368,第 357 页。

里，禾苗枯槁。草根树皮，罗掘俱尽。① 光绪十八年（1892 年），口外各厅，因去岁歉收，冬春无雪，形成亢旱，灾民生计异常艰窘。归化所属之大青山后毗连茂明安等旗地方，荒旱尤甚，嗷鸿遍野。当时口外七厅所到之处，饿殍盈野，村落成墟，惨苦情形目不忍睹。因该处歉收已经三年，民贫地瘠，凤鲜盖藏，猝遇奇荒，束手待毙。开始前数月还能以荞麦花、禾梗以及草根、树皮煮食充饥，到后来这些东西也都净尽，有的又兼食马粪，所见之人，哭无泪而号无声。② 富室之家也不例外，"有力之家，初尚能以糠秕果腹，继则草根、树皮均已掘食殆尽，朝不保暮，岌岌可危"③。有力之家尚且如此，贫户之悲惨亦可想而知了。当时每村每日都能饿毙数十人，生存下来的饥民率皆鹄面鸠形，仅余残喘。

从宣统元年（1909 年）六月到二年六月，察哈尔右翼正黄、正红、镶红、镶蓝四旗，整一年未得雨雪，久旱成灾，收成无望，牲畜倒毙甚众。"蒙众向赖畜牧为生，近年右翼放垦各地恃耕种者亦复不少，去岁收成既欠，今年又颗粒无收，颠连困苦，惨不忍言。现在灾区丁口无虑数万，均有嗷嗷待哺之势。"④ 宣统元年（1909 年），"西林果勒盟属阿巴嘎、阿巴哈那尔、浩齐特、乌珠木沁等八旗游牧地方，连遭亢旱，上年冬季又复大雪成灾，牲畜倒毙实多，蒙民困苦。"⑤ 1911 年（宣统三年），绥远乌兰察布、伊克昭盟所属地方，去冬今春大雪成灾，牲畜丢失、倒毙、伤损极多，人民乏食。伊克昭盟甚至牲畜被雪掩埋倒毙者十居七八，饥饿台吉人等仅食倒毙牲畜之肉。似此日长乏食，无法度命，

---

① 参见《清德宗实录》卷 60，第 829 页。

② 参见内蒙古师范大学图书馆编：《归化城厅志》上册，第 255—256 页。

③ 参见李文海等：《近代中国灾荒纪年》，第 564—566 页。

④ 《朱批档》，宣统二年十二月初四日溥良等折，载李文海等：《近代中国灾荒纪年》，第 781 页。

⑤ 刘锦藻：《清朝续文献通考》，第 8414 页。

俨成流离之象。①

以上仅仅是还有一点儿食物（包括树皮、草根、观音土等）可以吃的情形。到了实在没有任何食物可食的时候，饥民为了生存，就会不顾人伦大防，开始出现人吃人的悲惨现象。这种最悲惨的情形一般出现较少，但很有典型性。如：乾隆四十九年（1784 年），口外大旱，诸城大饥，父子相食。② 光绪十八年（1892 年），归绥道属七厅及蒙旗，入春至夏无雨，不能下种，秋收无望，灾民大饥。全境赤地千里，二道河、康保尔一带，野无青草，有食人肉者。③ 光绪三年（1877 年）时就有人对内蒙古地区人吃人的悲惨现象提出严厉的批评："只图暂果腹中饥，罔故伦常忍悖违，骨肉相残竟相食，异于禽兽又几希。"④ 但这又怎能怪罪于这些即将饿毙的人们呢？

等到现实社会根本无法提供任何食物以满足早已勒紧裤带忍饥挨饿的灾民的最低生存需求的时候，灾民的大量死亡就成为不可避免的了。关于灾民饿毙的情况，后文将详细论及。

以上，我们详细地描述了自然灾害发生之后，对灾区社会经济各个方面的危害与影响，从中可以看出所造成的后果是非常严重而深远的。

三、影响社会秩序激化社会矛盾

灾荒导致物质财富损失，使生产力和生产资料遭到巨大破坏。更有甚者，灾荒还能够诱发社会矛盾，激化已经存在的社会分化和矛盾，甚至导致社会动乱和战争。由灾荒而引发社会动乱、战争，甚至改朝换

---

① 参见李文海等：《近代中国灾荒纪年》，第 802 页。
② 参见《呼和浩特市气象局资料》，转引自《内蒙古历代自然灾害史料》上册，第 48 页。
③ 参见绥远通志馆编纂：《绥远通志稿》第九册，第 13 页。
④ 卢梦兰：《悯灾竹枝词》，载阿克达春、文秀等纂修：《清水河厅志》，第 499 页。

代，在史书中不无记载。

灾荒使生活陷于困顿，生产被迫中断，物价飞涨，经济混乱，民不聊生，造成整个社会的动荡不安。蒙古地区自清代实行编旗划界游牧制度后，旗札萨克王公对其所辖土地，牧场拥有世袭封建领主占有制的支配权；社会最底层的牧民称为"阿拉特"，受封建领主的管辖，没有人身自由，受封建领主剥削，生活艰难，一遇灾荒，粮食匮乏，牲畜损伤，受创严重。虽清廷对灾区赈济，但除数量有限，还加之官吏盘剥，灾民所得甚少。因此，灾民与封建主及清政府之间关系紧张，有时矛盾还会激化。清廷之所以注重对灾区的赈济，其目的主要是以防动乱。如光绪十一年，"据称朝阳县本年自春徂夏，未经得雨，六月得雨一次，仍复亢旱，秋收无望，该县五方杂处，良莠不齐，饥民麕集，深恐别滋事端，请饬查明抚恤。"[1] 光绪二十四年，"口外州县旱冻成灾……兼之该处地方，马贼盘踞，金丹教匪，余孽未净，饥民恐被煽诱……"[2] 对于受到清廷和封建领主双重压迫的草原人民而言，灾荒常常成为反抗饥饿、反抗压迫的助燃剂和导火索。如咸丰元年（1851年）蒙古科尔沁部佃民抗租起义就是反抗压迫的事例。[3]清代自然灾害对内蒙古地区的损害也同样因为内蒙古地区人民生产水平低下和生活贫苦，以及社会组织结构、阶级矛盾问题，而更为严重。

灾荒发生后，灾民因缺衣少食，无以为生而躁动不安，于是往往会引起社会人心混乱，从而影响到整个社会的安定。如光绪十八年（1892年）春，归化城被旱成灾。"归化厅山后粮地各村及茂明安各旗，地方辽阔，纵横几及千里，去年禾麦无收，今年被旱尤甚，人心岌岌。"[4] 再

---

① 《清德宗实录》卷214，第1008页。

② 《清德宗实录》卷434，第697页。

③ 参见翦伯赞等主编：《中外历史年表》，中华书局1991年版，第803页。

④ 内蒙古师范大学图书馆编：《归化城厅志》上册，第205—206页。

如光绪三十年（1904年），托克托黑河屡涨，刷毁河堤，于是厅治近河地方，人情汹惧。第二年，当地官员领款集工修堤，自近河之面，加厚五尺，加高三尺，这才使得民心安定，全城获安。[1] 有时水灾也会冲毁道路，从而使得交通中断。如光绪二十二年（1896年）秋，和林格尔厅发大水。石咀子、下土城、老爷坝各村官道，悉为洪流冲坏，交通断绝达数月。[2] 光绪三十年（1904年）秋，五原厅发大水，当时阴雨兼旬，黄河决口，溢出岸堤，附近沙吉尔召突为巨浪卷入中流，望若洲岛。近河之长济大渠冲毁，城乡交通，全恃船筏往来。[3]

瘟疫发生之后，人心惶惶，人们自然都躲避在各自的家中，不敢外出，虽然这样可以防止瘟疫在人群中的相互交叉传染，但也在一定程度上断绝了交通。如同治八年（1869年），口外瘟疫流行，归化城厅尤其厉害，人们都躲在家中不敢外出，城乡交通断绝。[4]

灾荒发生后，或因粮价高涨，或因富户大家囤粮不售以待高价，常常会迫使缺衣少食即将饿毙的饥民"吃大户"，出现抢粮事件，这无疑激化了社会阶级矛盾。

光绪十八年（1892年）春夏间，口外诸厅地方因旱大饥。到了冬季，灾情更加严重，"少妇处女鬻之不能易斗米，饿莩枕籍，与日俱增"[5]。归化城粮食大缺。"山（指大青山）后之来城籴粮者，每年约有三十万石。去年五月望后始降雨，八月初即降霜，故进口只十一二万。城中粮店十二家，每年所进仅敷一年籴卖，去年所入较往年已少大半。"除粮食缺乏，一些富户大家还借机囤粮高价出售以牟利，"有力之家鉴于歉收粮贵已多预定，目下粮店所囤者皆有主之粮，无主者每家不过

① 参见绥远通志馆编纂：《绥远通志稿》第十一册，第213页。
② 参见绥远通志馆编纂：《绥远通志稿》第九册，第14页。
③ 参见绥远通志馆编纂：《绥远通志稿》第九册，第15页。
④ 参见绥远通志馆编纂：《绥远通志稿》第九册，第12页。
⑤ 参见绥远通志馆编纂：《绥远通志稿》第十一册，第293页。

一二十石"①。萨拉齐厅农村的一些富户也仿效城中的做法，亦相率运粮入城，存于粟店，盖以防被吃而待高价也。大车哼哼，日夜不绝于途。

针对富户大家的这种囤粮牟利的做法，四乡缺衣少食、嗷嗷待哺的饥民中有人提出"吃大户"的口号，抢粮事件层出不穷。其中最传神的要属萨拉齐厅的自来宝截粮事件。自来宝出身于土默特右翼六甲一位牧民的家里，年轻的时候常常为人打抱不平，被时人称为雁北游侠之魁，后居住在萨拉齐厅北郊，以贩马为业。针对富户大家囤积粮食的做法，自来宝非常愤怒，于是与其友人合力截粮，然后将粮食分给嗷嗷待哺的饥民，使他们能度过饥馑的难关。《绥远通志稿》对此次截粮事件有非常详细的描述：

> 自来宝知之，谓其友杨雨生曰：'大户囤粮不售，城郊饥民何以卒岁，吾欲代诸大户作一好事，汝能助我乎?'杨曰：'愿尽力'。于是二人乘夜密约城郊饥民，嘱翌日齐集于城外西老藏营村，尽截粮车而计口分取之，令杨以自来宝名字作保，写借据付车工，使归报户主。一日之间，散粮近千石，饥民大悦。

被抢的富户大家自然不甘心，联名向官府控告自来宝，必欲置自来宝于死地而后快。但到了官府，结局非常具有戏剧性。"诸大户则联名控自来宝聚众劫粮于萨厅，厅官晓之曰：'汝辈幸人灾，自来宝救人死，本厅岂能助汝辈甘心于自来宝乎?况有借据在，汝辈姑待其偿，庸何伤?'诸大户皆废然而罢。"②

《绥远通志稿》中的这段描述非常细腻、入微，在鲜明地塑造了一位为饥民造福的江湖游侠的同时，也在一定程度上反映了当时灾后开始

① 内蒙古师范大学图书馆编：《归化城厅志》上册，第221页。
② 绥远通志馆编纂：《绥远通志稿》第十一册，第293页。

激化的社会阶级矛盾。

而在其他各地出现的抢粮饥民就没有自来宝幸运了,当时各地官府对抢粮的饥民一般实行镇压政策,"将抢粮之案,择其情节较重者,许各厅官一面通禀,一面就地正法"①。官府的这种杀鸡骇猴的高压作法最终的实效如何,由于缺乏相关史料,我们不得而知,但这无疑会火上浇油,激化本已尖锐的社会阶级矛盾。

光绪二十六年(1900年),春夏无雨,夏秋禾稼皆未登场,归绥各属大饥,道殣相望,归化城、萨拉齐、托克托一带,斗米有价至制钱一千五六百,合银一两三四钱者。灾民无以为食,于是各地纷纷出现抢粮事件。该年六月,归绥大成号地方麦田熟数十余顷,远近饥民群集地畔,男呼女应,一时拔取立尽。归化城、丰镇、宁、萨拉齐等各处存粮的大户,同样被聚众强取或勒借者甚多。②

当时有人对抢粮事件的发生原因做过分析:"成群结队敢为非,抢劫横行罪有归,实逼饥寒方出此,堪矜愚昧本无知。"③一句"实逼饥寒方出此",透露了辛酸之苦,也道出了饥民抢粮的真正原因。

第三节　灾荒对人口因素的影响

自然灾害发生后,除对社会经济影响较大以外,对人口的影响也非常大。在无情的自然灾害面前,人们更多的时候是束手无策。因此,灾害极易导致饥荒,乃至灾民走投无路,大量死亡。

---

① 内蒙古师范大学图书馆编:《归化城厅志》上册,第224页。
② 参见绥远通志馆编纂:《绥远通志稿》第九册,第14—15页。
③ 卢梦兰:《悯灾竹枝词》,载阿克达春、文秀等纂修:《清水河厅志》,第499页。

一、灾民流离甚至出卖人口

(一) 灾民背井离乡

清代内蒙古地区灾荒使得口内外灾民双向迁移现象大量发生, 人民生活质量严重下降。内蒙古地区土地辽阔, 人口居住分散, 以牧业为主的游牧经济, 使人们居无定所, "逐水草而居"的草原人民深受灾荒的侵害。《清实录》中有许多关于灾荒的记载, 其中有详细的受灾人口统计, 如雍正十二年"归化城都统丹晋疏奏, 吴喇忒镇国公达尔玛机里第等属下游牧地方于去冬雪大风寒, 人畜伤损, ……查明小大共一万五千三百八十五口……"①。乾隆十二年, "苏尼忒等六旗蒙古被灾人等, ……共计三万八百余口……"②。史料中更多的记载是没有详细受灾人口数字的, 但从中仍可感受到人民被灾荒困扰的凄惨景象。如光绪二十四年, "直隶、承德府赤峰等县春雨过晚, 田苗枯槁, 七月间又遭霜冻, 民间颗粒未收, 嗷嗷待哺"③。灾黎众生, 生计维艰。

灾荒的存在造成大量人口的迁移。这种迁移常常是受灾地区与非灾地区, 以及遭受不同灾害地区相互间的迁移。由于无力抗拒或抵御灾害, 迁移成为受灾人民逃避灾荒的主要手段。清代内蒙古地区也存在大量的人口双向迁移现象。山东、山西、陕西、河北等地灾民大量涌入内蒙古地区, 内蒙古地区灾民则大量逃亡内地。《清实录》各朝代这样的记载颇多。如: "鄂尔多斯, 上年收成歉薄, 贝子罗卜藏请借食粮, ……鄂尔多斯蒙古之乏食者, 多向神木榆林城内就食, 甚为可悯。"④嘉庆十九年, "蒙古地方荒歉, ……口外种地民人, 现俱闻赈归来, 其蒙古

---

① 《清世宗实录》卷 142, 第 791 页。
② 《清高宗实录》卷 297, 第 885 页。
③ 《清德宗实录》卷 434, 第 697 页。
④ 《清世宗实录》卷 154, 第 888 页。

乏食贫民，亦均逃入内地"[1]。由于灾荒造成人口死亡或逃亡，这就使农牧业劳动力短缺，土地无人耕种，牲畜无人放牧，或无牲畜可放牧。大片土地荒芜，而来口外耕种的人"因所垦熟地或被风刮，或被水冲，是以……弃地逃回原籍"[2]，被抛弃的土地，便逐渐失去肥力，加之原植被被破坏，时间不长便盐碱化、沙化，成为废地。失去土地的人们恢复生产的能力又极其有限，如遇连年灾荒发生，便更是生活困苦，衣食无着，甚至危及生存。

灾害发生后，如果受灾程度较轻，灾民忍饥挨饿，剥树皮、掘草根，或许还可以勉强渡过难关。但如果受灾程度较重，或水天相连，或赤地千里，已经超过灾民的最低承受程度，那么，在灾区由于禾稼或在大水中浸泡腐烂，或在连日骄阳的干烤下黄萎枯死，牲畜或无草可食而饿死，或无力抵挡严寒而冻毙，房舍在大水中或倾圮，或没顶，灾民们既无充腹之粮，又无安身之地，于是就不得不扶老携幼，担着微薄的陈破家什，领着面黄肌瘦的妻子儿女，随着星散的人群毫无目的地流向四方，把无限的求生愿望寄托在毫无了解的异乡他处。这样的事例也是不胜枚举，如：

康熙二十年（1681年），大同地方，连年旱荒，百姓困苦，以致流离失所，就食他方，因而田地荒芜，生计不遂。[3]康熙五十七年（1718年），杜尔伯特旗地方连年亢旱，米谷不收，牛羊倒毙，兵丁人民无以为生，多逃亡到黑龙江、郭尔罗斯等处糊口。[4]雍正十二年（1734年），鄂尔多斯收成歉薄，蒙古之乏食者，多向神木、榆林城内就食。[5]乾隆五十二年（1787年），丰镇厅发生灾荒，饥民多流亡。[6]乾隆五十六年

[1]　《清仁宗实录》卷300，第1131页。
[2]　阿克达春、文秀等纂修：《清水河厅志》，第269页。
[3]　参见《清圣祖实录》卷96，第1211页。
[4]　参见《清圣祖实录》卷281，第747页。
[5]　参见《清世宗实录》卷154，第888页。
[6]　参见绥远通志馆编纂：《绥远通志稿》第十一册，第285页。

（1791年），苏尼特两旗游牧地方，连年被旱，贫寒蒙古觅食四方。后经赈济，并获雨泽，牲畜肥腯，各处就食之人，回家乐业。①

嘉庆十九年（1814年），口外内蒙古地方遭灾荒歉，民食愈艰，乏食贫民很多都逃入陕西榆绥地方，"蒙古民人亦纷纷因逃荒而至"②。

道光三十年（1850年）秋，黄河大涨，河口镇堤防溃决，全镇立刻被浸泡在大水之中，过了一个多月以后洪水才退却。相传河口镇经此次大水，巨商多有移往包头者，市况稍衰。③

光绪十八年（1892年），口外归绥道属七厅及蒙旗，因去岁歉收，入春至夏无雨，不能下种，秋收无望，小民生计异常艰窘。归化所属之大青山后毗连茂明安等旗地方，荒旱尤甚，嗷鸿遍野，以致归化城、萨拉齐等处粥厂就食贫民，多至一万三四千人。④大佘太向为产粮之区，居民存粮多，粗可支度，而由广盛魁、明安川一带，逃至饥民日众，求食不得，率皆饿毙，纵横道路，为状至惨。⑤光绪二十六年（1900年），口外大旱，饥民塞途。⑥光绪二十七年（1901年），蒙古部分地区遭虫灾，尤以杜尔伯特旗为重。该旗连年被灾，四项牲畜倒毙殆尽，官员已极穷迫，其兵丁男妇、刺麻黑人竟至无所资生，每日不得一饱，出外募化者日多一日。除了稍有牲畜能度命者23户以外，竟有77户男妇老弱、刺麻黑人无衣无食，难望存活，多逃往别旗募化行乞。⑦

宣统三年（1911年），伊克昭盟所属郡王旗、札萨克旗两旗地方，

---

① 《大清会典事例》卷991，内蒙古人民出版社2007年版，第2页

② 《清仁宗实录》卷300，第1132页。

③ 参见绥远通志馆编纂：《绥远通志稿》第九册，第11页。

④ 参见《朱批档》存片，载李文海等：《近代中国灾荒纪年》，第565页。

⑤ 参见绥远通志馆编纂：《绥远通志稿》第九册，第13—14页。

⑥ 参见绥远通志馆编纂：《绥远通志稿》第十一册，第295页。

⑦ 参见《朱批档》，光绪二十七年十二月十九日瑞洵折，载李文海等：《近代中国灾荒纪年》，第688页。

雨泽愆期，粮食歉收，去年又遭大旱，人民乏食。冬春频降大雪，深至三尺、四尺、五尺不等，以致牲畜被雪掩埋倒毙者十居七八，饥饿台吉人等仅食倒毙牲畜之肉。许多受灾牧民俨成流离之象，其中郡王旗流散50余口，占该旗受灾人口3281人的1.5%，札萨克旗流散72户，354口，几乎占该旗受灾人户391户的20%，受灾人口2762人的13%。[①] 这个比例就比较高了，这同时也说明此次灾害影响较大。

（二）灾民出卖人口以求生存

在灾害非常严重之时，因迫不得已，灾民们还往往卖儿鬻女，将自己的亲人如妻子、儿女卖与他人，一来可以换些粮食或银钱以求度过饥馑的难关，二来可以为自己的亲人找到一条生路，免其饿死冻毙。而富裕之家，在"人市"上只要花几百个铜钱就可以买得一个男孩或女孩，或送与他人，或收为人妾，或留作奴婢。

康熙五十一年（1712年），鄂尔多斯地方连年大雪，饥馑洊臻，将人口卖与四十九旗并喀尔喀者甚多。[②] 康熙五十七年（1718年），杜尔伯特旗地方连年亢旱，米谷不收，牛羊倒毙，许多受灾兵丁人民典身与他人以度饥馑，数量高达6000余人。最后朝廷动用库帑将他们赎回。[③]

雍正十三年（1735年），鄂尔多斯地方因上年收成歉薄，许多牧民受灾乏食，被迫典卖妻子人口达2000余人，后经地方官查明人数动用正项钱粮赎回，赏还本旗。[④]

乾隆时期，托克托城岁饥，有贫民李材因无以为生，打算将其童养媳卖与他人为妾，恰值阳城教谕段应元此时正寄寓于该地，见此情形，

---

① 参见《朱批档》，宣统三年九月初八日堃岫折，载李文海等：《近代中国灾荒纪年》，第802—803页。

② 参见《清圣祖实录》卷252，第499页。

③ 参见《清圣祖实录》卷281，第747页。

④ 参见《清世宗实录》卷154，第888页；卷155，第893页。

"出橐中装遗之",这才使得李材夫妇二人完聚。①

　　光绪十八年（1892年），归绥道属七厅及蒙旗大饥，全境赤地千里，以致"卖男鬻女"踵接于途。当时各地人市林立，年轻妇女价仅大钱一二吊文。②托河地方当大旱时，而宁夏境内丰收，于是有不少"莠民"收买子女，以船运宁，售价获利，被卖的子女人数达3000人以上。逃到大佘太一带的饥民求食不得，率皆饿毙，纵横道路，为状至惨，年幼子女亦多卖运宁夏。③

　　有时因情形急迫，一些饥民甚至来不及出卖子女，直接将子女抛弃与他人，以求一生。如光绪三年（1877年），口外各厅因上年秋稼未登，本年春夏又复亢旱，秋苗未能播种，大饥。萨拉齐、托克托、和林格尔、清水河四厅尤为灾重。各厅开仓放赈，饥民日多，仓谷不敷，饥殍遍野。许多饥民将幼子弃诸他人之门，冀得收养以求一生。④再如光绪十八年（1892年），口外大旱，饥民无以为食，情急之处，男孩见有车过，即掷于前，逼令带走，否则压死不顾。⑤

二、灾民走投无路大量死亡

　　夏秋连日的暴雨洪灾，除了会冲毁房屋、田禾以外，还往往把居住在低地的人们驱向水底龙宫。人们延性命于呼吸之间，落魂魄于云霄之外。许多人因顾恋着自己已经成熟或即将成熟的禾稼，还没来得及为自己寻找栖身之地就踏上了死亡的路程。而大批的灾民在大水漫淹时攀上屋脊，缘至树梢，一面哀戚地注视着水中漂浮的尸体，一面殷切而无望

---

① 参见绥远通志馆编纂：《绥远通志稿》第十一册，第308页。
② 参见内蒙古师范大学图书馆编：《归化城厅志》，第242页。
③ 参见绥远通志馆编纂：《绥远通志稿》第九册，第14页。
④ 参见绥远通志馆编纂：《绥远通志稿》第九册，第12—13页。
⑤ 参见内蒙古师范大学图书馆编：《归化城厅志》上册，第256页。

地等待着不知何时才能到来的赈济。

道光二年（1822 年）八月，归化城、萨拉齐二厅地方山水涨发，濒临浑河、黑河的毕克齐丰后庄等 37 村庄被灾，毕克齐水磨沟 10 个村庄被水淹没，人多淹死。①

光绪九年（1883 年）六月十三日至十九日，赤峰县连续下了七昼夜大雨，山山出泉，沟沟发水，特别是英金河和锡泊河的水格外大，深处约有 10 米。因为两河支流多，各个支流都是大水。赤峰城外大水，北到龙头山底，南至蜘蛛山山半腰，漫过县城外的通水坝，涌入县城，冲毁不少房屋，同时也淹死了许多人。尸体在两河中漂浮，时有所见。②光绪三十年（1904 年）七月二十日，包头镇大雨淋漓，比卓午云黑如墨，霹雳一声，山石为开，暴雨大至。城内东西瓦窑沟山洪汹涌而下，冲向西城，经流通衢商铺德茂兴、同祥魁、永义元数家及西端口袋房、粉房各巷，立成泽国。水过草市、牛桥而西泛，柴多捆拥至西门，门壅积水，水道又为沙物阻塞，愈聚愈高，旋至西南横越城墙而出，势如飞瀑。西城一带，水淹房压而死者，达数百余户，而西北城角被淹死的更多，街衢中冲倒而淹死的也达数百之多。③

春夏的水旱导致了夏秋禾稼的颗粒无收。到了寒冬腊月，饥寒交迫的饥民在走向施粥厂和异乡的道路上，就开始每日几十成百地饿毙倒于路旁。勉强存活下来的也往往度不过第二年的春荒，仍是不免一死。

光绪三年（1877 年），口外各厅因上年秋稼未登，本年春夏又复亢旱，秋苗未能播种，而成大饥。蒙旗亦大饥，伊盟准格尔旗粮价高涨，居民死者大半。④ 在一次灾荒中就有超过一半的人口死亡，死亡率高达

---

① 参见《呼和浩特市气象局资料》，转引自《内蒙古历代自然灾害史料》上册，第 97 页。

② 参见赤峰市地方志编纂委员会编：《赤峰市志》，第 64 页。

③ 参见绥远通志馆编纂：《绥远通志稿》第九册，第 16 页。

④ 参见绥远通志馆编纂：《绥远通志稿》第九册，第 12—13 页。

50%以上，这无疑是前所未闻的了。光绪十八年（1892年），归绥道属七厅及蒙旗大饥。因上年就已灾歉，本年入春至夏无雨，不能下种，秋收无望，全境赤地千里，所到之处饿殍盈野，村落成墟。有的地方每村饿毙日数十人。[1] 萨拉齐厅更为严重，当时老弱饿死者大半，该厅下令掘大坑掩埋死者尸体，俗名曰"万人坑"。[2] 每个村庄每天饿死数十人，这个数字比起光绪三年高达50%以上的死亡率虽有所降低，但仍是相当惊人。光绪二十六年（1900年），归绥各属春夏无雨，夏秋禾稼均未登场，各地大饥，道殣相望。是年灾区广阔，宁夏地区也同时告灾，沿河人民饥毙者多，而逃亡者少。各城每天都由公街雇工掩埋死者。当疲惫的、浮肿的或者面如土色的饥民们拖着沉重的脚步跨进来年，希冀饥荒能够等到缓解，他们也能得到一生时，然而第二年春季饥荒更趋严重，各厅灾民日死者更众，整个归绥道人口减少至十分之三。[3] 整个口外七厅死亡率高达33%以上，此次灾荒的严重可推想而知。

此外，瘟疫也常常把死亡的灾难直接栽到人们的头上，死者连村成片，以致千里无人烟。无论何种瘟疫，其最直接的后果不外是灾民生病或死亡，然而在当时内蒙古地区十分落后的医疗条件下，染上瘟疫能治愈的非常少，当时治愈率一般在10%以下。[4] 这么低的治愈率说明一旦染上瘟疫，基本上就只能等死了，而事实也正是如此。

同治八年（1869年），口外瘟疫流行，归化城厅尤甚，多有全家就毙者。[5] 光绪二十七年（1901年）夏，丰镇境内瘟疫盛行，俗名传症，人畜伤亡甚众。[6]

---

① 参见李文海等：《近代中国灾荒纪年》，第564—566页。
② 参见绥远通志馆编纂：《绥远通志稿》第九册，第14页。
③ 参见绥远通志馆编纂：《绥远通志稿》第九册，第14—15页。
④ 参见绥远通志馆编纂：《绥远通志稿》第九册，第12页。
⑤ 参见绥远通志馆编纂：《绥远通志稿》第九册，第12页。
⑥ 参见绥远通志馆编纂：《绥远通志稿》第九册，第15页。

人口的大量流失和死亡，造成的直接后果便是灾区劳动力减少。这对灾后经济的重建带来了许多负面影响，更加重了社会经济的凋敝。

其实，每一次自然灾害所造成的危害与影响非常复杂，涉及社会的每个方面，具有综合性的特点，并不是仅关涉其中的某一方面。下面我们以光绪十八年（1892 年）口外诸厅因亢旱而发生的大饥荒为个案，来说明灾害对整个社会的综合危害与影响。

第一，灾民众多，赈济量大。光绪十八年（1892 年），口外七厅地方发生历年来罕见的大饥荒。其实这场大饥荒早在上年秋季即已经初现端倪。光绪十七年秋，归化城厅及山后粮地，萨拉齐厅及西部大佘太，就已冻旱成灾。丰、宁二厅被灾亦重。各厅亦皆歉收，粮价大涨，饥民载道。① 十八年，旱情更趋严重，入春至夏无雨，不能下种，秋收无望，小民生计异常艰窘。贫民乏食，有饿毙者，有逃亡者，有卖儿鬻女者，情形甚惨，待哺孔殷。② 归化所属之大青山后毗连茂明安等旗地方，荒旱尤甚，嗷鸿遍野，以致归化城、萨拉齐等处粥厂就食贫民，多达一万三四千人。③

其中仅归化城从光绪十七年冬、十八年春两次就陆续出借过常平仓、丰备仓、义仓共仓石谷八千五百八十四石一十五升。④ 五六月间，虽得雨水，但为时已迟，加上灾民多有逃绝，而且还有的没有牛犋、无籽种以致不能补种，⑤ 当时总共补种晚秋不过十之三四。⑥ 灾民仍处在水深火热之中，官府办理赈济，仅自六月起至七月止就放给灾民两个月口粮，计男女大小以两小口折一大口，合计贫民十三万二千九百三十三口

---

① 参见绥远通志馆编纂：《绥远通志稿》第九册，第 13 页。
② 参见内蒙古师范大学图书馆编：《归化城厅志》上册，第 242 页。
③ 参见《朱批档》存片，载李文海等：《近代中国灾荒纪年》，第 565 页。
④ 参见内蒙古师范大学图书馆编：《归化城厅志》上册，第 204 页。
⑤ 参见内蒙古师范大学图书馆编：《归化城厅志》上册，第 242 页。
⑥ 参见《录副档》，光绪十八年八月十二日胡聘之折，载李文海等：《近代中国灾荒纪年》，第 565 页。

半，每大口两月口粮仓斗一斗八升，共放过仓斗粮三万三千九百二十八石三升。①

一波未平，一波又起。灾情刚刚才有稍许的缓解，紧接着在七月底八月初又一场灾害降临。"是年秋，阴霜冻禾。"补种的晚禾，又因雨多禾苗尚嫩，连遭霜冻，禾稼黄萎，籽粒都空，以致秋收甚歉，有的地方甚至颗粒无收。"情形有与去年相仿者，更有不及去年者。且去年地皆全种，虽歉收而尚有些粮。今年地多未种，一歉收更觉无粮。"②一下子灾情变得更加严重，灾民更是雪上加霜。

第二，天灾"人祸"，合力摧残。灾情本已相当严重，人祸更加重了饥荒。在灾民普遍忍饥挨饿、无以为生的时候，有些富户大家却趁机囤积粮食，打算高价出售，以牟暴利。这进一步加剧了粮荒。"山（指大青山）后之来城粜粮者，每年约有三十万石，去年五月望后始降雨，八月初即降霜，故进口只十一二万，城中粮店十二家每年所进仅敷一年粜卖，去年所入较往年已少大半。有力之家鉴于歉收粮贵，已多预定。目下粮店所囤者皆有主之粮，无主者，每家不过一二十石，现已异常空虚。"③城中如此，农村富家自然也不甘于落后，"乃相率运粮入城，存于粟店，盖以防被吃而待高价也。大车哼哼，日夜不绝于途。"④这些无疑为饥荒的加剧推其波而助其澜。

口外七厅地方如归化、丰镇等处，本来就民贫地瘠，夙鲜盖藏，猝遇奇荒，灾民只能束手待毙。于是在天灾人祸的合力摧残下，口外七厅地方陷入了空前的大饥荒之中，其中以丰镇厅为最重，归化、宁远次之，萨拉齐、托克托、和林格尔、清水河等厅又次之。

当时秋收甫毕，而粮价日昂，贫民乏食。口外粮价，平时粗粮斗不

---

① 参见内蒙古师范大学图书馆编：《归化城厅志》上册，第 204 页。
② 参见内蒙古师范大学图书馆编：《归化城厅志》上册，第 242—243 页。
③ 参见内蒙古师范大学图书馆编：《归化城厅志》上册，第 221 页。
④ 绥远通志馆编纂：《绥远通志稿》第十一册，第 293 页。

过钱三百，小麦七八百，这时小麦价至一千八文，而粗粮增至四倍。杭锦各旗粮价上涨得更是惊人，糜子每石竟高至五两。① 开始的前数月饥民还能以荞麦花、禾梗以及草根、树皮煮食充饥，到后来这些东西也都没有了，于是有的饥民就兼食马粪，所见之人，哭无泪而号无声。"有将荞麦秸磨碎以充食者，并有将马粪淘洗以充食者"。当时农民能日食一粥即称富户，下此则掘草根，剥树皮，苟延朝夕。②"有力之家，初尚能以糠秕果腹，继则草根树皮均已掘食殆尽，朝不保暮，岌岌可危。"③实在没有什么可吃的，有的地方开始出现人吃人的现象，当时"二道河、康保尔一带，野无青草，有食人肉者"④。甚至还有不忍吃自家人，与别家互换而吃的。"遍加访察，竟有易子析骸之惨"⑤。

第三，饿殍盈野，村落成墟。灾民为了求生，开始出卖自己的亲人如妻子儿女。当时各地都设有"人市"，"人市林立，年轻妇女价仅大钱一二吊文，男孩见有车过，即掷于前，逼令带走，否则压死不顾"⑥。以致出现"卖男鬻女踵接于途"⑦的现象。托河地方当大旱时，宁夏境内丰收，莠民收买子女，以船运宁，转售获利，人数达 3000 以上。大佘太向为产粮之区，居民存粮多，粗可支度，而由广盛魁、明安川一带，逃至饥民日众，求食不得，率皆饿毙，纵横道路，为状至惨，年幼子女亦多卖运宁夏。⑧

饥民大量死亡的现象也随之开始出现。因没有食物可食，"虽壮夫

① 参见绥远通志馆编纂：《绥远通志稿》第九册，第 13 页。
② 参见内蒙古师范大学图书馆编：《归化城厅志》上册，第 243 页。
③ 《朱批档》，光绪十九年三月初七日李鸿章折，载李文海等：《近代中国灾荒纪年》，第 566 页。
④ 绥远通志馆编纂：《绥远通志稿》第九册，第 13 页。
⑤ 《朱批档》，光绪十九年三月初七日李鸿章折，载李文海等：《近代中国灾荒纪年》，第 564—566 页。
⑥ 内蒙古师范大学图书馆编：《归化城厅志》上册，第 256 页。
⑦ 内蒙古师范大学图书馆编：《归化城厅志》上册，第 242 页。
⑧ 参见绥远通志馆编纂：《绥远通志稿》第九册，第 13—14 页。

不能行半里，失跌即死，沿途倒毙之人无处蔑有"①。萨拉齐厅老弱饿死者大半，官府令掘大坑掩埋之，俗名曰"万人坑"。宁远、和林、清水河各厅死亡亦多。② 有的地方每村饿毙日数十人。③ 而且死亡程度随着灾情的加重也在加深，饿莩枕藉，与日俱增。④

当时口外七厅所到之处，饿殍盈野，村落成墟。⑤ 饥民的悲惨情形，连前来办理赈济的官员都目不忍睹，土地大片龟裂，寸草不长，树皮全部被剥光，草根完全被掘尽，强壮者远逃异乡，老弱者坐以待毙，留下的灾民甚至发展到易孩而食的地步。真是哀鸿遍野，饿殍载道，一幅悲惨的人间地狱图。

最后，让我们以一组《悯灾竹枝词》作为结束语，从中窥测灾荒的危害与影响：

其一、光绪三年晋沮饥，河东一带更堪悲，哀鸿遍野嗷嗷惨，目击心伤正此时。

其二、贫家糊口苦无赀，产逮中人亦可危，太息盖藏全不讲，一经荒歉便难支。

其三、果核糠秕也疗饥，草根掘尽树无皮，丁男子妇皆枵腹，黄发垂髫悉馁而。

其四、灾黎千万粟何几，赈济焉能惠遍施，道瑾相望沟壑委，民无菜色实难期。

其五、父母从无不爱儿，古今同一乃如斯，谁知饥馑先遭后，

---

① 参见内蒙古师范大学图书馆编：《归化城厅志》上册，第 256 页。
② 参见绥远通志馆编纂：《绥远通志稿》第九册，第 14 页。
③ 参见《朱批档》，光绪十九年三月初七日李鸿章折，载李文海等：《近代中国灾荒纪年》，第 564—566 页。
④ 参见绥远通志馆编纂：《绥远通志稿》第十一册，第 293 页。
⑤ 参见《朱批档》，光绪十九年三月初七日李鸿章折，载李文海等：《近代中国灾荒纪年》，第 564—566 页。

抛弃婴孩满路歧。

其六、只图暂果腹中饥，罔故伦常忍悖违，骨肉相残竟相食，异于禽兽又几希。

其七、成群结队敢为非，抢劫横行罪有归，实逼饥寒方出此，堪矜愚昧本无知。

其八、耕九余三旧善规，全凭积谷在平时，虽荒有备当无患，何事纷纭议粟移。

其九、入春惟望雨知时，三日为霖泽沛施，最是天心本仁爱，应从民愿溥无私。①

这组竹枝词切实地刻画了灾荒给人们带来的巨大不幸，其细腻入微堪称独到。正因为灾荒的后果如此严重，历代统治者都非常重视灾荒的赈济，由此形成了一套完整的救荒政策，这将在下一章里详细叙述。

---

① 卢梦兰:《悯灾竹枝词》，载阿克达春、文秀等纂修:《清水河厅志》，第497—500页。

第五章　清代内蒙古地区救灾荒政探析

　　所谓荒政，是指政府救济饥荒的法令、制度与政策措施。我国古代荒政源远流长，历朝历代都把荒政作为其重要国策之一，尤其到了清代更是以统治者高度重视、措施全面、立法完备、执行严格、效果显著而达到古代荒政的鼎盛阶段。本章系统研究清代内蒙古地区的救灾与荒政，救荒既有赈济、调粟、养恤、除害等被动的治标政策，也有注重改造和改善社会条件与保护和建设生态环境等积极的治本政策。清朝统治者出于捍卫政权、维护统治和稳定社会以及救灾民于水火的考虑，对内蒙古地区采取了多种救灾形式与救荒措施。这些荒政措施贯彻落实如何，既与该社会各个阶段的政治是否昌明、政策是否到位相关，更取决于该社会的社会生产力的发展状况。

第一节　荒政实施：救灾的基本程序

　　清代集历代救荒措施于一身，发展最为完备。"凡荒政十有二：一曰备浸；二曰除孽；三曰救灾；四曰发赈；五曰减粜；六曰出贷；七曰蠲赋；八曰缓征；九曰通商；十曰劝输；十有一曰兴工筑；十有二曰集流亡。"① 作为"畿辅"之地的内蒙古地区，其救荒措施相对完备而不乏特色。

一、救荒基本概况

关于清代内蒙古地区的救荒情况，笔者主要根据《清实录》的记载，同时补充、印证以《大清会典事例》《内蒙古历代自然灾害史料》内蒙古诸方志等材料，将清代内蒙古地区重大的救荒活动按年代顺序排列如下：

顺治朝：

二年（1645 年），题准边外八旗涝地，每垧给米一石。又题边外八旗蒙古地亩被灾按饥民每口折借米银，许沿边籴米，勿令进边。又题准游牧地方被灾人产，每各月给米一斗，在张家口者给米，在古北口者折银。

十一年（1654 年），复准八旗涝地，令即赈给到漕米，满洲、蒙古每佐领下给仓米二百石，汉军每佐领下给仓米一百石。不论有无奉粮，该旗负责酌量散给。

十三年（1656 年）二月，以八旗地亩被水蝗雹灾，特给满洲、蒙古每牛录米三百石，汉军每牛录米一百石，俾酌给披甲人役及穷独者。

康熙朝：

二年（1663 年）十月，给八旗水淹地方，米二百五十八万石。

三年（1664 年）九月，遣官查勘八旗被水旱蝗灾荒田，赈给米粟，共二百一十三万六千斛。

十年（1671 年）六月，以苏尼特等八旗被灾，令将马场的马匹、礼

---

① 《钦定大清会典》卷十九，光绪二十五年（1899 年）石印本。

部牧场的牛羊群赏给灾民。

是年，土默特蒙古被灾，令宣化府所属州县运仓米至杀虎口救济，先运五千石，续运一万石。

是年，八旗屯地旱，赈米一百六十四万七百石。

二十年（1681年），以苏尼特等旗被灾，令拨给足供一年之用的米粮。

二十四年（1685年），浩齐特蒙古三千人被灾，调发克什克腾旗拜察地方储粟一千石救济。

二十八年（1689年），内蒙古和华北出现大旱灾。康熙帝在八月北巡时看到蒙古马匹倒毙，牛羊损耗，仲秋即以山核桃煮粥作食。于是派理藩院官员前往各旗，会同扎萨克，于喜峰口、古北口、杀虎口、张家口、独石口相近之处领赈。

三十八年（1699年），巴林发生饥荒，令散发巴林粮仓存米一千石，如不足，再调运坡赖村米粮。

五十四年（1715年），蒙古地方发生大雪灾，乌兰察布盟和锡林郭勒盟十四旗被灾，令八旗官驼运送粮米，对乏食之人散给两月口粮，又赈银十万两。

五十五年（1716年），鄂尔多斯部歉收，遣官往赈，凡七千九百余户，凡三万一千余丁。

五十七年（1718年），索伦水灾，拨银一万两赈之。

雍正朝：

元年（1723年），郭尔罗斯与科尔沁被灾，令户部拨银三万两采买牛羊，按户按口分发。又发伯都讷仓米二万石，按口分配。

同年，喀喇沁、扎鲁特等八旗岁饥乏食，命户部拨银7万两散发灾民。

二年（1724年），以苏尼特、阿巴噶等旗连年受灾，是年又遭大雪，拨帑银二万两赈济。

五年（1727 年），科尔沁五旗减产，赏银三千两救济，后又从土谢图亲王阿拉卜坦等旗仓内借给每户粮食五斗。

十年（1732 年），杜尔伯特蒙古歉收，派员带银一万两，前往赏赈。

十一年（1733 年）七月，科尔沁公喇嘛扎布旗内无牲畜之贫苦人民六千六百口，只有两月米粮，令由伯都讷拨米五千石，另派户部官员携银两送往灾区，购买次年亟须的籽种和欠缺的口粮。

是年冬，乌拉特旗因雪大风灾，人马冻馁倒毙较多，遣理藩院派员按户赈济，各旗扎萨克受命亲自分发救济粮达七千二百四十余石。

乾隆朝：

元年（1736 年），巴林岁旱，发银一万两赈济。

二年（1737 年），豁免雍正十三年分陕西神木、府谷等县借给鄂尔多斯乏食蒙古京米五千四百九十石。

四年（1738 年），拨银六千八百四十两，赎回鄂尔多斯贫苦牧民典卖的子女三千一百六十一口。

十一年（1746 年），乌兰察布盟六旗被灾，清廷调拨官帑救济，共赏给米粮二千二百七十余石，茶叶五千六百八十余斤，并赏给牛羊等牲畜。

十二年（1747 年）八月，苏尼特六旗旱灾，调用张家口厅现存之买谷银三万三千两，采买热河、八沟等处米粮二万石，在多伦诺尔买茶叶四万斤，紧急救济。另外，拨银三万三千八百两以采买牛羊牲畜。此次赈济和赏赐，清政府拨款在十万两以上。

二十二年（1757 年）十月，扎鲁特、阿鲁科尔沁等三旗被灾，派官员分两路，各带银二万两，买米赈给。

二十三年（1758 年）四月，因鄂尔多斯部饥旱相仍，准借给王贝子俸银十年。

是年五月，土默特部因上年歉收，借给仓谷二万九千二百石，分两年交还。

二十五年（1760年），扎萨克图汗部四旗灾歉，派员支领库银五千两前往办赈。

二十七年，哲里木盟连年被灾，赏银二千两，以备赈济之用。

二十八年（1763年），鄂尔多斯贝勒旗受灾，赏银一千两赈济。

同年，鄂尔多斯齐旺班珠尔旗下大旱，令以榆林仓米借给蒙古，成年者共三千二百二十口，未成年者五千九百八十口，每人支给二斗，十斗折银一两。

二十九年（1764年）九月，蠲缓绥远城所属助马口外雹灾庄地二百二十顷有奇额赋。

三十一年（1766年），鄂尔多斯奇旺班珠尔旗饥馑，发给赈恤银二千五百两，并借给各盟长扎萨克一年俸银，以济穷困。

三十二年（1767年）九月，蠲免绥远城助马口外拒门、保安等处雹灾田地761顷55亩有奇额赋。

三十八年（1773年）闰三月，豁免丰镇厅属二道沟等村水冲旗地五百六十顷二十亩额赋。

五十三年（1788年）九月，因旱免归化、和林格尔、丰镇、宁远四厅田租。

嘉庆朝：

二十五年（1820年）齐齐哈尔、莫尔根、黑龙江、布特哈、茂兴等处水灾，免被水田亩十一万二千八百七十余响额赋，并贷旗民银米。

道光朝：

二年（1822年），宽免土默特札萨克固山贝子旗应还所欠仓谷三万四千三百二十九石一斗。

三年（1823年），内蒙古西部被灾，将甘肃沿边州县仓贮青稞三万石运到卡伦，设厂放领，赏给贫蒙古。

光绪朝：

三年（1877年），口外亢旱大饥，赈济受灾乏食贫民，不分成灾分数，先行正赈一个月口粮；其被灾十分者，极贫加赈四个月，次贫加赈三个月；被灾九分者，极贫加赈三个月，次贫加赈两个月；被灾八分、七分者，极贫加赈两个月，次贫加赈一个月；被灾六分者，极贫加赈一个月，以赡灾黎。

十八年（1892 年），归绥道属七厅及蒙旗亢旱大饥，丰镇厅义赈委员潘表集款十余万放赈。归化候补知府设局赈济，共放赈银一万余两，粮二万五千余石。

十八、十九年间，归化连年被旱、被霜、被冻，赤地无收，嗷鸿遍野。得内帑十数万金，漕粮六万余石。

十九年（1893 年）四月，以阿拉善扎萨克和硕亲王多罗特色楞游牧，连年荒旱，颁帑银三万两赈之；五月，以伊克昭盟长扎萨克贝子札纳吉尔第游牧，连年荒旱，颁帑银一万赈之。

宣统朝：

元年（1909 年），锡林郭勒盟乌珠穆沁等八旗连遭亢旱，上冬又成大雪灾，发帑银三万两抚恤。

二年（1910 年）十二月，察哈尔右翼四旗蒙古灾，发帑一万元赈之。

三年（1911 年），以准格尔旗屡年灾歉，赏帑银一万两散放；又鄂尔多斯郡王暨扎萨克台吉两旗连年歉收，发银五千两赈济。

以上是有清一代内蒙古地区重大的救荒活动。至于较小的救灾措施，则不胜枚举，此处暂且从略。尽管所列的这些重大救荒活动并不全面，但我们仍然可以从中看出，清廷对内蒙古地区的灾荒是十分重视的，而且赈济力度也是非常大的。

二、救灾基本程序

救灾活动是一个复杂的系统工程。灾害甫生，需要向上报告；灾情如何，需要勘查；饥民状况，需要审核；赈米、赈银等的发放，也需要有适当的手续和方式。清代，内蒙古地区的救灾业已形成了从报灾、查核到发赈这样一套环环相扣、循序而行的完整而有效的模式，并使其制度化。

（一）报灾

所谓报灾，就是地方官吏逐级向上报告灾情。它是政府掌握灾情的原始依据，也是救灾的前提。清代严格规定，"凡地方有灾者，必速以闻"①，"地方如遇灾伤……即当详察被灾顷亩分数，明确具奏，毋得先行泛报"②。清政府一改前代报灾期限不统一的政策，明确规定报灾时限，夏灾限六月终旬，秋灾限九月终旬。先将被灾情形驰奏，再于一月之内，查核轻重分数，题请蠲免。如果逾期一个月则抚、道、府、州、县官各罚俸，超过一个月各降一级，超过两个月各降二级，三个月外者革职。抚、道官以州县报道日起限，逾期亦例州县官例处罚。③

内蒙古地区因建制特殊，故分为两条系统报灾：一是盟旗遭灾报请理藩院；二是厅县受灾则报请所属地方官署。它也有一套相应的报灾程序。

一般来说，蒙旗发生灾荒，首先由各旗札萨克等报请理藩院奏闻，如雍正十三年（1735年）四月，鄂尔多斯上年收成歉薄，贝子罗卜藏上报理藩院，"请借仓粮"，理藩院"议令办理夷情事务郎中七十五会同该扎萨克，查明乏食蒙古，先借支一月口粮。其在秋成之前，应再行借支，定议呈报"④，然后奏报雍正"允行"；或直接奏闻皇上，如康熙二十四年（1685年）七月，蒿齐忒多罗郡王车布登即"以伊旗下蒙古饥

---

① 《钦定大清会典》卷十九。
② 《清世祖实录》卷45。
③ 参见《大清会典事例》卷286。
④ 《清世宗实录》卷154，第888页。

馑，题请赈济"①。

口外各厅发生灾荒，首先由各厅地方官员或经所管道员、将军，由其向山西主管官员禀报奏闻，如道光三十年（1850年），萨拉齐厅等地被水成灾，地方官迅速"详报"归绥道道员惠征，惠征又禀报给山西巡抚兆那苏图②；或直接上报山西省主管官员，再由山西省向中央报告，如道光二十二年（1842年）七月，萨拉齐厅等地秋禾被水、被雹，萨拉齐厅地方官员迅速将灾情上报山西巡抚梁萼涵，"本年六七月间，山西省大雨时行，河水涨发，雨中带有冰雹。……旋据萨拉齐厅禀报，厅属丰厚村三十二村庄于七月初一至初四等日风雨大作，河水陡涨，秋禾被淹。南寿阳等六村庄于初四日天降大雨，带有冰雹，打伤田禾。"③梁萼涵派员勘灾完毕之后，又迅速向朝廷详细汇报了此次灾荒的实况。通过这些报灾，政府可以及时了解、掌握内蒙古各地的灾情，以便尽快采取相应救灾措施。

（二）查核

报灾仅仅是救灾工作的第一步，它只能对灾情做大致的反映、评估，具体的灾情还需要做详尽、细致的调查即灾情的查核，它包括勘灾和查赈两个方面。

勘灾　所谓勘灾，即是地方官吏或中央派员实地查勘灾情，包括灾荒的严重程度、受灾面积、受灾人口及其造成的损失情况等，以确定成灾分数。它是决定是否蠲赈以及蠲赈数量的依据。

清政府十分重视内蒙古地区的勘灾。清初即规定：如果内蒙古地区

---

① 《清圣祖实录》卷121，第280页。
② 参见《录副档》，133，3—32，道光三十年，30号，载李文海等：《近代中国灾荒纪年》，第109页。
③ 《录副档》，道光二十二年十月十一日梁萼涵折，载李文海等：《近代中国灾荒纪年》，第20—21页。

"连岁饥馑，该盟内力乏不能养济，著盟长会同该札萨克等一同具报到院，由院请旨，遣官查勘，发帑赈济"①。顺治十八年（1661年），又"覆准八旗旱涝地亩，遣各部侍郎以下该旗副都统以上大臣，率户部司官笔帖式，至被灾地方，该佐领拨什库指明勘验"②。

此后每当内蒙古发生灾荒，清政府都是迅速派员到灾区勘灾。可以说"遣官往勘"、"速行差官确查"等在《清实录》中比比皆是。如康熙三年（1664年），边外八旗被水旱蝗灾，"遣官查勘"③；康熙二十年（1681年）五月，苏尼特等旗被灾，"速遣司官前往，相阅情形以闻"④。康熙二十四年（1685年）七月，蒿齐忒多罗郡王车布登旗下蒙古饥馑，"亟遣尔院（理藩院）司官，速察饥民户口以闻"⑤。雍正二年（1724年）三月，"遣官往勘鄂尔多斯六旗被灾人民、牲畜"⑥。诸如此类，数不胜数。

勘灾人员成分复杂，有皇帝，如康熙二十八年（1689年），因口外大旱，康熙亲自"出口阅视"，看到诸蒙古"当此仲秋之时，即以山核桃作粥而食"，"躬亲目击，忧悯不能自止"⑦；有尚书等部院大臣，如乾隆十二年（1747年）七月，锡林郭勒盟苏尼忒等六旗蒙古被旱成灾，理藩院尚书纳延泰被派"驰驿前往查办"⑧。有普通官员，其中理藩院官员尤多，如康熙二十年（1681年），理藩院郎中麻拉奉遣往察张家口外受灾八旗蒙古；⑨二十四年（1690年），理藩院郎中苏巴泰亦被"差往蒿齐忒地方，稽察蒙古饥民"⑩。总之，勘灾人员上至皇帝、尚书部院大臣，

---

① 《大清会典事例》卷991。

② 《古今图书集成》，转引自《内蒙古历代自然灾害史料》上册，第37页。

③ 《清圣祖实录》卷13，第197页。

④ 《清圣祖实录》卷96，第1207页。

⑤ 《清圣祖实录》卷121，第280页。

⑥ 《清世宗实录》卷17，第294页。

⑦ 《清圣祖实录》卷141，第555页。

⑧ 《清高宗实录》卷297，第885页。

⑨ 参见《清圣祖实录》卷97，第1222页。

⑩ 《清圣祖实录》卷121，第281页。

下至普通官员，无所不包。

勘灾委员奔赴灾区后，主要按牲畜受损程度、地亩被灾轻重等来确定灾分，为是否需要赈济提供依据。如乾隆十二年（1747年）七月，锡林郭勒盟苏尼忒等六旗蒙古被旱成灾，理藩院尚书纳延泰被派"驰驿前往查办"。其勘灾后，认定"乌珠穆沁亲王阿拉卜坦那穆札勒、贝勒策卜登、阿霸垓郡王索诺穆拉布坦、阿霸哈那尔贝子班朱尔等四旗，被灾较轻"，而且"其属下穷乏蒙古二万余人，俱已办理，在本旗内兼养，毋庸赈济"①。

再如道光二十二年（1842年）六、七月间，萨拉齐厅等地秋禾被水成灾，山西巡抚梁萼涵委员"勘明，萨拉齐厅属被水之丰厚村等三十二村庄，被雹之南寿阳等六村庄实已成灾六分，全坍土房一百七十九间"②。咸丰十一年（1861年）七月，萨拉齐厅所属16村共五百余顷粮地被淹，山西巡抚英桂委员赛音阿等前去勘灾，"查得，萨拉齐厅地气较寒，向种夏麦、秋禾各一季。夏麦早经收获登场，秋未播种未久，忽因河水涨发，冲决堤坝，以致滨河之炭车营、高泉营、北卜子、北挠儿、南晓儿、大水桥、寿阳营、喇嘛营、安乐村、戴桂营、武乡营、太原营、七星湖、太平庄、何四营、定襄营、繁峙营、路三讫堆等十八村，共种粮地五百八十九顷九十二亩零，又朔州营、郭廷贵营、壮丁营等村，所种秋未、间被水淹"③。

最后，认定"被淹不过十分之四，系属勘不成灾，第收成究形欠薄"④。光绪二十四年（1898年），口外承德府属赤峰等县旱冻成灾，直

① 《清高宗实录》卷297，第884—885页。
② 《录副档》，道光二十二年十月十一日梁萼涵折，载李文海等：《近代中国灾荒纪年》，第20—21页。
③ 水力电力部水管司科技司、水力水电科学研究院编：《清代黄河流域洪辨档案史料》，中华书局1993年版，第674页。
④ 《录副档》，咸丰十一年十月十二日英桂折，载李文海等：《近代中国灾荒纪年》，第224—225页。

隶总督裕禄奉旨委员前去查勘，勘明赤峰等地"今春麦收尚称中稔，惟秋禾因七月间霜冻，晚禾受伤，收成甚薄。幸本年节气尚早，早禾先已登场者无碍收成，未刈获者收成减色。"最后勘定"被霜各处，收成一二分至七八分不等"①。

勘灾结束以后，紧接的就是开始查赈。

查赈　查核灾情的另一项重要工作就是查赈，即审户，主要是核实灾民人数，划分极贫、次贫等级，以备赈济。查赈即审户可以说是整个救灾程序中的关键，"以审户为第一要义"。这是因为灾害发生后，应否施行赈济，以及如何赈济，须等查赈之后才能定夺。而查赈时，灾民贫困程度的划分，何人得赈，什么情况不赈，各时期标准不同，因此"审户二字既最要而亦最难，稍不经意，略惮烦劳，遂弊窦丛生，不克究诘"②。而且"边外幅员辽阔，村落萧疏，民居畸零，人情愚悍，审之不确，弊必愈多，设其中多有一分虚浮，即灾民少受一分实惠，是更要而又更难"。所以说，查赈是内蒙古地区办赈过程中最为烦琐而又至关重要的一道程序。

正因为如此，当内蒙古地区发生灾荒之时，清政府特别重视查赈，不断告诫查赈官员审户要"务加详慎，毋忽"，"间遇有牲畜者，尔等勿以为有此，即可度日，不行察出，其畜牧之物，今若食尽，明年必致又饥"③。

所派查赈官员也"共知以审户为第一要义"④，查赈时亦是实心尽力。如乾隆十一年（1746 年），郡王车凌拜多布等六旗被灾，侍卫纳齐布等前去查核，审出"郡王车凌拜多布、扎萨克台吉旺布多尔济、逊都布三

---

① 《朱批档》，光绪二十四年十二月十九日裕禄片，载李文海等：《近代中国灾荒纪年》，第 639—641 页。

② 内蒙古师范大学图书馆编：《归化城厅志》上册，第 213 页。

③ 《清圣祖实录》卷 97，第 1223 页。

④ 内蒙古师范大学图书馆编：《归化城厅志》上册，第 213 页。

旗内失业人等，大口四千三百四十三名，小口二千六百八十五名"①。

再如光绪十八年（1892年）春，归化城被旱成灾，山西巡抚派候补知府锡良设局抚恤极、次贫民。锡良非常"重审户"②，派委官员、绅士等分路清查户口，对"印委各员，谆谆于清查户口"，"凡吏胥约保别有营谋者，断不容侵渔冒捏，其老弱孤寡与苦无依恃者，万不得疏漏遗忘，尤贵登记详明"。查赈各员"查明极、次贫民"，"随给甲、会贫户总散执照，以凭示期设厂领谷"。最后查赈出"男女大小，以两小口折一大口，合计贫民十三万二千九百三十三口半"。③

宣统二年（1910年）秋，察哈尔右翼四旗久旱成灾，收成无望，牲畜倒毙甚众。察哈尔都统溥良等将查赈之后各旗被灾户数、丁口于次年三月上奏清廷："窃查上年秋间察哈尔右翼四旗亢旱成灾。……查得正黄旗被灾较重者五百八十户，计二千五百四十五丁口，较轻者二百六十户，计一千一百三十七丁口；正红旗被灾较重者三百五十九户，计一千三百五十七丁口，较轻者八十三户，计二百四十五丁口；镶红旗被灾较重者二百八十三户，计一千三百三十七丁口，较轻者七十三户，计三百二十八丁口；镶蓝旗被灾较重者四百五十三户，计一千八百零九丁口，克勤郡王牧厂暨汇祥寺等庙被灾较轻之闲散喇嘛徒众三十七户，计四百十五丁口。"④

宣统三年（1911年），乌兰察布、伊克昭盟所属地方因"去冬今春大雪"成灾，绥远城将军堃岫派委官员前往查核。"兹据查复禀称，职阿纳罕会查郡王旗十七苏木被灾较重者五百九十户，男妇二千六百三十一名，较轻者一百零八户，男妇六百五十名口。其流散

---

①　《清高宗实录》卷278，第636页。

②　《归绥县志·经政志·赒恤》，第250页。

③　内蒙古师范大学图书馆编：《归化城厅志》上册，第204页。

④　《录副档》，宣统三年三月初六日溥良等折，载李文海等：《近代中国灾荒纪年》，第781—782页。

人户尚有五十余名口。职文兴会查札萨克台吉旗十三苏木被灾较重者二百六十户，男妇二千零三十一名口，较轻者一百三十一户，男妇七百三十一名口，其流散人口尚有七十二户，三百五十四名口。"①

不但如此，清政府对于查赈过程中出现的一些问题，也是十分在意的。要求下乡审户时，"不准骚扰该村一草一木，如有，即查明就地正法，如无，归来必有奖励"②。

(三) 发赈

发赈，即按照一定标准将赈粮或赈银等发到灾民手里。它是办理赈务的最后一道，也是最关键的一道程序。赈济钱粮能否顺利发放下去，关系到救灾的实效。清代内蒙古地区的发赈，一般来说是在查核的基础上给付。至于所给数量，发赈时间长短等，不同时期、不同地区，视灾情不同而标准各异。

有时候不管贫富、大小口，一律平均散给。如乾隆二十八年 (1763年)，鄂尔多斯游牧处所被旱较重，所有大小九千二百余口，每名借给榆林仓米二斗，以资接济；③ 乾隆五十六年 (1791年)，苏尼特两旗，连年被旱，发口北道库银两，派员前往苏尼特会同该盟长札萨克等，"于附近地方所有贫人，挨次均匀散给，一名不得遗漏"④。

有时又按大口、小口之分发赈，如乾隆十一年 (1746年)，郡王车凌拜多布等六旗被灾，查出"旗内失业人等，大口四千三百四十三名，小口二千六百八十五名，分别赏给"⑤。再如乾隆十二年 (1747

① 《朱批档》，宣统三年九月初八日堃岫折，载李文海等：《近代中国灾荒纪年》，第802—803 页。
② 内蒙古师范大学图书馆编：《归化城厅志》上册，第217 页。
③ 《清高宗实录》卷698，第820 页。
④ 《大清会典事例》卷991，第2 页。
⑤ 《清高宗实录》卷278，第636 页。

年)，苏尼忒等六旗蒙古被灾，查核出"实在贫乏蒙古，共计三万八百余口"，于是按大小口之分，"每月给米大口一斗，小口五升"①。又如道光三年（1823年），郡王车凌端多布等请借银两赈恤，于是将甘肃沿边州县仓储青稞三万石赏给，运到卡伦，"设厂放领，大口一石，小口五斗"②。

有时还按户大小发赈。如乾隆十一年（1746年），郡王车凌拜多布等六旗被灾，发赈时，"八口以上之户，赏乳牛二、羊十；七口以下、四口以上，赏乳牛一、羊八；三口以下，赏乳牛一、羊六，俾长为生业"③。

有时也按官职大小发赈。如康熙五十四年（1715年），阿霸垓王里颖、阿霸哈纳贝勒索诺穆喇布坦二旗被灾，即是按官职区别发赈，"将二旗穷丁，自十岁以上，每口给乳牛一头、母羊三只；其无牲畜台吉，每口给乳牛一头，母羊五只"④。

有时同一地区的不同地点，发赈的物品不一样。如光绪十八年（1892年）秋，归化城厅陨霜冻禾成灾，办理冬赈时，归化城及大青山后贫民每大口放给市钱一百五十文，而山前贫民每大口却是放仓斗粮三升。⑤

有时按被灾分数，决定赈期的长短。如光绪三年（1877年），山西口外亢旱成巨灾，根据各厅被灾分数的不同，议定："和林格尔、清水河、萨拉齐、托克托城八十二厅州县乏食贫民，不分成灾分数，先行正赈一个月口粮；其被灾十分者，极贫加赈四个月，次贫加赈三个月；被灾九分者，极贫加赈三个月，次贫加赈两个月；被灾八分、七分者，极贫加赈两个月，次贫加赈一个月；被灾六分者，极贫加赈一个月，以赡

① 《清高宗实录》卷297，第885页。
② 《大清会典事例》卷991，第2页。
③ 《清高宗实录》卷278，第637页。
④ 《清圣祖实录》卷263，第587页。
⑤ 内蒙古师范大学图书馆编：《归化城厅志》上册，第227页。

灾黎。"①

有时又不按被灾分数,实行相同的赈期。如康熙五十四年(1715年),吴喇忒等十四旗被雪损伤牲畜,其所属"缺食之人,酌量速运附近粮米散给两月"②。雍正十二年(1734年),"吴喇忒镇国公达尔玛机里第等属下游牧地方,于去冬雪大风寒,人畜伤损",结果普遍"赈济六月",以使"贫穷蒙古共沐皇恩"③。再如乾隆十二年(1747年),锡林郭勒盟苏尼忒等六旗蒙古被旱成灾,一概"自本年十月起至次年三月止,给六个月口粮"④。

发赈的对象,主要是受灾贫民。如雍正十二年(1734年)四月,"归化城都统丹晋疏奏,吴喇忒镇国公达尔玛机里第等属下游牧地方,于去冬雪大风寒,人畜伤损,蒙皇上遣理藩院郎中文保等按户赈济,查明小大共一万五千三百八十五口,赈济六月,共米七千二百四十石一斗,各扎萨克亲身分散,贫穷蒙古共沐皇恩……。"⑤

除此之外,有时还惠及穷丁和效力兵丁以及出征兵丁的妻子。如康熙二十四年(1685年)五月,"遣官动支宣府仓粮,赈济阿霸垓多罗郡王沙克沙僧厄属下穷丁"⑥。康熙三十五年(1696年)正月,"发坡赖村仓谷,赈济巴林等六旗分穷丁"⑦。康熙五十七年(1718年)闰八月,赈恤索伦被水地方,"其有现在出征兵丁之妻子加倍给与银两"⑧。

发赈的地点,一般而言是在当地。如光绪十八年(1892年)春,口

---

① 《清德宗实录》卷60,第829页。
② 《清圣祖实录》卷262,第583页。
③ 《清世宗实录》卷142,第791页。
④ 《清高宗实录》卷297,第885页。
⑤ 《清世宗实录》卷142,第791页。
⑥ 《清圣祖实录》卷121,第121页。
⑦ 《清圣祖实录》卷170,第844页。
⑧ 《清圣祖实录》卷281,第746页。

外各厅被旱成灾，山西巡抚派候补知府锡良办理赈恤，发赈地点就选在
灾区中的大村庄，"至各厅应设放粮厂所，已令各该厅于查户口之便，
择适中大村，定设厂几所，一俟择定覆到，即可将粮拨运各厂"①。其中
丰镇厅是在该厅城内及隆盛庄、张皋兜、二道河等处，分设四厂，查放
冬赈；宁远厅是该厅之天成村、科布尔一带设局散放。

　　但有时由于某些原因，而改在别地发赈。如康熙二十八年（1698
年），口外内蒙古地区大旱成灾，发赈地点就没有放在灾区，而是定在
距离被灾各旗相近的喜峰口、杀虎口等诸地，令于喜峰口、古北口、杀
虎口、张家口、独石口相近之处领赈，"何旗于何口相近，即以就近口
上所收粮食量给之"②。

　　发赈人员五花八门，有部院大臣，如康熙三十四年（1695年）巴林
等六旗被灾乏食，内大臣明珠前去坡赖村，"监视散给"③；有理藩院官
员，如乾隆十二年（1747年）苏尼忒等六旗被灾，前去发赈的即是理藩
院尚书纳延泰④；有蒙古官员，如雍正十二年（1734年）吴喇忒镇国公达
尔玛机里第等属下地方，雪大风寒，人畜伤损，"各扎萨克亲身分散"⑤。
此外，诸如学士、侍郎、都统、副都统、参领、侍卫等官员，也均参与
或主持发赈，此处不一一赘述。

　　发赈的工作量一般都很大，要想不遗不滥，实属不易，因此，极易
出现一些弊病。清政府对此也是十分注意的，屡屡下令禁止。"遣官往
外藩蒙古地方赈济，务期贫人均沾实惠，毋受豪强嘱托，致有滥冒偏
枯，尔等应加严饬，以副朕柔远之意。"⑥"若米内有杂和糠土及给发短

---

① 内蒙古师范大学图书馆编：《归化城厅志》上册，第209页。
② 《清圣祖实录》卷141，第555页。
③ 《清圣祖实录》卷169，第835页。
④ 《清高宗实录》卷297，第884页。
⑤ 《清世宗实录》卷142，第971页。
⑥ 《清圣祖实录》卷96，第1208页。

少等弊，发觉之日，将给发官员从重议处。"①"如厅官、委员、绅士于抚恤之事敢有营私者，即……据实禀揭，丁胥营私者即行正法，果能实心任事，毫无私弊，亦……请奖，以示赏罚而杜弊端。"②

以上所述，就是清代内蒙古地区救灾的程序。一般来说，这套救灾程序是一环扣一环，循序渐进的，但有时也因灾情重大而偶尔出现不相符的情况。救荒如救火，关键在于及时、迅速。大灾过后，饥民遍野，亟须赈济，是不能有片刻耽搁的。如果教条地严格按以上固定程序执行，那么往往是等到赈粮下来，灾民已经饿死大半了。正如康熙皇帝所说："至救荒之道，以速为贵。倘赈济稍缓，迟误时日，则流离死丧者必多，虽有赈贷，亦无济矣。"③因此就出现了程序被简化的情况，主要表现为边查核，边发赈。如雍正元年（1723年）八月，喀喇沁等处岁歉乏食，理藩院请于查覆到日赈济。雍正认为"俟查覆到日加恩拯救，现今乏食人等必至失所"，于是"著户部作速派官二员，领银五万两前往。再著侍郎本锡、副都统阿林保，作速驰驿赴喀喇沁处，俟钱粮一到，即行散赈。扎萨克八处，俱一面清查，一面给发，毋得稽迟。"④再如雍正二年（1724年）四月，苏尼特等旗遭大雪，牲畜倒毙无算。鉴于灾情重大，"若差官查奏，始行加恩，则现今乏食之人恐至饥馁。著参领多索里、侍卫纳阑驰驿前往查核，发户部帑银二万两，会同阿霸垓公德木楚克，逐一查明，计算实在无畜牧不能度日者，将此银两酌量散给，均使沾恩。"⑤

① 《清圣祖实录》卷142，第567—568页。
② 内蒙古师范大学图书馆编：《归化城厅志》上册，第226页。
③ 《清圣祖实录》卷121，第281页。
④ 《清世宗实录》卷10，第190页。
⑤ 《清世宗实录》卷18，第298页。

第二节 荒政实施：遇灾治标措施

灾荒发生之后，最急迫且采取什么方式紧急救济以使灾民渡过饥荒？此即遇灾治标的措施。清代内蒙古地区在这方面的措施，主要有赈济、调粟、抚恤、除害以及巫术救灾等。

一、赈济

所谓赈济，就是用钱款、粮食或衣药之类的实物救济灾民，这是救灾的首要措施。清代很重视内蒙古地区的遇灾救荒，其中首重赈济。因为在赤地千里、洪水滔滔、无所依恃的紧迫时刻，散发银两、衣食等实物进行救济，对于嗷嗷待哺的灾民无疑是雪中送炭，确能解决关系生死的饥饿问题，挽救灾民的生命。清入关伊始，就十分重视对内蒙古地区的赈济，不仅从制度上规定："蒙古如遇灾荒，令附于该札萨克及各旗富户喇嘛人等，设法养赡。如仍不敷，该盟内人等共出牛羊协济养赡，仍将协济被灾人口数目，造册送院。倘连岁饥馑，该盟内力乏不能养济，著盟长会同该札萨克等一同具报到院，由院请旨，遣官查勘发帑赈济。"① 而且从顺治二年（1645 年）开始，就施行赈济，"边外八旗蒙古地亩被灾，按饥民每口折借米银，许沿边籴米"，"游牧地方被灾人产，每各月给米一斗，在张家口者给米，在古北口者折银"②。此后，有关对内蒙古地区赈济的史料就大量地散见于各种史书之中。

---

① 《大清会典事例》卷 991，第 1 页。
② 《古今图书集成》，转引自《内蒙古历代自然灾害史料》上册，第 37 页。

赈济的物品，形式不一，但凡赈粮食、赈钱款、赈籽种以及赈衣药等历代已有的形式，清代内蒙古地区都有施行。

(一) 赈粮食

遭遇自然灾害以后，官府通常要用粮谷或衣物等进行赈济，而发放救灾粮谷尤为急赈之中最为通行的形式。清代，这一赈济形式在内蒙古地区同样屡屡施行。如康熙二十一年 (1682 年) 十一月，发大同、宣府仓粮，赈济四子部落、苏尼特穷困人等。① 康熙二十四年 (1685 年)，浩齐特因灾成饥，"以拜察储粟一千石运往赈之"②。道光二年 (1822 年) 八月，"给山西归化城、萨拉齐二厅被水灾民一月口粮"③。道光三十年 (1850 年) 十一月，"赈萨拉齐、托克托城二厅灾民一月口粮"④。诸如此类，不胜枚举。

这些赈粮，有的来自仓米。如康熙五十四年 (1715 年) 吴喇忒等十四旗被雪，牲畜损伤，灾民缺食，赈济时就是将附近仓米散放的。"其三吴喇忒、毛明安、喀尔喀贝勒詹达古米，此五旗应将湖滩河朔存仓米石散给；其四子部落、二苏尼特，此三旗应将张家口存仓米石散给；其二阿霸垓、二蒿齐忒、二阿霸哈纳，此六旗应将唐三营存仓米石散给。"⑤ 有的来自募捐。如上面所提及的光绪十八年 (1892 年) 归化城厅被灾，地方官"遵饬就地劝捐"，民间踊跃响应，其中仅包头商人乔致庸一人就义捐了价值 2300 两的粮食。⑥

---

① 参见《清圣祖实录》卷 106，第 71 页。

② 《承德府志》，辽宁民族出版社 2006 年版，第 743 页。

③ 《清宣宗实录》卷 40，第 715 页。

④ 《清文宗实录》卷 21，第 307 页。

⑤ 《清圣祖实录》卷 262，第 583 页。

⑥ 参见内蒙古师范大学图书馆编：《归化城厅志》上册，第 247 页。

（二）赈钱款

除了赈粮食以外，赈钱款也是一个比较通行的赈济形式。这方面的记载同样也很多，如康熙二十七年（1868年），蒿齐忒被灾，"发白金千两"①，雍正元年（1723年），扎鲁特三旗被灾乏食，先发银五万两，后恐有不敷，又发银二万两，"将两次银两，合数旗之人，通同散给"②。乾隆二十八年（1763年），鄂尔多斯被灾，派员带银一千两前往赏赈。③

这些赈济的银两，主要来自户部专备赈济的帑银。如雍正二年（1724年），苏尼特等旗遭大雪，牲畜俱已倒毙，"发户部帑银二万两"，"计算实在无畜牧不能度日者，将此银两酌量散给，均使沾恩"④。再如乾隆十二年（1747年），苏尼忒等六旗蒙古被灾甚重，"所有赈济贫乏人口，办给产业牲畜应需银两，俱著动用库帑赏给"⑤。可以说户部帑银是赈银的最重要的来源。此外，还有的来自地方司库银两，这些地方司库有热河道库、口北道库等。如乾隆二十一年（1756年），喀尔喀车臣汗部落屡遭荒歉，于热河道库动支牲价银4194两散给；⑥乾隆三十一年（1766年），鄂尔多斯奇旺班珠尔旗之二十三佐领并遭饥馑，于口北道库内发给赈恤银二千五百两；⑦道光十八年（1838年），太仆寺右翼马群被灾倒毙1891匹，后于口北道库拨银三千五百九十余两，"赏给被灾穷苦蒙古，俾资生计"⑧。

也有的来自民间捐款。如顺治十二年（1655年），由皇太后、顺治

---

① 《清圣祖实录》卷136，第482页。
② 《清世宗实录》卷11，第204页。
③ 参见《清高宗实录》卷697，第807页。
④ 《清世宗实录》卷18，第298页。
⑤ 《清高宗实录》卷297，第885—886页。
⑥ 参见《清高宗实录》卷519，第549页。
⑦ 参见《大清会典事例》卷991，第2页。
⑧ 《清宣宗实录》卷31，第835页。

帝等捐银 3 万两，赈济八旗满州、蒙古等被灾人众，同时还劝谕王公大臣也捐助银两："诸王群臣有为国忧民，愿捐助者，量输送部，多寡从其便，其捐助姓名及银两，尔部（指户部）详开数目，奏请散给。"① 再如光绪十九年（1893），口外各厅旱灾极重，当时共凑解银 128000 两，其中仅捐银即达九万两千余两："兹有四川龚藩司垫款汇解捐银六万两，湖北善后局汇解到捐银一万两，施守则敬解到捐银一万四千两，……谢绅家福解到捐银五千两，鸿胪寺刘京卿捐银一千两，荫瑞堂捐银一千两，……各零户捐银一千四百八十两。"② 这些捐款在此次赈济中发挥了极大的作用。

这些赈银散发下去，其主要是用来买米，所发赈银与当时米价相符，如乾隆十二年（1747 年），苏尼忒等六旗蒙古被灾，以每石米价值一两二钱的标准，由户部拨给赈银一万七千八百余两③；或买牲畜，赈银数量同样是与牲畜价格相符的，如康熙二十七年（1688 年），蒿齐忒被灾，赏给白金千两，"买牲畜养，庶有裨于生理"④。乾隆十一年（1746 年），郡王车凌拜多布等六旗被灾，就是以"每乳牛一，定为银四两；羊一，银五钱"⑤ 发给赈银的。

（三）赈牲畜

这是内蒙古地区特有的、同时也是比较重要的一种赈济形式。因为内蒙古地区蒙旗主要是游牧经济，"蒙古资生之道，所恃牲畜蕃盛"⑥，蒙古牧民们"全赖牛羊为生"⑦，而且赈济时"止给与米粮糊口，并无产

---

① 《清世祖实录》卷 89，第 703 页。
② 内蒙古师范大学图书馆编：《归化城厅志》上册，第 260—261 页。
③ 参见《清高宗实录》卷 297，第 885 页。
④ 《清圣祖实录》卷 136，第 482 页。
⑤ 《清高宗实录》卷 278，第 637 页。
⑥ 《清高宗实录》卷 147，第 1117 页。
⑦ 《清圣祖实录》卷 281，第 747 页。

业营生，亦非久远之计"①，所以内蒙古地区发生灾荒之后，清政府往往赈济给一定的牲畜，来维持被灾蒙民的生计。

康熙十年（1671年），苏尼特等八旗被灾，牲畜俱死，蒙民"难以存活"，于是将太仆寺所属"马场之马，与礼部所管之牛羊，酌量派出，赏给被灾之人"②。康熙五十四年（1715年），阿霸垓王毕颖、阿霸哈纳贝勒索诺穆喇布坦二旗被灾，蒙民缺食，"将二旗穷丁，自十岁以上，每口给乳牛一头、母羊三只；其无牲畜台吉，每口给乳牛一头，母羊五只"③。康熙五十七年（1718年），杜尔伯特地方连年亢旱，米谷不收，牛羊倒毙，因"蒙古全赖牛羊为生，若尽倒毙，何以度岁"，于是动用库银"给与穷苦台吉、人民办买牛羊"④。乾隆十一年（1746年），郡王车凌拜多布等旗屡被灾疫，伤损牲畜，"八口以上之户，赏乳牛二、羊十；七口以下、四口以上，赏乳牛一、羊八；三口以下，赏乳牛一、羊六，俾长为生业"⑤。

除以上形式外，还有其他一些形式。如赈籽种，雍正十一年（1733年），杜尔伯特灾歉，赈济给籽种⑥；如赈医药，光绪十九年（1893年），口外各厅旱灾极重，施则敬一人捐正气丸一万服，并募捐救疫丹、痧气丸一万服，以救济得病灾民。⑦

此外，还有一种特殊的赈济，即以工代赈。灾年由官府兴办工程，招募灾民劳作，日给米或给钱，这样既可使灾民免除饥馑，又能利用民力，确实是一种颇见成效的救灾方法，清代内蒙古地区也屡屡施行。乾隆十年（1745年），归化城秋旱，官府兴修大同等八个县城城垣，"代

① 《清世宗实录》卷8，第154页。
② 《清圣祖实录》卷36，第484页。
③ 《清圣祖实录》卷263，第587页。
④ 《清圣祖实录》卷281，第747页。
⑤ 《清高宗实录》卷278，第637页。
⑥ 参见《清世宗实录》卷128，第670页。
⑦ 参见内蒙古师范大学图书馆编：《归化城厅志》上册，第261页。

赈安插归化城就食贫民"①。光绪十八年（1892年）春，归化城被旱成灾，候补知府锡良以"贫民若无养济，只有坐以待毙，且有老弱残疾不能受苦者，又有各村来城乞食者，必须设法安置，贫民方有生机"，挑选数百名少壮能受苦的灾民，"令建盖捕盗营房，剜道厅署前河身，给钱糊口，隐寓以工代赈之意"②。

以上这些赈济除大部分由清政府组织实施外，还有各蒙旗自行组织救济以及民间个人自发救济等。

清廷规定，内蒙古蒙旗地区受灾，首先应由各旗在本旗内救济，如力不能及，再在本盟内协调各旗互相救济，仍不行，则奏报朝廷由其赈济。"蒙古如遇灾荒，会附于该札萨克及各旗富户喇嘛人等设法养赡，如仍不敷，该盟内人等共出牛羊协济养赡，仍将协济被灾人口数目，造册送院。倘连岁饥馑，该盟内力乏不能养济，著盟长会同该札萨克等同具报到院，由院请旨，遣害查勘发帑赈济"③。各蒙旗亦是按此规定实行的。乾隆十一年（1746年），苏尼特等游牧处所被旱，牲畜多致伤损，即是因"现在各处水草稍歉，然以贫苦之人与富裕之家通融兼食，尚可不致困乏"而在苏尼特本旗内"贫富通融，即于富家牲畜内，抽取十分之一，以赈贫乏"④。乾隆二十七年（1762年），哲里木盟所属蒙民连年被灾，该盟长于九旗二百佐领内，每佐领拨牛二头、羊五只，"与伊等为业"⑤。

虽然蒙旗内部互相赈济属于定例，但清政府对此行为仍实行奖赏进行鼓励。不但规定：六盟四部落倘遇灾年，呼图克图喇嘛等捐银助赈至千两，或捐米面牲畜核值准值银千两以上者，呈报该管大臣，准其

① 内蒙古师范大学图书馆编：《归化城厅志》上册，第200页。
② 内蒙古师范大学图书馆编：《归化城厅志》上册，第219—220页。
③ 《大清会典事例》卷991，第379页。
④ 《清高宗实录》卷271，第530—531页。
⑤ 《大清会典事例》卷991，第2页。

奏请，赏给"乐善好施"字样匾额。如捐银不及千两者，准由该管大臣给匾旌赏，仍照"乐善好施"字样给予。而且也付诸实践。乾隆十一年（1746 年），乌兰察布盟六旗遭旱，因各旗王扎萨克等将其属下被灾贫丁均在本旗养赡，乾隆对此深为喜悦，认为"如此办理，虽系伊等分所宜然，朕仍欲加恩赏赉"，于是"将此一盟之王、贝勒、贝子、公、扎萨克台吉俱加恩赏给半年俸银，其向无俸银之协理台吉，各赏银四十两，小台吉各赏银二十两，其册内有名官员闲散及喇嘛等，著照部议，将所罚牲畜入于赏项办理。嗣后蒙古等如有似此被灾者，均照此例，著存记。"①次年，锡林郭勒盟苏尼忒等六旗蒙古被旱成灾，即是按上年乌兰察布盟赏给牲畜之例，奖赏在本旗内赈济被灾蒙民的乌珠穆沁等四旗扎萨克的，"赏给王、贝勒、贝子、公等半年俸禄，其副台吉各赏银四十两，小台吉各赏银二十两，官员及喇嘛人等俱照去年乌兰察布赏给牲畜之例，加恩办理"②。

关于民间个人自发救济的活动，内蒙古地区也有很多，这在史料中得到很好的反映。如道光十二年（1832 年），丰镇厅岁饥，居民乏食，李广仁出粟数百石，按口给食，粟尽而继之以面，全活甚众。十六年岁饥，亦如之。光绪二年（1876 年），丰镇厅岁荒，乡邻乏食，太学生周奉先罄出所有赈济，按口给食，费青蚨一千数百余缗。光绪三年（1877 年），口外各厅岁歉民饥，丰镇厅六品军功张玉与隆盛庄村民张善政共捐银六百两，以赈穷饿，存活甚众。光绪四年（1878 年），口外亢旱大饥，民间踊跃捐资赈济，归化城商民捐马六百匹，蒙古苏尼特郡王之母索隆果特氏捐牛一百只，乌珠穆沁右翼亲王、浩齐特左翼郡王捐马五百匹。③宣统二年（1910 年），固阳地区遭灾歉收，天主教司铎德明善大

---

① 《清高宗实录》卷 281，第 671 页。
② 《清高宗实录》卷 297，第 884—885 页。
③ 参见内蒙古师范大学图书馆编：《归化城厅志》上册，第 203 页。

施赈济，感化奉教者多达二百四十余人。①

虽说这种方式在赈济总体上所占比重并不大，但有时在救灾中所发挥的作用却是相当大的，甚至超过了官方的救济。如光绪十九年（1893年），口外七厅荒歉成灾，情形较重，"京都、山东、陕西、湖北、四川、云南、甘肃各省官绅义士，或自捐多金，或募集巨款，或采运米粮，或施送衣药，无不同心竭力，以救灾黎"②。当时共凑解银十二万八千两，其中仅捐银即达九万二千余两。

正因为民间个人赈济的这种重要性，清政府对此也是大力鼓励、提倡。如上述所提及的周奉先、张玉、张善政等人，均因在光绪二三年间（1876—1877年）丰镇厅受灾荒歉过程中出钱出粮，赈济乡邻，被丰镇厅同知定详上报赏给"好善乐施"匾额，以示奖励。

二、调粟

调粟，自古即有之，清代内蒙古地区亦施行。它包括移民就粟、移粟就民和平粜三种。

（一）移民就粟

所谓移民就粟，即某地发生较大灾荒，当地粮食不足，无食可充，于是灾民四出到粮食丰收地区就食，是为移民就粟。

清代内蒙古地区，灾民四出就食，有的是出于自发，如雍正十三年（1735年），因鄂尔多斯上年收成歉薄，"鄂尔多斯蒙古之乏食者，多向神木、榆林城内就食"③。乾隆五十六年（1791年），苏尼特两旗游牧地

---

① 参见《天主教绥远地区传教简史》下册，内蒙古大学图书馆藏抄本1962年版，第79页。

② 内蒙古师范大学图书馆编：《归化城厅志》上册，第251页。

③ 《清世宗实录》卷154，第888页。

方，连年被旱，"贫寒蒙古觅食四方"，后经赈济"并获雨泽，牲畜肥
腯，各处就食之人，回家乐业"①。嘉庆十九年（1814年），口外"蒙古地
方荒歉情形与内地相似，故市集粮食甚少"，听说陕西榆林等地向灾民
发赈，不但"所有口外种地民人现俱闻赈归来"，而且蒙古乏食贫民"亦
纷纷因逃荒而至"②。有的则是由政府有目的地安排组织，如康熙二十年
（1681年），苏尼特等旗被荒饥馑，当地无法养赡，于是派遣理藩院侍
郎明爱等前去迁徙被灾蒙民到近边八旗蒙古地方驻牧："此等蒙古，饥
馑殊甚，故令迁移，当听其徐来，不可促之，恐毙于道路。……迁移到
日，交与八旗蒙古分驻，善为抚恤，务令得所，若不善养，以致死亡，
必将本旗总管议罪。"③

　　清代由于政治稳定，经济繁荣，交通发达，各省粮食储备充足以及
粮食日益大量进入市场，已经很少采取移民调粟的方法来救灾。内蒙古
地区亦然，遍检有关史籍，相关的记载很少，仅有以上寥寥数次。更多
的是移粟就民。

　　（二）移粟就民

　　移粟就民是与移民就粟相辅而行的。灾荒期间如果能够移民就粟，
自当听其移动到谷丰粮多之地就食。但是如果粮食有可移之便，则尽力
移粟而就民。这一方法在内蒙古地区调粟政策中尤多施行。

　　清代内蒙古地区的调粟，经常进行。不仅临灾调拨，如顺治十八
年（1661年），八旗田地被淹，没有等候粮食入仓，而是直接从粮船上
调粟救济，每田一日给米一斛④；康熙二十四年（1685年），蒿齐忒地方
被灾甚重，"至救荒之道，以速为贵，倘赈济稍缓，延误时日，则流离

①　《大清会典事例》卷991，第2页。
②　《清仁宗实录》卷300，第1131—1132页。
③　《清圣祖实录》卷97，第1221—1222页。
④　参见《清圣祖实录》卷2，第53页。

死丧者必多，虽有赈贷，亦无济矣……欲救嵩齐忒蒙古，若以畿内粟转运至彼，恐不能待"，于是派遣理藩院官员调拜察地方储备之粟一千石，"昼夜兼驰，运往赈济"①。有时也根据粮食存储情况预先调运，具有储粮备荒的作用。康熙二十年（1681年），因宣府、大同以及边外蒙古叠罹饥馑，"故发宣、大二府存储米石，尽用赈济"②，后又从京师发仓米20万石，运往宣、大备用。光绪十八年（1892年），口外因旱大饥，宁远厅虽尚有仓谷六千余石，但又由丰镇定买谷子市石2000石，暂行封储，听候拨运。③

调粟既有本地区内协济，如光绪十八年（1892年），口外各厅被旱成灾，"首先在包头购粮，由河口船运托城，由托城陆运山后，其有后山近包头之处，由包头……陆运"④；也有跨省调运，仍以光绪十八年（1892年）口外旱灾为例，因为本地粮食不足，而"省（指山西省）北地瘠粮少，户鲜盖藏。陕直毗连各处，又皆山路崎岖，不通贩运。惟甘、肃、宁夏一带为古河套，土地饶沃，产粮最多，可由黄河驶运萨包，藉资挹注"⑤，于是拨银10万两，派驻扎包头的练军步队副将张千功前往甘肃、宁夏等地采买杂粮五万余石。而且官府也非常注意保护跨省长途调运。但即使这样，有时也会偶尔出现一些不利于远途调粟的行为，主要是禁粮遏籴，如光绪十八年（1892年）口外大饥，本来粮食"全恃口里为来源，其商贾亦愿出口谋利"，但忻州、代州、大同、丰宁等地的地方官却"节节禁粮"，归化城同知张心泰被迫恳请山西巡抚"飞札严饬各属，赶除禁籴之令，以裕来源"⑥。

---

① 《清圣祖实录》卷121，第281页。
② 《清圣祖实录》卷96，第1208页。
③ 参见内蒙古师范大学图书馆编：《归化城厅志》上册，第210页。
④ 内蒙古师范大学图书馆编：《归化城厅志》上册，第222页。
⑤ 内蒙古师范大学图书馆编：《归化城厅志》上册，第232—233页。
⑥ 内蒙古师范大学图书馆编：《归化城厅志》上册，第222—223页。

（三）·平粜

调粜有时是直接将粮食赈给灾民，但也有很多时候则移粟到灾区平价粜卖，以抑制灾区粮价，保证尚有余力买米维持生活的灾民的最低需要。内蒙古地区就经常实行平粜。

乾隆五十二年（1787 年），大同府、丰镇、天镇、阳高、山阴、怀仁等 6 厅县六月以来，未得雨泽，颇形亢旱，于是出谷平粜；① 道光元年（1821 年）三月，萨拉齐等 10 厅州县上年歉收，粮价增昂，命粜贷仓谷②；道光三年（1823 年）正月，以萨拉齐厅上年被水，命发常平仓谷出借平粜③；道光六年（1826 年）四月，以"丰镇、和林格尔、托克托城三厅上年歉收，命平粜仓谷"④。

三、养恤

所谓养恤，是收养恤赈灾民之意。内蒙古地区的养恤措施，主要有设饭厂施粥、设立养济院、给予房屋修费以及养赡等。

（一）设饭厂施粥

设饭厂施放米粥是救济饥饿灾民、贫民的最普遍、最迫切的一项方法。它有一些明显的功能，如：对于饥肠空腹的灾民，颇能缓解燃眉之急；耗费少而救济面广；简便易行等。正因为它有这么多的优点，清代内蒙古地区屡有施行。

康熙二十九年（1690 年）八月，因塞外歉收，下令在张家口外设立饭厂，"散赈喀尔喀等，倘有他处蒙古，闻信前来者，查果系穷乏之

① 参见《清高宗实录》卷 1283，第 201 页。
② 参见《清宣宗实录》卷 14，第 271 页。
③ 参见《清宣宗实录》卷 48，第 853 页。
④ 《清宣宗实录》卷 97，第 579 页。

人，俱著一体赈济"①。光绪十八年（1892年），口外各厅，因去岁歉收，冬春无雪，小民生计异常艰窘，归化所属之大青山后毗连茂明安等旗地方，荒旱尤甚，嗷鸿遍野。官府在归化城、萨拉齐等处设立粥厂，煮粥散赈，结果前来就食的贫民，多至13000人②。光绪十九年（1893年），宁远厅一边散放米粮，一边"仍分设粥厂，拯济贫民"③。

（二）设立养济院

灾荒发生之际，官府除了赈济、调粟之外，还在内蒙古各地设立各种收容机关。这些收容机关中有些是常设的，如养济院、济生店等。它们虽然不是专门为灾民设置的，但灾荒发生时，受灾的难民以及因灾致丐无以为生的贫民却是其中的主要居养者。

清代内蒙古地区设立的收容机关，主要有养济院、济生店、恤幼局等。养济院，归化城、丰镇厅等均有设立。归化城的养济院在城西二里龙王庙路南，有三十余间房屋，是以前把总衙署营房。乾隆元年（1736年）遵照圣旨："朕闻归化城垦地接壤边关，人烟凑集，其中多有疲癃残疾之人，无栖身之所，日则乞食街衢，夜则露宿荒野，甚可悯恻。查彼地旧有把总官房三十余间，可以改为收养贫民之所。"④于是养济院由归化城都统丹津、同知永恒设立。定额收养贫民100名，每名每日给米1升，每年秋冬之间，每人给布1匹，九月至次年二月给薪炭银四十余两。并且还设置1名院头，专门管理养济院日常事务。⑤丰镇厅的养济院设在城南郊，每年从仲冬朔起至次年仲春晦日止，每人每天给米8合3勺，薪水菜钱6文，逐日领取，并且每人还给皮衣1件，由司狱

① 《清圣祖实录》卷148，第638页。

② 参见《朱批档》存片，载李文海等：《近代中国灾荒纪年》，第564—565页。

③ 内蒙古师范大学图书馆编：《归化城厅志》上册，第238页。

④ 内蒙古师范大学图书馆编：《归化城厅志》上册，第263—264页。

⑤ 参见钟秀、张曾：《归绥识略》，内蒙古人民出版社2007年版，第134页。

监理。①

济生店，归化城设有，在城西隆寿寺旁，系归绥道道员宪阿筹款创办，专门养济贫民，"为乞丐栖宿所"②。它一般以六七百人为度，派员 2 人总理其事务，每年十月初一开店，次年三月底截止。

恤幼局，丰镇厅设有。它是光绪十八、十九年间（1892—1893 年），口外各厅大旱饥荒，由丰镇厅设立，专门收养灾区 15 岁以下幼孩。③

这些收容机关，每当发生灾荒时其养恤灾民的作用就发挥出来了。如归化城济生店在光绪十八年（1892 年）归化城被旱成灾的时候，归化城同知张心泰因"今五月中旬尚无雨泽，贫民若无养济，只有坐以待毙，且有老弱残疾不能受苦者，又有各村来城乞食者，必须设法安置，贫民方有生机"④，从无家可归的灾民之中挑选出 500 名老弱残疾者，每人给予腰牌每天在济生店给粥两次，养恤到十月初一。

（三）给予房屋修建费

每当灾荒发生，尤其是水灾发生，灾民的房屋往往会被洪水冲淹坍塌。这对本来就缺衣少食的灾民来说，更是雪上加霜，让他们变得无家可归。有鉴于此，官府往往在赈济的同时，还会给予一定的房屋修建费。在内蒙古，这主要是针对口外诸厅的。

道光二年（1822 年）八月，给归化城、萨拉齐二厅被水灾民一月口粮并坍塌房屋修费。⑤ 道光六年（1826 年）八月，给萨拉齐厅属被水灾民一月口粮并房屋修费。⑥ 道光六年（1826 年）九月，给归化厅属被水

---

① 参见德溥纂：《丰镇厅新志》卷七，财政部印刷局 1916 年铅印本。

② 钟秀、张曾：《归绥识略》卷 19，第 134 页。

③ 参见内蒙古师范大学图书馆编：《归化城厅志》上册，第 237—238 页。

④ 内蒙古师范大学图书馆：《归化城厅志》上册，第 219—220 页。

⑤ 参见《清宣宗实录》卷 40，第 715 页。

⑥ 参见《清宣宗实录》卷 103，第 702 页。

灾民一月口粮并房屋修费。① 道光三十年（1850年）十月，因萨拉齐厅属二道河等滨河35村河水涨发，堤坝田庐间有冲决被淹处所②，赈济灾民一个月口粮，并给冲坍房修费。③

至于口外诸厅所给房屋修建费的数目，虽然没有明确的规定，但我们可以根据当时山西省的标准来推算。清代规定：山西省水冲民房修费银，全坍者瓦房每间一两二钱，土房每间八钱；半坍者瓦房每间五钱，土房每间四钱。④ 因清代口外七厅是归山西省管辖的，因此推算内蒙古口外诸厅的房屋修建费，亦是遵循此规定数目发给的。

（四）养赡

清政府规定内蒙古地区遇灾互相赈济。"蒙古部落倘遇灾年，该扎萨克并旗内富户喇嘛等令其设法养赡，如不敷养赡，以同盟之牛羊协济养赡……倘遇连年荒歉，同盟内亦不能养赡，盟长会同该扎萨克公报院请。旨派员查明拨银赈济该扎萨克王公、台吉、塔布囊等将次年应领俸银预先支领，入于赈济项内使用。"⑤ 清朝还规定，若赈济后，该扎萨克王公、台吉、塔布囊仍无法养赡属下之人，导致其再次困苦，则"将受困之人撤除，于本盟内之扎萨克，择其贤能者赏给，令其养赡"⑥。这一措施是根据内蒙古地区游牧为主的牧业经济特点和地广人稀的地域特点决定的，也体现其经济的独特性。这一救荒措施的实施，有利于盟旗受灾民众恢复生产和生活，而且其灵活的形式也对受灾地区的重建起到积极的作用。乾隆三十一年（1766年），鄂尔多斯奇旺班珠尔旗受灾，供

① 参见《清宣宗实录》卷105，第731页。
② 参见《清文宗实录》卷19，第268页。
③ 参见《清文宗实录》卷21，第307页。
④ 参见孟昭华：《中国灾荒史记》，中国社会出版社1999年版，第708页。
⑤ 《钦定理藩院则例》卷二十八，光绪三十四年石印本。
⑥ 《钦定理藩院则例》卷二十八，光绪三十四年石印本。

给各盟长扎萨克一年的俸银以济困；乾隆四十一年（1776年），给乌拉特公恭格拉布坦、噶拉桑撤楞等所属供支五年俸银，于萨拉齐地方买米分赡；乾隆五十一年（1786年），给乌拉特公吉克莫特所属旗供支八年俸银给所属，以资养赡……①

四、除害

清代内蒙古地区的除害，主要是指捕除蝗蝻，它也是救荒减灾的主要手段之一。蝗虫是一种农业害虫，对农作物的威胁很大。蝗虫体躯一般细长，绿色或黄褐色，有咀嚼式口器，后足强大，适于跳跃。产卵管短而弯曲，以之凿土产卵。卵成块。不完全变态，若虫一般称为蝻。成虫与若虫食性相同，食量很大，主要为害禾本科植物。后翅宽大而柔软，善于飞行。迁徙性很强，对农业的危害性很大。成群的蝗虫，能吃掉大量农作物的茎和叶，但凡其所经之处，千顷良田可荡然无存，造成很大的灾害。鉴于蝗蝻为害之大，清代内蒙古地区对蝗灾十分重视，也采取了许多措施来灭蝗，主要有：

（一）组织人员捕打

这是灭蝗最重要的方法，一直被沿用。乾隆三十九年（1774年），扎鲁特蝗蝻萌生，即派道员明山保督率搜捕。而且因巴林距扎鲁特最近，恐蝗蝻越境，飞入巴林，令"巴图等加意防备，倘有蝗蝻飞至，即速扑除，勿使稍留余孽"②。

道光十七年（1837年），内蒙古地区宁远厅等地区（宁远厅辖有今内蒙古凉城、卓资、察右中旗等地区）发生严重蝗灾，"口外地方辽阔，

---

① 参见陈炳光：《清代边政通考》第17章，内蒙古图书馆藏本，1934年。
② 《清高宗实录》卷962，第1044页。

上年飞蝗经过者，不止定（宁）远一厅"，并且逐渐发展到"飞蝗由口外蔓延腹地"的严重趋势。其上级山西朔平府当即采取对策，委署经历张映南立即驰赴宁远地方，会同司狱刘应淑雇募人夫，在蝗虫经过的村庄，分段捆捕搜挖。其具体的灭蝗方法，是"以十人为一队，二人持锹挖长壕丈余长，三四尺深，浮土堆在对面，四人在后，二人在旁，齐用长帚轰入沟中，二人在六人之后，用长柄皮掌，将轰不净尽者扑毙。一员官，领二百人，作二十队，每日可得数十担。蝗入沟中，即将所堆浮土，掀入捶实，何虑不死？其在禾稼中者，令妇稚在内轰出，或售卖，或换米麦，悉听民便。其在临河乱石中藏匿者，多用石灰水煮之；在峭壁上长帚不及者，用喷筒仰轰。有蝗之地，如非沙板田地，将跳跃者扑毕，雇牛翻耕，将子捡出，蝗子与落花生形同，每甬百枚。蝗子捡尽，再用石滚将地压平，后又用铁耙刨出，无不糜烂。"①

光绪三十二年（1906 年），内蒙古西部后套地区又发生严重的蝗灾。"蝗蝻始起自洋堂庙圪都、鱼娃圪都、乌梁素三处……蝗虫聚积之多，有厚至三四寸、七八寸者，长、宽自数里至二十余里不等，弥望无际，人难插足。所至惟罂粟、麻、豆不食，其余各种田禾一经阑入，茎叶无遗。"当时督办蒙旗垦务大臣暨绥远城将军贻谷"以蝗蝻生长最速，为害最烈，若不趁其羽翼未成迅速扑灭，难保不飞散各处，贻患无穷"，遂即多派夫役，并调集兵队，与该处营防分头查看搜觅，协力捕打。每人每天多的能捕至千余斤，少的亦数百斤，随扑随埋，不可计数。②

（二）用钱收买蝗蝻

除了组织人员竭力捕打以外，官府还常常采取劝谕百姓自行捕打，

---

① 张集馨：《道咸宦海见闻录》，第 24—26 页。当时宁远厅归山西朔平府管辖，朔平府制定的捕蝗方法，在宁远厅自然也同样使用。

② 参见《贻谷具奏后套东边地方蝗蝻为灾谨将设法扫除暨筹维善后情形一折》，载内蒙古自治区档案馆编：《清末内蒙古垦务档案汇编》，第 1589—1590 页。

由其用钱收买的办法。凡挖掘蝗蛹及所捕飞蝗，官府都按升斗付给钱文，以此来鼓励百姓捕蝗。

如前述道光十七年（1837 年）宁远厅所在的朔平府发生蝗灾，官府即一边组织人力捕打，一边设厂收买，规定：死蛹子每升给钱一百文，成形活动跳掷蝻孽，每升给钱一百二十文，即在就近厂所交验领价，或易换麦粟，亦听其便。[1]

再如前述光绪三十二年（1906 年）后套地区发生严重蝗灾，也实行过收买政策。开始的时候，"地户人等初犹迷信神道，观望浩叹，不敢轻举。经剀切晓谕，并定价收买，始艳于得利，相率帮补。"[2]

（三）敬神正行灭蝗

虽然官府一边组织人力捕打蝗蛹，一边设厂收买以鼓励捕打，但同时因蝗虫飞迁来去无定，"所过田亩，有食有不食"，不可捉摸，由此在一些官员和百姓心中，仍将其视为神虫，不敢捕打，"套民性生逸惰，又皆愚惑，以为神虫，积习相用，坐视观望"[3]，不敢轻举捕打。于是就敬神正行，以达到驱蝗之目的。

在道光十七年（1837 年）朔州府发生蝗灾之后，当时的朔平府知府张集馨就认为"蝗之为灾，其害甚大，然所过田亩，有食有不食，虽田界毗连，而截然差有界限，是盖有神焉主之。然所谓神者，州蝗中有神，率之往来，而有食有不食也，是即本境山川城隍里社厉坛之鬼神也。神奉上帝命，以守斯土，则地方丰歉，神必主之。此方之民孝弟慈

---

① 参见张集馨：《道咸宦海见闻录》，中华书局 1981 年版，第 28 页。

② 《贻谷具奏后套东边地方蝗蛹为灾谨将设法扫除暨筹维善后情形一折》，光绪三十二年七月初五，载内蒙古自治区档案馆编：《清末内蒙古垦务档案汇编》，第 1590 页。

③ 《贻谷附奏督饬后套各垦局会同驻扎后套巡防马步队管带率领兵民捕蝗一片并恭录朱批分行》，光绪三十三年六月初七，载内蒙古自治区档案馆编：《清末内蒙古垦务档案汇编》，第 1593 页。

良，不应受厄，则神必祐之；否则蝗以肆害。抑或风俗有不济，善慈有不类，则神必分别劝惩之，冥冥中一定之理，不可苟免也。虽然，人之于人，尚许其改过自新，况天心仁慈，忍视其戕贼灾害，而不许其自新耶？故世俗祈祷，设牲陈醴，亦改过自新之意，要必洗心涤虑。父慈子孝，对越神明，而不废掩捕殄灭之法，则蝗患不难祛除。"① 于是，他专门发布了一道告示，"晓谕合属军民人等，务须革薄从忠，无蹈浇激积习。其绅士居乡者，必当维持风化，其耆老望重者，亦当感劝闾阎，果能家谕户晓，礼让风行，自然百事吉祥，年丰人寿矣。"② 不但如此，他还于十五日到朔州府所属的坛庙，亲身致祭各神，认为这样，蝗灾就"谅可不日殄灭"③。

其后，张集馨还因田间麦垄蝻孽犹多，而向乩坛问卜："朔州署中，旧有乩坛，本署衙神判事甚验，余亲往叩询，乩大书曰：'社稷功勤，民生安稳'等语。"④ 冥冥之中似真有神明在保佑，刚过不几天，"大雨如注者三昼夜，关外地气素寒，雨后忽然严冷，各村乡地保来城禀报，蝗孽净尽"⑤。这场蝗灾也就此结束。

（四）祈禳及其祈雨

祈禳。中国救灾思想的原始形态，是天命主义的禳弭论。随着历史的发展和社会的进步，救灾思想虽然逐渐取得了科学的依据，然而迄清为止，由于社会条件的限制，天命主义禳灾思想的残余仍然顽强存在。遇旱祈雨，虫灾发生则祈神驱虫等祈禳活动在内蒙古地区有时还不免一试。

---

① 张集馨：《道咸宦海见闻录》，第26—27页。
② 张集馨：《道咸宦海见闻录》，第27页。
③ 张集馨：《道咸宦海见闻录》，第28页。
④ 张集馨：《道咸宦海见闻录》，第28页。
⑤ 张集馨：《道咸宦海见闻录》，第28页。

祈雨。乾隆五十六年（1791年），苏尼特二旗连年被旱成灾，蒙古牧民牲畜多有伤损，乾隆皇帝认为，本年虽然赏给蒙民粮食和银两，但旱灾仍未缓解，现在恰值夏令，正是应当祈雨的时候，而蒙古牧民又素崇黄教，何不聚集大喇嘛诵经祈祷，以求雨水。于是"特因二旗生计，发去大云轮经一分，乌尔图纳逊接奉后，即令苏尼特二旗交有道行喇嘛，将此经啤诵，祈祷应时甘澍，以弭旱灾"①。

第三节　荒政实施：灾后补救与积极预防

清代内蒙古地区发生自然灾害遭受重大损失以后，官府还采取一些补救的措施，以帮助灾民度过饥馑，恢复生产。主要有蠲缓、借贷、安辑、节约以及其他。

一、灾后补救

（一）蠲缓

蠲缓钱粮亦是一项重要的救灾措施，蠲是免除之意，缓即缓征，蠲缓就是蠲免、缓征土地所有者的部分或全部应缴的钱粮。

清代内蒙古地区的蠲缓，主要是从清中叶以后开始的。因为清前期，内蒙古地区经济的支柱，主要还是畜牧业，农业虽有发展，但只存在于自然条件较好的少数地方，所占比重极小，在广大的内蒙古地区更多的还是畜牧业游牧经济。由此，这一时期的救灾措施主要是赈济和调粟等，很少有蠲缓钱粮的举措。从乾隆以后，随着内蒙古地区尤其是归

---

① 《清高宗实录》卷1382，第538页。

化城地区农业的逐步发展扩大，统治者开始重视灾后蠲缓钱粮。

乾隆三年（1738 年）三月，绥远城建威将军王常因"去年归化城等处，雨水逾期"，上报朝廷"请将民欠粮草暂行停征，自今年秋收后，分三年带征"[①]。八月，归化城地方阴雨连绵，黄河泛涨，西尔哈安乐等六屯垦种屯田内，今年应征田 23 顷，明年升科之新垦田 1028 顷，并民间庐舍尽被冲淹。于是将被征屯田内今年应征米草豁免，将明年升科的新垦田亩再展限一年，于次年起征，"以纾民力"[②]。

从这之后，尤其是晚清，有关内蒙古地区的蠲缓记载，就大量地出现在各种史料之中。以萨拉齐厅为例，从咸丰六年（1856 年）至光绪十一年（1885 年）的 30 年间，仅《清实录》记载的蠲缓就有 27 次，蠲缓之频繁令人吃惊，几乎可以说是无年不蠲缓。具体情况见表 5-1：

表 5-1　晚清萨拉齐厅蠲缓情况一览表

实施蠲缓年月	蠲缓具体情况	文献出处
咸丰六年（1856）十一月	蠲缓萨拉齐厅被水灾区额赋有差	《清文宗实录》卷 212
咸丰六年（1856）十一月	蠲缓萨拉齐厅被水灾区额赋有差，加赏灾民银米	《清文宗实录》卷 214
咸丰九年（1859）十一月	蠲缓萨拉齐厅被水、被雹地亩新旧额赋有差	《清文宗实录》卷 301
咸丰十年（1860）十月	缓征萨拉齐厅被水村庄额赋有差，并赈常平仓谷，抚恤贫民	《清文宗实录》卷 331
咸丰十一年（1861）十月	缓征萨拉齐厅被水村庄新旧米石有差	《清文宗实录》卷 7
同治元年（1862）十月	缓征萨拉齐厅被水村庄新旧额赋	《清穆宗实录》卷 46

---

① 《清高宗实录》卷 64，第 46 页。

② 《清高宗实录》卷 75，第 193 页。

续表

实施蠲缓年月	蠲缓具体情况	文献出处
同治二年（1863）十一月	缓征萨拉齐厅被水村庄新旧额赋	《清穆宗实录》卷 84
同治三年（1864）十月	缓征萨拉齐厅被水地方新旧额赋	《清穆宗实录》卷 119
同治四年（1865）十二月	缓征萨拉齐厅被水村庄新旧米石暨民借仓谷	《清穆宗实录》卷 163
同治五年（1866）十一月	缓征萨拉齐厅被水村庄新旧额赋暨民借仓谷	《清穆宗实录》卷 188
同治六年（1867）八月	展缓萨拉齐厅被水地方上年民借仓谷	《清穆宗实录》卷 209
同治六年（1867）十二月	缓征萨拉齐厅被水地方新旧额赋暨民借仓谷	《清穆宗实录》卷 218
同治七年（1868）十二月	蠲缓萨拉齐厅被水被扰新旧额赋	《清穆宗实录》卷 249
同治八年（1869）十二月	蠲缓萨拉齐厅被水、被雹地方新旧额赋有差	《清穆宗实录》卷 273
同治九年（1870）闰十月	蠲缓萨拉齐厅被水、被旱、被雹地方新旧额赋暨民借仓谷	《清穆宗实录》卷 294
同治十年（1871）十一月	蠲缓萨拉齐厅被水地方新旧额赋	《清穆宗实录》卷 323
同治十一年（1872）十二月	蠲缓萨拉齐厅被旱、被水地方额赋暨民借仓谷	《清穆宗实录》卷 347
同治十三年（1874）十二月	蠲缓萨拉齐厅被水、被雹地方新旧额赋暨民借仓谷有差	《清穆宗实录》卷 2
光绪二年（1876）十二月	蠲缓萨拉齐厅被灾歉收地方额赋钱粮米豆有差	《清德宗实录》卷 45
光绪三年（1877）十二月	蠲缓萨拉齐厅被旱、被雹、被霜地方钱粮米豆有差	《清德宗实录》卷 64
光绪四年（1878）九月	豁免萨拉齐厅被旱地方历年带征钱粮	《清德宗实录》卷 78

续表

实施蠲缓年月	蠲缓具体情况	文献出处
光绪五年（1879）正月	蠲减萨拉齐厅秋禾被灾并成熟各村庄钱粮有差	《清德宗实录》卷 86
光绪六年（1880）二月	蠲缓萨拉齐厅被灾村庄应征新旧钱粮暨杂课有差	《清德宗实录》卷 125
光绪六年（1880）十二月	蠲缓萨拉齐厅被水、被雹地方新旧钱粮有差	《清德宗实录》卷 125
光绪八年（1882）正月	蠲缓萨拉齐厅被灾地方钱粮	《清德宗实录》卷 142
光绪九年（1883）十二月	蠲缓萨拉齐厅被灾地方新旧钱粮有差	《清德宗实录》卷 176
光绪十一年（1885）十二月	蠲缓萨拉齐厅被灾村庄新旧钱粮有差	《清德宗实录》卷 222

　　蠲缓中最重要的是蠲免受灾地区灾民当年应缴的额赋，因灾民在灾后本来已是缺衣短粮、生活困苦，这时如果再强行让他们缴纳钱粮的话，不但不可能完成，势必还会酿成大的骚乱，影响社会稳定，而这是统治者最不愿看到的。于是，但凡发生灾荒，官府都要根据受灾轻重，酌定被灾分数，或全部蠲免灾民当年应纳的额赋，如乾隆五年（1740年）十二月蠲免绥远城浑津承种地亩本年霜雹成灾额米一千六百三十三石有奇[1]，乾隆六年（1741年）十月蠲免清水河属被雹灾地本年额赋[2]，道光八年（1828年）二月除山西归化城被淹地三顷七十六亩额赋。[3] 或蠲免部分，如乾隆二十四年（1759年）十月免助马口庄头承种地本年旱灾额赋 7/10。[4]

　　蠲缓还有一种情况是蠲免历年积欠。清代征收赋税有严格规定，正

① 参见《清高宗实录》卷 132，第 923 页。
② 参见《清高宗实录》卷 153，第 1185 页。
③ 参见《清宣宗实录》卷 133，第 23 页。
④ 参见《清高宗实录》卷 599，第 689 页。

常情况下，逾期不缴要受到严厉制裁，地方官催征不完也要受处罚。因此一般来说，百姓很难拖欠赋税。积欠的产生，主要是灾害造成的。灾荒发生蠲免部分钱粮后，剩余的额赋可以按例缓征，如乾隆五年（1740年）蠲免托克托城、善岱、清水河等处本年霜雹成灾额赋有差，其仍征银粮等项，照例缓征。① 对于连年发生灾歉的地区，虽然缓过当年，但次年仍难以按数缴纳。于是逐年缓征，遂成积欠。再如乾隆六年（1741年），归化城土默特62佐领屡年遭旱歉收，结果积欠三年粮谷一万二千二百石。② 政府对内蒙古地区此类积欠，亦经常蠲免。如道光七年（1827年）七月，免山西归化厅属被水村庄上年应征地租银7/10；③光绪四年（1878年）九月，豁免萨拉齐、清水河、托克托、和林格尔等厅被旱地方历年带征钱粮。④ 豁免积欠实际上就是变相的灾蠲。

　　与蠲免相关的措施是缓征。缓征是将受灾略轻地区的应纳额赋暂缓征收。如嘉庆七年（1802年）九月，缓征托克托城、萨拉齐两厅水灾本年额赋有差；⑤ 二十二年（1817年）十二月，又缓征清水河、和林格尔通判所属旱灾、霜灾应征米豆。⑥ 有时缓征并不是单独施行，往往还与蠲免同时进行。如乾隆五年（1740年）十二月，蠲免托克托城、善岱、清水河等处本年霜雹成灾额赋有差，其仍征银粮等项，照例缓征；⑦ 道光二十六年（1846年）十一月，蠲缓归化城、托克托城、萨拉齐厅被雹、被旱村庄新旧额赋有差。⑧ 缓征虽然与蠲免有本质区别，但临灾缓征总可以在一定程度上纾缓民力，有利于灾民恢复生产。

---

① 参见《清高宗实录》卷132，第922页。
② 参见《清高宗实录》卷145，第1079页。
③ 参见《清宣宗实录》卷122，第1044页。
④ 参见《清德宗实录》卷78，第202页。
⑤ 参见《清仁宗实录》卷103，第384页。
⑥ 参见《清仁宗实录》卷337，第449—450页。
⑦ 参见《清高宗实录》卷132，第922页。
⑧ 参见《清宣宗实录》卷436，第452页。

(二) 借贷

　　遭遇自然灾害以后，官府对幸存的灾民以及因贫乏而无力重建家园恢复生产的贫民，还在口粮、籽种、牲畜、农具等生产、生活用品方面予以一定的借贷，从而维持灾民的生计，使之恢复正常的生产、生活。借贷在内蒙古地区比较通行，是一种重要的救灾形式。

　　清代内蒙古地区借贷的对象，一是受灾蒙旗的王公札萨克。按定例，蒙旗地方发生灾荒，灾民首先要在本旗内由王公札萨克等养赡，因此力所不能及的王公札萨克多向朝廷借贷银两，以养赡灾民。以故有关此种情况借贷的记载亦最多。如乾隆四十一年（1776 年），因乌喇特公恭格拉布坦、噶拉桑彻楞等所属游牧，连年荒歉，牲畜损折，借支该王公五年俸银，交归化城属萨拉齐地方官买米，分赡贫乏。①五十一年，苏尼特贝子细楚克所属游牧地方遭旱，牲畜被灾，借支该贝子五年俸银，以资养赡。同时还借支给所属旗人遇荒饥馑的乌喇特公吉克莫特八年俸银，"散给所属，以资养赡"②。五十二年，借给贝勒古穆布多尔济十年俸银，养赡被灾家丁，"以示朕轸恤蒙古奴仆至意"③。乾隆五十三年，鄂尔多斯游牧迩来饥旱相仍，该王公什当巴拜、色旺喇会等，以"伤损畜产，属下人等生计未免拮据"④，向朝廷请借俸银十年，以资扶养属下灾民。另一个借贷对象是受灾的贫民。如乾隆二十八年（1763 年），鄂尔多斯之齐旺班珠尔旗下荒旱，乏食大口3220 口，小口 5980 口，每人借给榆林仓谷二斗，十斗折价银一两，俟明年秋熟后令将银两交纳该地方官员⑤；乾隆三十八年，归化城之83 村蒙古等地被水成灾在六分以上，由归化城厅仓内动支粟米，借

---

① 参见《大清会典事例》卷 991，第 2 页。

② 《大清会典事例》卷 991，第 2 页。

③ 《大清会典事例》卷 991，第 2 页。

④ 《清高宗实录》卷 1303，第 538 页。

⑤ 参见《清高宗实录》卷 698，第 820 页。

给灾民，以资接济①；乾隆四十七年（1782年），察哈尔八旗春旱，青草歉生，官兵牲畜伤损甚多，从参领以下官员兵丁，每人借支一年俸饷，添补牲畜，以资生计，将此项支借俸饷分为六年坐扣。②又一个借贷对象是缺乏籽种、口粮的灾民。如乾隆九年（1744年），清水河所属村庄于六月二十八日被雹伤禾，借给该处无力之民来春量借籽种，以资耕作③；乾隆二十三年（1758年）五月，土默特二旗官兵并七库楞喇嘛等，因上年歉收，籽种、口食不敷接济，由托克托城仓内借给谷18000石，归化城仓内借给谷11200石，三年交补，未免过远。④

借贷的种类有贷钱款，如前述蒙旗王公札萨克借支俸银以养赡受灾蒙民。有贷口粮，如：雍正五年（1727年），科尔沁、敖汉等十六处扎萨克地方未能丰收，后由和硕土谢图亲王阿拉卜云等旗仓内，每户借给米五斗，明年秋收抵还⑤；乾隆二十七年（1762年），贷绥远城保安、拒门二口本年霜灾庄头口粮⑥；道光二年（1822年），贷土默特被灾蒙古一月口粮。⑦有贷籽种，如：乾隆三十八年（1773年），归化、萨拉齐二厅属夏麦未经刈获，秋禾俱已被淹，明春籽种更难称贷，于是"明春有愿借籽种者，准其一体借给"⑧；咸丰三年（1853年），贷山西托克托城被旱农民籽种。⑨其中以贷钱款为最多。

借贷的来源，有俸银，这主要是前述被灾蒙旗王公札萨克所借贷；有仓谷，如：嘉庆十六年（1811年）十一月，贷阿拉善被灾蒙古仓粮⑩；

---

① 参见内蒙古师范大学图书馆编：《归化城厅志》上册，第201页。
② 参见《清高宗实录》卷1158，第507页。
③ 参见《清高宗实录》卷225，第906页。
④ 参见《清高宗实录》卷563，第145页。
⑤ 参见《清世宗实录》卷63，第962页。
⑥ 参见《清高宗实录》卷672，第513页。
⑦ 参见《清宣宗实录》卷39，第709页。
⑧ 参见《清高宗实录》卷938，第655页。
⑨ 参见《清文宗实录》卷81，第5页。
⑩ 参见《清仁宗实录》卷250，第378页。

道光十三年（1833年）正月，贷萨拉齐厅上年歉收贫民仓谷①；道光二十二年（1842年）正月，贷萨拉齐厅上年歉收贫民仓谷。②

通过借贷银两、粮食、籽种等，灾民们能够进行生产自救，暂时可以改善生产和生活的条件。

（三）安辑

发生自然灾害以后，灾民为了生存而四处流亡，同样是个严重的社会问题。如果一任草场空闲和土地荒芜，必然要对国计民生和社会安定产生极大影响。因此，清代很重视在内蒙古地区安辑流亡，赎回被典卖人口、官府资送回籍等都是较为常见的安辑办法。

赎回被典卖人口，是指灾荒发生后，由官府出资赎回因饥荒而出卖的人口。清代内蒙古地区实行盟旗制度，各旗牧民被固定下来，要承担赋税、贡纳、兵役及平时的各项差役，如果听任牧民被卖流失，无疑会动摇盟旗制度的基础。因此清政府对买卖盟旗人口非常重视，一经发现，立即动用银两赎回。如康熙五十七年（1792年），杜尔伯特地方连年亢旱，米谷不收，牛羊倒毙，兵丁人民逃亡于黑龙江、郭尔罗斯等处糊口，其中有六千余名"典身与人度岁"。清政府立即下令："额制兵丁何可得其逃亡，著动库帑赎回"③。雍正十三年（1735年），鄂尔多斯被灾，贫乏蒙民有来口内就食者，其中被典卖的妻子多达两千余口，清廷立即令地方官查明人数，动用正项钱粮赎回，赏给本旗，④并且告诫地方官，"如有隐匿遗漏者，后经查出，定行从重治罪"⑤。

---

① 参见《清宣宗实录》卷229，第424页。
② 参见《清宣宗实录》卷365，第576页。
③ 《清圣祖实录》卷281，第747页。
④ 参见《清世宗实录》卷154，第888—890页。
⑤ 《清世宗实录》卷155，第893页。

官府资送回籍，就是由官府出资将灾荒发生后流徙他乡的灾民遣返回原籍，以使得安其所业。清代内蒙古地区亦有施行。如康熙五十一年（1712年），鄂尔多斯地方连年大雪，饥馑洊臻，人口卖与四十九旗并喀尔喀者甚多，清廷下令"速差官查问，送还本籍，务使各遂生业"①；再如嘉庆十九年（1814年），口外蒙古地方荒歉，乏食贫民大量逃入陕西榆林地区，"蒙古民人亦纷纷因逃荒而至"，清廷一边令地方官"加意经理，俾穷黎口食有资"，一边"酌给路费，资遣出口，务令流离安集，地方宁静"②。

（四）节约

遭遇自然灾害以后，生产歉收，粮食不足，从而引起经济困窘，这时非节约无以渡难关。因此，灾后厉行节约成为清代内蒙古地区常见的一种灾后补救方法。

清代内蒙古地区的节约救灾，主要表现在以下两个方面：

第一是"节省米粮"。清廷对此很是重视，如康熙五十九年（1720年），康熙皇帝出口外，巡视土默特、喀喇沁等旗，看到当地本年庄稼被霜比往年略早，担心来年谷米价格上涨昂贵，引起粮荒，于是传谕各旗，"务宜节省米粮，不得耗费"③。

第二是节省牲畜。如康熙二十年（1681年），派理藩院侍郎明爱等前去迁徙苏尼特等被荒蒙古到近边八旗蒙古地方驻牧，因"此等蒙古，饥馑殊甚"而赈济给牲畜，并且告诫他们"今所给牲畜，必当节省以备来年之用，恐今岁食尽，来年禾稼不登，又致饥馑"④。

---

① 《清圣祖实录》卷252，第499页。
② 《清仁宗实录》卷300，第1132页。
③ 《清圣祖实录》卷289，第813页。
④ 《清圣祖实录》卷97，第1221—1222页。

（五）其他

除了以上所述的灾后补救措施，清代内蒙古地区还有其他几种特殊的补救措施，它们是招民垦种、教授捕鱼技术以度灾以及迁徙到条件较好的地方等。

所谓招民垦种，是指在内蒙古一些还没有发展农业的地方，往往在发生灾害荒歉之后，临时向清政府申请招募内地汉民前来垦种，以解决粮食问题。这种方式在禁垦较严的清朝前期即已实行，如雍正十年（1732 年）鄂尔多斯的灾荒就是用这种办法解决的。是年鄂尔多斯部分地区发生灾荒，"蒙民乏食"，于是向清廷提出"情愿招民人越界种地，收租取利"，清廷因救灾不及，顺水推舟答应了他们的要求，"听其自便"。这种救灾的办法，不仅能够帮助受灾地区的灾民度过饥馑，还能够解决内地贫困农民的生计，是一个双赢的措施。

教授捕鱼技术以度灾，是内蒙古地区因灾区路途遥远，赈济一时难以施行，但又恐灾民饥馑而因势利导实行的一种临时补救措施。康熙五十四年（1715 年），内蒙古地区大雪，吴喇忒、蒿齐忒、阿霸垓、阿霸哈纳、苏尼特等旗穷困，亟须赈济，但是由于"运米势需时日"，"散赈之事势难速达"，而吴喇忒等旗居近黄河，蒿齐忒、阿霸垓、阿霸哈纳、苏尼特等旗，有达尔诺尔、郭果苏泰、察汉诺尔诸水，可以"捕鱼资食，以待米至给散"，于是"可先教其捕鱼为食，处岁派新满洲三十人併造船人等，遣理藩院司官带网前去，教导蒙古人等"[1]。这种方法只是偶尔施行，并不常用。

灾民迁徙外地谋生，这也是一种偶尔施行的临时补救措施。雍正十三年（1735 年），札鲁特贝勒阿谛沙所属旗分春时亢旱，于是该贝勒将其旗分人等迁移到近河潮湿的地方居住。[2] 乾隆十六年（1751 年），

---

① 《清圣祖实录》卷 262，第 583—584 页。

② 参见《清世宗实录》卷 157，第 921 页。

呼兰城、温德亨山、八座官庄等地地亩叠被水灾，不堪耕种，黑龙江将军富尔丹上报，将被灾官庄迁徙到巴延穆敦、郭尔敏穆敦地方耕种。①

二、积极预防措施

除了临灾救济、灾后补救等措施以外，清代内蒙古地区还在平常采取一些积极预防灾荒的措施，主要就是设仓储粮。所谓仓储，就是建立谷物积蓄，以备饥荒的仓库存储制度。"救荒之策，备荒为上"，而"备荒莫如裕仓储"②。作为一项重要的备荒救灾措施，仓储事关国计民生。清入关后不久便着手恢复、设立储粮备荒的仓储制度。相对内地而言，内蒙古地区的仓储确立得晚一些。

清初，因农业发展缓慢，内蒙古地区还无仓存粮，每逢灾荒，都要调运内地宣府、大同、张家口、杀虎口、喜峰口、古北口、独石口、神木、榆林乃至宁夏、齐齐哈尔等地的仓储，给以赈济。但这些地方路途遥远，运输不便，往往赈济不及时。从康熙朝起，随着个别地方农业的逐渐发展，开始出现余粮，尤其是卓索图盟和归化城土默特，"连岁收成颇丰"，"年来五谷丰登"。这就为内蒙古地区设立仓储奠定了基础。有些旗开始设仓储米，"以备水旱赈济之用"。至迟到康熙十年（1671年），归化城即已设立仓廒储粮，因为是年有苏尼特部和四子部落歉收，诏发宣化府及归化城储粟赈之的记载。③ 此后，内蒙古地区的仓廒便如雨后春笋般地在内蒙古各地建立起来。到康熙五十七年（1718年），除归化城与喀喇沁各旗外，克什克腾察拜、湖滩河朔（今托克托县东南）、热河、八沟、科尔沁各旗、巴林、昭乌达博罗额尔吉、布尔哈图等都建

---

① 参见《清高宗实录》卷405，第318页。
② 寄湘渔父辑：《救荒六十策》"凡例"，清光绪十一年本，第1页。
③ 参见《清史稿》卷五百一十九、五百二十。

有仓廒，贮粮较多。①之后仓储制度一直沿袭到清末。清代内蒙古地区的仓储，主要有旗仓、常平仓和义仓三种。

（一）旗仓

旗仓，顾名思义，即是在蒙旗内所设置的仓廒。它是内蒙古地区最主要的仓储。清政府十分重视内蒙古地区的旗仓建设。从康熙年间起，就在哲里木盟、昭乌达盟、卓索图盟东三盟各旗设立旗仓。"康熙年间议令三盟长各札萨克等，每旗各设一仓，每年秋收后，各佐领下壮丁每丁输粮一斗存仓，以为歉收赈济之用。"②

到乾隆时，内蒙古地区的仓储数量已经是相当可观，据乾隆三十七年（1772年）统计，哲里木盟10旗，卓索图盟5旗，昭乌达盟11旗等各旗存谷数字，总计有四十四万五千二百六十九余石，其中仅喀喇沁右旗额存谷数就达四万四千余石。此时不但旗仓储谷数量可观，而且旗仓的管理也日益制度化。

第一，各旗旗仓储谷有了定额。乾隆三十七年（1772年），议定各旗仓谷额数：哲里木盟十旗：科尔沁达尔汉亲王旗，额存谷万八千四百六十五石；科尔沁图什业图亲王旗，额存谷万二千四百八石四斗；科尔沁宾图郡王旗，额存谷二千三百六石二斗；科尔沁郡王旗，额存谷万八千三百七十二石七斗；科尔沁札萨克图郡王旗，额存谷三千八百四石四斗；札赉特贝勒旗，额存谷万七百八十六石五斗；杜尔伯特贝子旗，额存谷万三千九十五石四斗；科尔沁镇国公旗，额存谷千四石三斗；郭尔罗斯镇国公旗，额存谷万八千一百八十八石九斗；郭尔罗斯辅国公旗，额存谷九千一百七十一石。卓索图盟五旗：喀喇沁都愣郡王旗，额存谷四万四千八百二十一石四斗；土

---

① 参见马汝珩、成崇德主编：《清代边疆开发》上册，山西人民出版社1998年版，第282页。

② 《大清会典事例》卷991，第2页。

默特达尔汉贝勒旗，额存谷六万三千九百十二石三斗；土默特贝子旗，额存谷七万四千五百十六石六斗；喀喇沁辅国公旗，额存谷二万二千二百二十九石二斗；喀喇沁一等塔布囊旗，额存谷四万九千六百五十七石三斗。昭乌达盟十一旗：巴林郡王旗，额存谷四千四百四十三石六斗；翁牛特都楞郡王旗，额存谷万三百八十五石八斗；敖汉郡王旗，额存谷二万一千三百四十四石二斗；奈曼达尔汉郡王旗，额存谷万八千三百七十石一斗；翁牛特岱清贝勒旗，额存谷万九千七百十九石六斗；札鲁特贝勒旗，额存谷万一百五十三石；札鲁特达尔汉贝勒旗，额存谷九千三百三十五石六斗；阿鲁科尔沁贝勒旗，额存谷万七千五百四十二石一斗；喀尔喀贝勒旗，额存谷三百七十四石八斗；巴林贝子旗，额存谷二千八百十五石七斗；克什克腾一等台吉旗，额存谷千三十六石七斗。[①]

第二，旗仓管理走向正轨。乾隆二十七年（1762 年），因康熙年间哲里木、昭乌达、卓索图三盟旗仓，其收放数目，并未制定奏销条例，议准：嗣后三盟长各札萨克，于每年秋收后，将收纳支放实数，各造具印册报院，年终汇奏。[②] 三十七年（1772 年），又议定：各旗仓存谷石，每岁终该札萨克声明仓储数目，及有无霉变之处，分析报院查核。各旗如遇偏灾歉收之年，该札萨克查验情形，将仓存谷石酌量出陈易新，借给众人。立限完缴入仓，声明报院。俟覆准到日，再行遵办，不得先支后报。各旗偶遇灾年，本旗仓存之谷，如不敷用，准其暂由邻旗借用，依限完缴入仓，报院查核。各旗借出之仓谷，遵照院定限期，完缴入仓，按限报院查核。其借用邻旗者，依限完缴，不得推故展限。其本旗出借者，如至限无力偿还，声明报院，酌量展限，仍依限完缴入仓，报院查核。四十九年（1784 年），又规定凡蒙古部落建立仓廒，系令该王

---

① 参见《大清会典事例》卷 979，第 3 页。
② 参见《大清会典事例》卷 991，第 2 页。

等养赡本旗贫乏无业者而设，不得缮写官仓字样，均改书本处公仓。①

旗仓的普遍建立，对素以游牧经济为主内蒙古地区来说，无疑是社会经济生活中的一件大事，在荒歉之年救济乏食的蒙古部众方面发挥了极大的作用。如康熙五十四年（1715 年），内蒙古被雪，损伤牲畜，吴喇忒等 14 旗缺食，即将湖滩河朔存仓米石散给吴喇忒等 5 旗，同时又将察哈尔八旗各"旗存仓米石算至秋收，酌量散赈"②给缺食人等；康熙五十九年（1720 年），翁牛特、喀喇沁等旗因亢旱歉收，人口乏食，各旗札萨克请借支仓米赈济，清政府认为，"各旗分设仓贮米，原以备水旱赈济之用"③，即照所请实行，所借仓谷于丰收之日如数交付；雍正五年（1727 年），科尔沁、敖汉等 16 处扎萨克地方未能丰收，因"此等扎萨克各旗仓内，现有存贮米粮"④，因此雍正令理藩院商议如何酌量赈济，后议定从和硕土谢图亲王阿拉卜云等旗仓内借给科尔沁、敖汉等 16 旗灾民每户 5 斗；乾隆元年（1736 年），喀喇沁王伊达木札卜等旗所属之人耕种地亩，收成歉薄，亦于各旗存仓谷石动支散赈⑤；道光二年（1822 年），仅土默特札萨克固山贝子旗一旗就从旗仓里先后借支仓谷三万四千三百二十九石一斗，后加恩宽免。⑥

（二）常平仓

"常平仓谷，乃民命所关，实地方第一紧要之政。"⑦ 这一语直接道出了常平仓在救治灾荒方面的重要性。

所谓常平仓，即是各地为调节粮价，备荒赈恤而设置的粮仓。常平仓

---

① 参见《大清会典事例》卷 979，第 3 页。

② 《清圣祖实录》卷 262，第 583 页。

③ 参见《清圣祖实录》卷 289，第 813 页。

④ 《清世宗实录》卷 63，第 961—962 页。

⑤ 参见《清高宗实录》卷 25，第 565 页。

⑥ 参见《大清会典事例》卷 979，第 3 页。

⑦ 席裕福：《皇朝政典类纂》卷一百五十三，光绪二十八年本。

的渊源可上溯到战国时期魏相李悝实行的平粜法，但其正式创设是在西汉，此后就一直被历代统治者奉为积储备荒的良法。清代内蒙古地区亦然。

清代各厅都建有常平仓，"常平仓，五厅皆有之"。如归化城的常平仓设立在城外城隍庙侧内，共有盖、藏、满、丰、积、聚六廒，额储米三万四百八十石。[①] 清水河厅，乾隆元年（1736 年）设协理通判，二十五年（1760 年）改为理事厅，二十七（1762 年）即添设常平仓。其常平仓坐落在厅署西古城坡下，有大门一间、仓神庙三间、官厅三间、仓廒七所，分为积字廒、贮字廒、充字廒、盈字廒、增字廒、满字廒、人字廒，共储谷 30560 石。[②] 丰镇厅常平仓在厅治东北，有仓廒 50 间。其中乾隆二十八年（1763 年）由通判堂瑛设立丰一廒、裕一廒。二十九年（1764 年）增设裕二廒、裕三廒。三十年（1765 年）增设裕四廒、丰二廒。三十二年、三十三年（1767 年、1768 年）增设丰三廒、丰四廒。三十四年（1769 年）又增设丰五廒、裕五廒。咸丰三年（1853 年），同知恒祐重修。光绪七年（1881 年），同知德溥捐廉建修丰一廒、裕三廒。其仓原为征储牧地米石，嗣因牧地改征折色银两，仓廒详请存留，分储常平仓谷。此外，丰镇厅治东北高庙子村亦设有粮仓，托克托厅、萨拉齐厅、和林格尔厅等地亦设有常平仓。各厅常平仓存谷，不同时期数量不一，光绪十八年（1892 年）的时候，萨拉齐现存一千二百余石，丰镇现存一万六千余石，宁远现存六千余石，清水河现存五千四百余石，和林格尔现存二千九百余石，托城现存四千余石。[③]

常平仓的作用，据牛敬忠先生的研究，主要在于平准粮价以稳定社会秩序，通过借贷维持农民最低程度的简单再生产，用于军事、社会公益事业和社会福利事业三方面。[④] 清代内蒙古地区的常平仓在这三方面

① 参见钟秀、张曾：《归绥识略》，第 116 页。
② 参见阿克达春、文秀等纂修：《清水河厅志》，第 214—216 页。
③ 参见内蒙古师范大学图书馆编：《归化城厅志》上册，第 210 页。
④ 参见牛敬忠：《清代常平仓、社仓的社会功能》，《内蒙古大学学报》1991 年第 1 期。

都发挥了重要作用。常平仓最主要的作用在于平抑粮价：丰年粮食低贱的时候，以略高其价广为收买；凶年粮食昂贵的时候，又略抑其价便于民间购买，"按丰歉平粜"①。如道光六年（1826年）四月，因丰镇、和林格尔、托克托城三厅上年歉收，发仓谷平粜。②常平仓谷也经常借贷给灾民来维持生计、恢复生产，"系按丰歉平粜及借给农民之需"③。如道光三年（1823年），萨拉齐厅上年被水，出借常平仓谷。④光绪十七、十八年（1892年、1893年），口外旱饥，归化城厅将常平仓、丰备仓、义仓三仓储谷出借各村贫民，"光绪十七年冬、十八年春两次陆续出借过常平仓、丰备仓、义仓共仓石谷八千五百八十四石一十五升"⑤。常平仓谷也用于军事，如清水河厅的常平仓，于咸丰十年（1860年）由通判吉昌"尽数碾运宁夏等处充饷"⑥。总之，常平仓的设立，在救济内蒙古地区灾荒方面发挥了非常重要的作用。

（三）义仓

除了旗仓、常平仓之外，清代内蒙古地区还设有义仓。义仓的作用在于赈济，"以备凶荒赈济"⑦。其所储仓谷由人民以义租的形式在正税之外纳于政府，由政府贮藏管理。

义仓在内蒙古地区的建设很简单，仅在极个别地方建立且多附于常平仓内。如清水河厅的义仓就是统附在常平仓内的，总共只有丰、余字共一廒，光绪六年（1880年），代理通判唐元龄奉文买补谷

---

① 钟秀、张曾：《归绥识略》，第116页。

② 参见《清宣宗实录》卷97，第579页。

③ 钟秀、张曾：《归绥识略》，第116页。

④ 参见《清宣宗实录》卷48，第853页。

⑤ 内蒙古师范大学图书馆编：《归化城厅志》上册，第204页。

⑥ 阿克达春、文秀等纂修：《清水河厅志》，第216页。

⑦ 钟秀、张曾：《归绥识略》，第117页。

一千二百四十九石七斗五升。① 归化城厅的义仓设在三贤庙内，储谷一千二百一十二石，以备凶荒赈济。②

义仓谷石在正常年景下，加息出借，遇到灾荒，出谷碾米。义仓作为一种针对地方性灾荒的自救措施，在实际施行中是起着一定作用的。③ 如光绪十七年（1891年）秋，归化城被冻歉收，出借仓谷，从光绪十七年冬到十八年春"两次陆续出借过常平仓、丰备仓、义仓共仓石谷八千五百八十四石一十五升"。十八年（1892年）春，归化城又被旱成灾，亦由义仓发谷赈济，当时归化城厅义仓实存谷1112石，大半被各村贫民领食。④

内蒙古地区建立了储粮被荒的仓储制度，充实了粮谷的积蓄，这对于防止灾荒动乱、安定灾民具有较大的积极意义。

第四节　清代内蒙古地区的荒政评价

从以上所述清代内蒙古地区赈灾救荒的实况及其荒政的主要内容来看，清代内蒙古地区的荒政体现了以下几个特色。

一、救灾荒政的特色

首先，统治者高度重视。由于众所周知的原因，清政府非常重视内蒙古地区的社会稳定，其中尤重对其赈灾救荒。因为受游牧经济的制

---

① 参见阿克达春、文秀等纂修：《清水河厅志》卷9，第216—217页。
② 参见钟秀、张曾：《归绥识略》，第117页。
③ 参见牛敬忠：《清代常平仓、社仓的社会功能》，《内蒙古大学学报》1991年第1期。
④ 参见内蒙古师范大学图书馆编：《归化城厅志》上册，第204页。

约，内蒙古地区一旦出现自然灾害，蒙民生计及牧业经济便会受到极大威胁，从而动摇其统治的稳定，因此自开国伊始，清王朝就高度重视对内蒙古地区的赈灾救荒活动。它不但制定了严密完善的赈灾制度，而且为"以示朕抚恤蒙古之意"①，最高统治者也常常身体力行，或亲自询问从蒙古地区来京公干的官员，看是否发生灾荒。如乾隆三十九年（1774年），巴林德勒克前来请安，乾隆帝即询问巴林有无蝗蝻，"著交巴图等加意防备，倘有蝗蝻飞至，即速扑除，勿使稍留余孽，将此传谕知之"②；乾隆六十年（1795年），额驸拉旺多尔济差人至行在请安，乾隆亦"询之该折差护卫福禄，称察哈尔正红、镶红二旗及绥远城俱未得透雨，现在望泽等语"③。或亲自出边巡查灾情，如康熙二十八年（1689年），口外大旱，康熙帝"自春至今，缘兹旱灾，无日不殷忧轸念"④，于是出口阅视灾情，决定赈济。或看到天气变坏，即派员前去蒙古地区查看，如康熙五十四年（1715年），因"今年蒙古地方雪大，先鲁德见下雪，不知近日如何"，于是派理藩院"善于驰驿好司官三员，令其驰驿出张家口、古北口、喜峰口三处，直至哨地尽处回来。凡牲畜被雪倒毙伤损者，勿得隐讳。因雪大特差尔等看牲畜，即以此意告之，凡经过旗分，俱著问明回来。"⑤ 或不断劝谕蒙古王公札萨克做好救济灾荒的准备，如雍正九年（1731年），因"各扎萨克旗分所种之谷皆以被旱，稍长，又复经霜，未曾收获，以致乏食"，雍正帝在派遣侍卫携带银两前去赈济的同时，还专门传谕各旗扎萨克及官员等，强调"蒙古人众皆伊等所属部落，米谷未收，不能度日，自应预为筹画生计"⑥。或直接亲自

① 《清高宗实录》卷1275，第63页。
② 《清高宗实录》卷962，第1044页。
③ 《清高宗实录》卷1480，第777页。
④ 《清圣祖实录》卷141，第555页。
⑤ 《清圣祖实录》卷262，第579页。
⑥ 《清世宗实录》卷111，第477页。

督导农作事宜，如康熙三十二年（1693 年），谕归化城等三处督办："种地惟勤为善，北地风寒，宜高其田陇，寻常之谷，断不能救；必艺早熟之麦，方为有益，……慎识朕言，克勤毋怠。"① 或亲自预为筹划。如雍正十一年（1733 年），科尔沁公喇嘛扎布旗分并无牲畜，其贫苦人等止有六月至八月米粮，再加上本年种谷无多，又经亢旱无收。雍正帝接到奏报以后，"思此所种之谷，即使全收，亦不足养赡数千人口，恐至饥馑流散，不可不预为筹画"，决定"伊等与何处相近，即动支彼处米谷赈济"，并且还下军机大臣会议"如何养赡，俾其过冬之处"②。

其次，赈济次数频繁。据理藩院于乾隆六年（1728 年）七月查奏：自康熙二十至六十一年（1681—1722 年），赈济蒙古等四十余次；雍正元年至十三年（1723—1735 年），赈济内蒙古 15 次；乾隆元年至六年（1736—1741 年），赈济内外蒙古 14 次。③ 乾隆七年（1742 年）以后，清王朝对内蒙古地区的赈济更是频繁，这在《清高宗实录》各卷中有非常详细的记载，难以一一叙述。

再次，救荒待遇特别优渥。清人王庆云《石渠余纪》说清代赈灾"蠲赈兼施，务从其厚"。这点在内蒙古地区非常明显，甚至更是"务从其厚"。清代，只要内蒙古地区遇到较大的自然灾害，政府都要调拨大量的米粮、皮裘、茶叶、牲畜、布帛、毡房及银两予以救济，待遇是特别优渥的。这表现在：

有的不成灾，只是未丰收，同样给予赈济。如雍正元年（1723 年），口外蒙古地方虽获丰收，但科尔沁、敖汉等 16 处札萨克地方收获未丰，于是"宜加特恩"，分别赏给科尔沁五旗三千两，敖汉等十一旗六千两，"将未能丰收者查明赏给"④。

---

① 转引自孟昭华：《中国灾荒史记》，第 726 页。
② 《清世宗实录》卷 133，第 714 页。
③ 参见《清高宗实录》卷 147，第 1117 页。
④ 《大清会典事例》卷 991，第 1 页。

有的只是牲畜倒毙，丰歉不一，清廷也给予一定赏赐。如雍正五年（1727年），索伦达呼尔等处马匹牲畜多有倒毙，丰歉不一，兵丁生计稍艰，也同样由户部发帑银"养育索伦穷苦之人及赏给效力兵丁"①。

有的在蒙旗内已经赈济，但朝廷仍赏银以备赈济之用。如乾隆二十七年（1762年），哲里木盟长所属旗人连年被灾，情形较重，该盟长虽已于九旗二百佐领内拨牛羊赈恤，但仍加恩赏银2000两，以备赈给之用。②

有时还主动延长王公札萨克所借俸银的期限。如乾隆五十二年（1787年），多罗贝勒衮布多尔济借支六年俸银，"属因灾养赡属下，并非私用，著照所请赏借其所借之银，展限四年，作为十年扣缴，以示朕抚恤蒙古之意"③。

有的是蒙古王公提出要借支俸银以养赡旗民，但朝廷为示体恤蒙古之至意，而将此项银两赏给，不用扣还。如乾隆三十一年（1766年），齐旺班珠尔旗分人等被灾，请借给一年俸银，结果"加恩，著按齐旺班珠尔等借俸数目赏银，赈恤该旗灾民"④，所需银两，由口北道库照数支拨；乾隆五十六年（1791年），苏尼特两旗游牧地方，连年被旱，贫寒蒙民觅食四方，该两旗札萨克请借支二年郡王俸银，后"照数赏给，以散给彼二旗贫寒蒙古，毋庸扣还"⑤。

在申请银两数量上加赏银两。乾隆元年（1736年），巴林多罗郡王桑里达旗分亢旱，地亩未种，理藩院议定派员于户部支银五千两，前往赈济后又加赏银两，"银五千两恐不敷用，著带一万两速去"⑥。

---

① 《大清会典事例》卷991，第1页。
② 参见《大清会典事例》卷991，第2页。
③ 《清高宗实录》卷1275，第63页。
④ 《清高宗实录》卷759，第359页。
⑤ 《大清会典事例》卷991，第2页。
⑥ 《清高宗实录》卷32，第630页。

复次，虽然对内蒙古地区赈济优渥，但又有所侧重。主要表现在：

蒙汉有别。同样受灾，蒙汉民受到赈济的力度却不一样。如顺治十三年（1656 年）二月，以八旗地亩被水蝗雹灾，特给蒙古每牛录米三百石，汉军每牛录米一百石。① 甚至在个别地方，租种旗地的汉民遇灾根本就不给赈济。如乾隆三十八年（1773 年）以前归化、萨拉齐二厅内有汉民租种蒙古口粮地的，遇到灾荒"向不查办"②。多伦诺尔地方也是如此。在道光十三年（1833 年）以前，"多伦诺尔流民租种旗地，与内地土著农民不同，向来遇有偏灾，从未办理赈恤"③。

蒙古内部阶级有别。如康熙五十四年（1715 年），阿霸垓王毕颖、阿霸哈纳贝勒索诺穆喇布坦二旗分被灾缺食，将二旗穷丁，自 10 岁以上，每口给乳牛 1 头、母羊 3 只；其无牲畜台吉，每口给乳牛 1 头，母羊 5 只。④

蒙古各部之间有别。如雍正元年（1736 年），郭尔罗斯与科尔沁旗都有灾荒，但赈济的力度却不一样，科尔沁旗是动用正项钱粮 3 万两，而郭尔罗斯却是按实在穷苦并无牲畜的蒙民户口给予乳牛羊只。这是因为"夫科尔沁一旗，与别部落蒙古不同，太祖高皇帝时首先臣服，且为朕皇曾祖妣孝庄文皇后、皇祖妣孝惠章皇后之母家，世为国戚，恪恭强顺，历今百有余年"⑤。

最后，赈济不拘于成例，随时根据情形的不同而变化。有因灾情重大而不按救灾程序赈济。这在前面救灾程序一节中有详细叙述，兹不赘述。还有因散赈难以速达，而灾情又严重亟须救济，于是因势利导鼓励采取别的方式自救，如教授捕鱼技术以度灾歉。这在前述荒政灾后补救

---

① 参见《清世祖实录》卷 98，第 759 页。

② 《清高宗实录》卷 938，第 655 页。

③ 《大清会典事例》卷 991，第 2—3 页。

④ 参见《清圣祖实录》卷 263，第 587 页。

⑤ 《清世宗实录》卷 8，第 154—155 页。

措施一节中也有详述，亦不赘述。

二、救荒救济的实效

（一）取得的效果

接下来我们再来看一下采取救荒措施救济所带来的实效。可以说，清朝对内蒙古地区的赈恤，也正如统治者所希望看到的一样，在许多方面都取得了不错的效果。

第一，能够帮助受灾的贫民度过严重的灾荒。在蒙古草原冰天雪地、草枯水干的灾年，清朝的赈恤对于正处在忧心如焚、呻吟辗转之际的蒙古灾民来说，无疑具有保全部族、起死回生的重要意义，能够使他们度过饥馑的鬼门关。如康熙二十四年（1685年），蒿齐忒多罗郡王车布登所属旗下蒙古大饥，康熙帝闻听后，"深为悯恻"，迅速派遣理藩院郎中苏巴泰前往蒿齐忒地方，稽查蒙古饥民。当时蒿齐忒蒙古约有3000人被灾，以荒野草根为食。听说朝廷遣官稽查赈济，饥民顿时欢声雷动，"皆环跪举手加额曰：我等残喘，自分旦夕就死，今幸天使至，我属得生矣"①。最后调发克什克腾旗拜察地方储备之粟，措支一千石，昼夜兼驰，运往赈济。再如光绪十七年、十八年（1892—1893年）口外七厅亢旱成灾，乏食贫民有饿毙者，有逃亡者，有卖男鬻女者，"情形甚惨，待哺孔殷"。山西巡抚拨发巨款，派候补知府锡守良前去设局赈恤，或散给仓谷，或发给钱文，"遂使口外遗孑灾黎得有更生之庆"②。

第二，能够帮助灾民恢复生产，避免四出流散。清政府除给予灾民口粮以解决其生死问题之外，往往还或直接散给牛羊等牲畜，或发给银两令其采买，来帮助他们恢复和发展生产。在实践中，也正如康熙

① 《清圣祖实录》卷121，第280—281页。
② 内蒙古师范大学图书馆编：《归化城厅志》上册，第242页。

对阿霸垓辅国公德木楚克等所说的那样，确实取得了非常明显的实效："从前四十九旗田禾不收，以致大饥，朕施恩给以米粮，又赏牲畜。嗣因大雪牲畜殆尽，朕复施恩如前，尔等三年内已渐致富。……今尔等十余扎萨克蒙古纵多不过万数，令尔等富足甚易……两三年内，可使致富也。"① 而且还吸引四出觅食的灾民回返故地重建家园。如乾隆五十六年（1791 年），苏尼特两旗连年被旱，贫寒灾民觅食四方。清廷从口北道库发银赏赈，"于附近地方所有贫人，挨次均匀散给，一名不得遗漏"，并赏借该两旗扎萨克每人一年郡王俸银，以"整理伊等本身畜产"。很快，赈恤就显出了良好的社会效果，不久大臣们回报说："该处自蒙恩赈济以来，并获雨泽，牲畜肥腯，各处就食之人，回家乐业。"②

（二）存在的问题

我们应当看到其中存在的问题。从制度和政策来看，清代内蒙古地区的荒政不可谓不完备，但因为政策措施是靠人来执行的，受财政、吏治以及其他社会因素的影响，上述赈灾措施在施行过程中并非始终尽善尽美，同样存在着一些弊病，在一定程度上使得赈恤的实效大打折扣。

首先，表现为匿灾，即掩盖灾情。明明境内发生自然灾害，甚至灾情还很严重，而有关官员却或者隐匿不上报，或者虽上报但避重就轻。如雍正十三年（1735 年），鄂尔多斯部因上年收成歉薄，贝子萝卜藏请借仓粮。理藩院商议后，经雍正同意，派遣该院办理夷情事务郎中七十五前去，会同该扎萨克贝子萝卜藏一起，查明乏食蒙古，借支一月口粮，同时办理贝勒查木阳、贝子齐旺班珠尔纳木扎尔色冷等请借仓粮事宜。当时鄂尔多斯灾情已经很严重，很多牧民四出求食，多到陕西神木、榆林等地乞讨度日，而此时神木、榆林等地亦因时荒岁歉，粮价也

_____

① 《清圣祖实录》卷 262，第 584 页。
② 《大清会典事例》卷 991，第 2 页。

很昂贵，来此就食的蒙古灾民中有两千多名被迫典卖妻儿老小。这些凄惨情形，前去办理灾情的官员七十五先是匿灾不报，等到奉旨查办之后，又玩忽职守，拖延时间，不尽心尽力地办理，结果遭到雍正帝的叱责："今朕闻陕西神木、榆林等处，上年收成歉薄，粮价昂贵，而鄂尔多斯蒙古之乏食者，多向神木、榆林城内就食，甚为可悯，该郎中七十五等，从前未曾呈报，及奉旨查办之后，又复怠忽迟延，竟不上紧办理，甚属不合"，令其立即"会同该道，将乏食蒙古查明，一面具报该督抚，一面酌动仓粮发给，毋使乏食蒙古至于失所"①。

其次，表现为查灾不力和发赈浮报。尽管清政府十分重视内蒙古地区的灾情查核，但仍有不少查赈官员玩忽职守，不尽职尽责。如康熙三十四年（1695 年），巴林等六旗发生灾荒，派遣喇锡前去查勘灾情，审出六旗贫乏人口，赈给米粮。但是喇锡到达其地审户，"未曾遍察"，结果造成受灾六旗中许多没有受到赈济的贫乏牧民很快就不能聊生。康熙闻讯后，严饬喇锡，令其再次率司官、笔帖式察明六旗贫乏人口数，同时还派内大臣明珠前往坡赖村，将仓谷按喇锡所报数目监视散发给灾民。② 除了查赈不力以外，还有不少经办人员在发赈的过程中，浮报获利。如清政府在救济内蒙古被灾蒙古牧民的时候，除了散赈给口粮以外，还因止给与米粮糊口，并无产业营生，亦非久远之计而经常将赈银用来采买牲畜，发给他们作为产业，但承担采买牲畜任务的"富户"往往将所买牲畜的价格浮报，有的达数倍之多，结果大量用来赈济的银两就这样流入了"富户"的个人腰包，广大的蒙古灾民根本没有得到赈济给他们带来的实惠。

最后，表现为仓储弊窦实多。虽然内蒙古地区的常平仓等建立的较晚，但由于吏治的日益败坏，仓储制度的各种弊端很快就显露出来。主

---

① 《清世宗实录》卷 154，第 888 页。
② 参见《清圣祖实录》卷 169，第 835 页。

要有：

仓廒管理不善。尽管清政府一再强调仓廒对灾荒的重要作用，制定的各项制度也很严格，但内蒙古地区的仓廒在实际管理中却十分混乱。首先，受各种因素的影响，仓廒因得不到修复而废弃。如丰镇厅高庙子仓，乾隆三十四年（1769年）由同知威中额设立，有仓廒十间。等到光绪七年（1881年）的时候，其中的五间坍损不全，五间仅存故址，就连当时丰镇厅的同知德溥都不知道是何时圮废的。① 另外，由于地方官吏的玩忽职守，仓谷霉变腐烂也是常事。如道光十七年（1837年），宁远厅的仓谷中，就有三千零七八十石霉变，经牙行确估为"米质业已成灰，不能作价"② 。清水河厅的常平仓谷亦然，咸丰十年（1860年）的时候，在额储仓谷三万五百六十石中，就有二千五十二石霉变，几近1/10。③

仓谷亏空、冒领严重。常平仓所存谷米，还经常由于或被各该地方官员私行挪用，或被有关人员冒领，以致亏空严重。如前述道光十七年（1837年），宁远厅通判亏空仓谷一案。④ 再如光绪十八年（1892年）春，归化城厅被旱成灾，就厅存仓谷查明极、次贫民，核实散放。当时归化城厅常平仓实存仓谷二千四百石，丰备仓实存仓谷六千二十一石，义仓实存仓谷一千一百一十二石，于是将三仓储谷出借给各村灾民。在此过程中，仓谷的仓书收受甲头杨胡林的贿赂，与之串通大肆冒领仓米，结果在领食已过大半的时候，被归化城同知张心泰查出，当即拘提讯明，追回冒领的仓谷，将二人分别责枷，然后亲自到粮仓将未放的仓谷监放给灾民。⑤

---

① 参见德溥：《丰镇厅新志》卷3，财政部印刷局1916年铅印本。
② 张集馨：《道咸宦海见闻录》，第34页。
③ 参见阿克达春、文秀等纂修：《清水河厅志》，第216页。
④ 关于仓谷亏空等相关内容参见张集馨：《道咸宦海见闻录》，第30—44页。
⑤ 参见内蒙古师范大学图书馆编：《归化城厅志》上册，第216页。

仓内乏谷，失去救济作用。常平仓等的基本作用就是平时储存谷米，灾时适时粜籴，平抑粮价，以及赈济灾民，但由于管理不善以及地方官员的挪用冒领，各仓额存谷米与实际储粮往往有很大差异，甚至有的时候完全无米存仓。如归化城厅常平仓，额储仓米三万四百八十石，但到光绪十八年（1892年），却仓米无存；清水河厅也大同小异，其原额存谷三万五百六十石，咸丰十年（1860年）的时候，除由通判吉昌盘出霉变谷二千五十二石以外，其余尽数碾运宁夏等处充饷，到光绪七年（1881年）时仍尚未买补还仓，"无存至今"①。到光绪十八年（1892年）的时候，也仅存谷五千四百余石，离额定存谷数量仍有很大差异。② 仓内乏米，自然使得常平仓等谷仓在赈济灾民、平抑粮价等方面的效果大打折扣。如前述光绪十八年（1892年）的口外旱灾，共发放给十三万二千九百三十三口半灾民口粮三万三千九百二十八石三升，其中动用过的常平仓谷仅有九百五十三石六斗九升六合五勺，不到1/25。其中清水河厅还因其厅常平仓、社义仓仅存谷五千余石，为了"俾免仓廪空虚，转致遇急无措"③ 而令暂缓出放。这些无疑削弱了仓储在救灾方面的所应发挥的作用。

　　尽管内蒙古地区的荒政存在着以上问题，但是瑕不掩瑜，从总体上来说，它在帮助灾民度过难关、恢复生产等各个方面都发挥了极其重要的作用，为近代内蒙古的进一步发展奠定了基础。

---

① 阿克达春、文秀等纂修：《清水河厅志》，第216页。
② 参见内蒙古师范大学图书馆编：《归化城厅志》上册，第210页。
③ 内蒙古师范大学图书馆编：《归化城厅志》上册，第204页。

结语　关注内蒙古地区灾荒史的研究

　　内蒙古地域空间辽阔，文明历史悠久，自然资源丰富，发展潜力巨大；同时内蒙古自然条件复杂，生态环境脆弱，各类灾害频仍，经济发展滞后。这些都是不争的事实。事实上，内蒙古正是以其辽阔的空间地域、独特的地理位置、丰富的自然资源和复杂的生态环境，成为中国资源开发、环境保护与生态建设的关键地带。内蒙古以不可替代的生态时空坐标，对中国的可持续生存与发展，以及国家生态安全起着极为重要的生态屏障作用。因此，在系统地分析清代内蒙古地区的灾荒实际状况、灾荒的发生规律与分布特征、灾荒的形成原因与社会危害，以及当时的清政府对内蒙古地区所采取的救荒政策的基础上，进一步认清自然灾害的历史积弊及其对当代灾害状况与经济社会发展的历史启示，在当代积极推行减灾防范措施以及实现区域可持续发展的时代创新，其意义无疑十分重大而深远。

一、历史启示

　　人与自然之间矛盾冲突尖锐化，以及由其导致的生态环境问题的产生、自然灾害的频繁发生，不利于人类的生存与发展。全面系统地认识和把握灾害的发生规律、分布特征和未来趋势，在当今社会显得十分重要。它将对改善生态环境，促进经济的持续发展，实现整个社会的全面发展发挥重要的作用。

（一）注重灾害发生的频率与趋势

内蒙古地区是自然灾害的多发区，自然灾害的发生频次增加并呈上升趋势，气象灾害仍然是威胁本区的主要灾害类型，应注重对这一灾害类型的研究与防治。

灾害频仍并集中　内蒙古地区自然灾害种类繁多，发生时又具有相对集中的特征。旱灾、水灾、霜灾、雹灾、雪灾、蝗灾、疫灾、风灾、震灾等自然灾害严重影响着本地区居民的正常生活和农牧业生产。从历史情况看，据本书第二章表 2-1 统计，在清代 268 年中，上述几种灾害共发生 460 次，年均 1.72 次，形成无年不灾甚至一年多灾的基本格局。脆弱的生态环境系统，复杂的地形地貌特征，多变的气象气候条件，以及相对滞后的经济，发展状况，决定了这种灾害类型的主导作用。从现实状况看，以旱灾为例，"据统计从一九四九年至一九八七年的三十九年间，旱灾就占三十七年，并且其中的十一年较为严重。据不完全统计这十一年受灾面积达三亿二千三百三十万余亩，占三十七年旱灾总面积五亿六千一百六十五万余亩的百分之五十七点多。"[1]"在 1986 年至 1995 年的这 10 年当中，由于自然灾害而造成的损失高出 60 年代的 8 倍。"[2]而现实既是以往历史的积累与积淀，又是通往未来的基地与桥梁。严酷的现实灾害状况，正是历史上灾害积弊在时间维度上的持续延伸、空间

---

[1]　王崇仁等编：《内蒙古历代自然灾害史料续辑》，内蒙古自治区人民政府参事室 1988 年编印，"前言"第 3 页。

[2]　联合国环境规划署：《APERCU—2000》。

维度上的不断扩张甚至危害程度上的力度加大，并将极大地影响着未来的灾害走向。对此，我们要有清醒的认识，应未雨绸缪，防患于未然。

气象灾害更典型 在内蒙古地区的各类灾害中又以气象灾害为主要的灾害类型，且危害严重。历史上，自然灾害一直困扰着人类的生存与发展，且呈现不断上升的趋势。以历史各朝代每年平均受灾频数为例，就全国范围而言，"隋朝 0.6 次，唐朝 1.6 次，两宋 1.8 次，元朝 3.2 次，明朝 3.7 次，清朝 3.8 次"[①]，呈明显上升趋势。内蒙古地区自然灾害发生频繁，且也呈上升趋势。以清代内蒙古地区各类灾害世纪时段（以半个世纪为一个时段）为例，1644—1650 年的 47 年间共发生 3 次，年均为 0.43 次；1651—1700 年的 50 年间共发生 52 次，年均 1.02 次；1701—1750 年的 50 年间共发生 74 次，年均 1.48 次；1751—1800 年的 50 年间共发生 97 次，年均 1.94 次；1801—1850 的 50 年间共发生 69 次，年均 1.38 次；1851—1900 年的 50 年间共发生 99 次，年均 1.98 次；1901—1911 年的 11 年间共发生 25 次，年均 2.27 次（详见本书第二章：表 2-1）。总体而言，各类灾害（主要是气象灾害）有逐段增长的状态与不断增加的趋势。因此应加大对这类灾害的研究与防治。利用先进的遥感遥测技术，加强对气候的监测，提供准确而及时的天气预报，开展人工降雨和防雹的服务。同时注重农牧业生产过程中防灾实用技术的研究，增强抵御灾害的能力。通过一系列的减灾工作，最终将农牧业生产的灾损降低到最小的限度。

灾害趋势应警觉 当代内蒙古地区自然灾害发生频次增加。以旱灾、水灾、风灾、雪灾、霜灾、雹灾、病虫灾、震灾、疫灾和其他灾害为统计的灾害种类，在 1949—1987 年的 39 年中，上述各类灾害共发生 1337 次，年均发生 34.28 次，其中以旱灾、水灾、风灾、雪灾、霜

① 中国科学报社编：《国情与决策》，北京出版社 1990 年版，转引自胡鞍钢等：《中国自然灾害与经济发展》，湖北科学技术出版社 1998 年版，第 17 页。

灾、雹灾等与气象灾害直接相关的灾害共发生 1092 次，年均发生 28.00 次。[①] 而我国"1951—1980 年的 30 年中，居各种灾害发生次数之首的气象、气候灾害年平均发生频次为 2—3 次"[②]。内蒙古地区气象灾害的发生频次要多于这一全国统计数字，可见内蒙古地区自然灾害发生之频繁。自然灾害在本区的频繁出现，对农牧业生产危害极大。据统计，新中国成立以来本区"每年因灾减产粮食 3—13 亿千克，因灾死亡牲畜上百万头"[③]。鉴于内蒙古地区自然灾害发生之频繁，应将减灾工作提上日程，通过建立科学、系统的减灾策略，以缓解自然灾害对我区经济发展的不利影响。

（二）关注灾害发生的时间与空间

概括地说，从时间维度上，内蒙古地区自然灾害具有频发性和季节周期性特征；从空间维度上，内蒙古地区自然灾害具有分布面广和地区差异显著的特征。

灾害发生的时间分布　在清代内蒙古地区灾荒实况分析中，明显地体现了季节性特征。受季风气候及地形特征的影响，不同季节会有不同的灾害产生。旱灾是内蒙古地区普遍存在的灾害类型，不但危害周期长而且影响范围广。其中春旱与夏旱较为严重。春旱常发生在 4—6 月份，此时降水稀少，气温升高，加之本区大风天气的影响，蒸发强烈。严重的春旱使播种的种子难以发芽，影响农业生产。更为重要的是，对于广

---

① 根据王崇仁等编：《内蒙古历代自然灾害史料续辑》，内蒙古自治区人民政府参事室 1988 年编印资料统计计算得出。

② 骆继宾：《气象灾害的特点及防御对策》，《中国自然灾害灾情分析与减灾对策》，湖北科学技术出版社 1992 年版，第 170 页。

③ 根据王崇仁等编：《内蒙古历代自然灾害史料续辑》，内蒙古自治区人民政府参事室 1988 年编印资料统计计算得出。

大的牧区而言,春旱严重地影响牧草返青,给牲畜的饮水和食草造成威胁。夏旱常发生在 7—8 月份,全区范围内广泛存在。在本区东部的辽河、嫩江流域等降水较多地区也常会出现因夏季降水稀少而导致的旱灾。鉴于干旱灾害的影响,应在农区注重发展节水灌溉农业,在选种与耕种过程中,注意防御与抵抗灾害的不利影响,同时因地制宜兴修与完善水利设施,干旱季节适当补充水源。对于广大牧区而言,居于关键条件和前提基础的是水草资源的丰美程度。一般地说,水草资源是一种可再生资源,"对可再生资源的开发利用,应通晓生态环境演变规律,认识生态环境结构与功能,维护生态环境资源的生产能力、恢复能力和补偿能力的前提条件下,对这类资源实施有效而科学合理的开发。具体而言,对可再生资源的科学合理开发利用,应该而且必须遵循其再生时间过程,再生空间范围,再生数量规模和再生质量效果"[1]。

受季风强弱和进退迟早的影响,本区降水不稳定,年内分配不均且年际变化大。暴雨常发生在 7—8 月份,由于降水强度大,有可能造成洪涝灾害。本区的辽河、嫩江流域,由于夏季降水的集中,常发生水灾,而阴山以南的呼和浩特、包头等地区,也常会发生由暴雨天气引起的洪涝灾害。新中国成立以后,黄河由于凌汛、秋汛,也会给周围地区造成水患。由于灾害发生的季节性特征,在本区常会出现春旱夏涝或先涝后旱的现象,对农牧业生产危害极大。针对降水的集中性特征,各地应提早注重防洪、防汛、防涝,兴修水利设施,防御由于降水过多引发的洪涝灾害。

受蒙古冷高压和寒潮的影响,在冬春或秋常发生风雪灾害,时间大多在 10 月至次年 3—4 月份,11 月份的座冬雪及 3—4 月份的春雪过多都可形成雪灾,对牧业生产造成危害,影响牲畜的采食及春羔的出生。

---

[1] 包庆德:《生态哲学操作:西部资源环境与经济生态三题》,《自然辩证法研究》2002 年第 2 期。

雪灾在本区发生较为频繁,"1907—1988 年出现雪灾 34 次,平均 2.4 年一次"[1],雪灾应成为牧区主要防御的灾害。

发生在晚秋或初春的霜灾及早秋或春夏之交的雹灾,在本区普遍存在。它们有时独立出现,但更多的是作为伴生灾害出现,对农业生产造成危害。雹灾在本区 6—7 月最为盛行。霜灾分为早霜灾和晚霜灾,分别出现在 5 月下旬和 9 月下旬。霜雹灾影响农作物的生长,影响粮食的产量。针对霜雹灾的这种季节特性,应当进行必要的防御,加强预报准确度,采取人工技术减少霜雹灾。与此同时在灾害发生后,采取及时的补救措施,将灾损降低到最小的限度。

灾害发生的空间分布　在清代内蒙古地区灾荒实况分析中,地域性特征明显地体现了出来。自然灾害的重点发生区理应成为今后减灾工作关注的重点。

内蒙古地区是自然灾害的多发区,自然灾害在全区范围内普遍存在,历史上即是如此。据清代内蒙古地区主要自然灾害分布图,可明显感受到这种分布状态。本区自然灾害的分布又具有特殊的地域差异性,对清代内蒙古地区灾荒的研究,设定了灾害分布的区划方案,归纳出区域性的灾害分布特征,这种区域分划也大致符合今天自然灾害空间分布规律。今天,自然灾害在本区的分布更为集中,出现自然灾害的多发区重发区,这些地区是减灾工作的重点。

受自然条件和历史上人类活动的双重影响,在我区形成了一条独特的农牧交错带。这条农牧交错带北起大兴安岭西麓,向西南延伸,直至鄂尔多斯高原,呈带状分布,遍布内蒙古东部、东南部及南部边缘地区,"包括 8 个盟市的 36 个旗县和 7 个市辖区,土地总面积为 3005.08 万 km²,占自治区土地总面积的26.25%"[2]。这条农牧交错带也是内蒙古

---

① 湖涛:《内蒙古雪灾及减轻其损失对策》,《干旱区资源与环境》1989 年第 3 期。
② 高和平等:《内蒙古农牧交错地区耕地资源及其开发利用》,《自然资源》1995 年第 2 期。

地区的生态环境脆弱带，抗干扰能力差，恢复原状机会少，极易受到各类自然灾害的侵扰，是自然灾害的易发多发重发区。本区旱灾、洪涝、风灾、霜雹灾害时有发生，自然生态系统严重退化，环境资源灾害普遍存在，水土流失、土地沙化、盐碱化、草原退化等现象十分严重。农牧交错区的沙漠现象不容忽视，土地的沙化影响了农牧业用地，威胁着草原、农田、城市、交通等，对土地沙化的治理，任务十分艰巨。"就目前半干旱草原沙漠化程度而论，科尔沁西部、鄂尔多斯南部为严重沙漠化区，科尔沁东部、宁夏东南部为沙漠化强烈发展区，呼盟草原、锡盟、乌盟后山以及察哈尔中部、科尔沁北部和长城沿线为沙漠化发展区。"①今后应有计划地进行沙漠化的治理，同时保护生态环境，增加植被，加速退耕退牧以促进还林还草进程，有力地控制各种环境灾害，建立科学的防御灾害的措施，减少灾害的侵害。本区人口相对密集，经济发展不均衡，总体生产力水平较低，加之自然灾害的侵扰，使土地生产力及经济发展潜力未得到充分发挥，减灾对于缓解自然灾害对经济发展的滞碍具有重要的作用。

内蒙古东部各盟市，包括呼盟、哲盟、赤峰、兴安盟等经常遭遇水灾侵袭，其中，尤以嫩江流域和西辽河流域为甚，这些地区历史上就是水灾的多发区。呼盟所属旗县，包括扎兰屯、阿荣旗、莫旗等地，在1949—1987年的39年中，有15年遭受到不同程度的水灾，大约每两年就发生一次水灾。②现在，这些地区仍然是水灾的多发区。1998年夏，在嫩江和西辽河水系发生历史上罕见的特大洪水，有76个旗县市的619万人口受灾，全区农作物受灾面积3000万亩，成灾面积2400万亩，绝收面积1500万亩，毁坏耕地近330万亩，因灾死亡牲畜36万头

---

① 李世奎：《我国北部农牧过渡带沙漠化发生的气候原因及其防治对策》，《农业现代化研究》1987年第1期。

② 根据王崇仁等编：《内蒙古历代自然灾害史料续辑》，内蒙古自治区人民政府参事室1988年编印资料统计计算得出。

（只），各项经济损失共计 159 亿元。① 这场洪水说明东部区的洪水灾害不容忽视。今后要加大水利设施的新建和改建，提高天气预报水平，增强防洪防汛意识，最终有效地防御洪涝灾害的侵害。

内蒙古以牧业为主的地区常受到风雪灾害的影响。阴山以北，大兴安岭以西地区常出现这类灾害，包括呼盟、锡盟、巴盟、赤峰、哲盟北部、兴安盟一些地区。风雪灾害主要对牧业生产造成危害，致使牲畜死亡，如"1977 年 10 月锡林郭勒草原的特大雪暴，积雪深度一般为 15—30cm，局部在 50cm 以上，损失牲畜占锡盟牲畜总头数的 2/3"②。针对风雪灾害，牧区注重防灾工作，除加强天气预报，还应通过棚圈改造等一些措施，增强牧区抵御风雪灾害的能力。

（三）掌握灾情扩展的特征与因果

从灾害发生动态活动过程上，内蒙古地区自然灾害具有群发性与连锁性的特征；从灾害发生的原因上，应重点防止由于人类不合理的活动而引发或放大自然灾害；从灾害影响的危害上，应重点防范灾害对经济社会发展的阻碍和对生态环境系统的破坏。

灾害的群发性与连锁性　自然灾害的发生往往不是孤立进行的，它们之间存在着一定的相关性，由一种灾害可引发出其他种类的灾害。在同一地区可连续发生不同种类的灾害，形成灾害群聚区，在同一时段内在同一地区或不同地区发生多种灾害，形成灾害的群发期。这种自然灾害的群发现象表明自然灾害之间存在连锁反映，具有一种灾害链式特征。如干旱灾害可引发蝗灾或霜冻灾害，而暴雨也可导致洪涝灾害，并进一步出现蝗灾或泥石流等灾害。

---

① 参见周维德：《关于我区抗洪救灾工作情况的报告》，《内蒙古日报》1998 年 10 月 6 日第 1 版。

② 孙金涛：《内蒙古草原的畜牧业气候》，《地理研究》1988 年第 1 期。

在本区灾害的群发现象十分明显。如 1960 年，内蒙古形成西旱东涝的灾害分布，全区 53 个旗县市遭受水雹灾害，同一年风灾、霜灾、雪灾也在一些旗县发生。[①] 在本区东涝西旱或南涝北旱的现象也时有发生。灾害的群发性特征使危害程度增强，危害范围扩大，灾情连锁升级。今后在防灾过程中人们应注意到灾害的群发性及链式特征，如干旱→霜冻→虫灾的组合比较常见，因此在防御旱灾时应做好防御霜灾或虫灾的准备，以便有效地减少灾损。今后应深化对自然灾害的群发特征的研究，找出规律，防止灾情扩大。在灾害发生的原因上应重点防止由于人类不合理的活动而引发或放大自然灾害。

人类不合理的活动扩大灾情 人类不合理的活动一直就是破坏环境，引发或加重自然灾害的不容忽视的原因。如历史上曾是植被密布的科尔沁草原、鄂尔多斯等地区，由于人类的过垦过牧过伐等活动，已变得黄沙漫漫，自然环境极其脆弱。现在，人类不合理的活动仍然存在，破坏着生态环境，加重了自然灾害的侵扰。如盲目开垦土地，使生态环境恶化，降低抵御自然灾害的能力，"乌盟的商都县 1936 年耕地占总面积的 16.6%，1949 年为 23.6%，1980 年则发展到 51.9%"[②]。过多地开垦荒地，使这里成为土壤侵蚀最严重的地区之一，每遇自然灾害，对农业生产危害极大。鄂尔多斯地区盲目开垦土地的现象依然存在，人们采用迁移式的耕作方式，灾年弃荒，每次开垦土地都选择优质草场，由此造成大面积草场的破坏，加之气候条件的作用，旱灾、风灾经常发生且危害性极大，土地荒漠化现象也十分严重。本区由于人类不合理的开垦、过牧等行为破坏了草地的生产力，影响草地的质量、高度、覆盖度，出现了草场退化现象。植被的减少，使生态环境变得非常脆弱，自然灾害频繁出现。人类不合理的行为能够诱发并加重自然灾害，那么，人类主

---

① 参见王崇仁等编：《内蒙古历代自然灾害史料续辑》，内蒙古自治区人民政府参事室 1988 年编印。

② 赵焕勋、王学东：《内蒙古土壤侵蚀灾害研究》，《干旱区资源与环境》1994 年第 4 期。

动调整自身不合理的行为，对于减少灾害，保障经济社会的持续发展就具有十分重要的现实意义。

社会财富损失与经济发展阻碍　自然灾害的危害，在现代社会主要表现为社会财富的损失，对经济发展的阻碍。历史上，自然灾害造成人们生命财产的损失，其主要危害对象是人类生命，一次灾荒可以造成大量人口的死亡。在现代社会，由于生产力水平的提高，减灾能力的加强，因灾死亡人口数有所减少；只是随着经济的发展，社会财富的积累，自然灾害造成的经济损失要远大于历史时期。随着社会的进步，这种损失要逐渐增加，成为长期制约经济发展的因素。随着经济的发展今后应当加大对减灾的投资力度，对减灾的必要投入可以获得明显的经济效益。

内蒙古地区与沿海及其他内地城市相比，经济文化较为落后，摆脱贫困，只有发展经济，而本区自然灾害严重，正日益成为滞碍经济发展的重要因素。据 1981—1987 年各省市自治区平均受灾、成灾、绝收耕地面积的统计结果[①]，我区受灾面积占全国总面积的 4—6%，其中土地绝收率居各省市之首，每年由于自然灾害造成的损失达 2—4 亿元。我区经济水平本来就较为落后，加上自然灾害的破坏作用，使我区经济发展背上了沉重的灾害包袱。鉴于自然灾害对经济发展的扼制作用，在进行经济建设的同时加大减灾的投资力度就显得尤为重要。

二、减灾价值

本节立足于可持续发展维度，力求对现实减灾实践与理论研究以

---

① 参见张兰生：《中国农业自然灾害和灾情分析》，载《中国自然灾害灾情分析与减灾对策》，湖北科学技术出版社 1992 年版，第 114 页。

及对内蒙古区域可持续发展有所启示和裨益。关于减灾，1994 年 5 月，在日本横滨召开的世界减灾大会上明确定义：致灾因子为可能引起人民生命伤亡及财产损失和资源破坏的各种自然与人文因素，而灾害则是因致灾因子所造成的人员伤亡、财产损失和资源破坏情况。减灾就是减少由致灾因子而形成灾害的全过程。①

（一）草原环境的严峻现实②

滥垦　由于人口增加和短期利益驱动，许多地方在无防护措施的情况下，无计划无节制地开垦，导致土地沙化。1958 年到 1973 年，内蒙古曾出现两次开荒热，造成 2000 多万亩土地沙化。乌兰察布盟（今乌兰察布市）后山地区，人均占有耕地 0.53—0.87 公顷，而每个劳动力所要耕种的土地达 2—3 公顷，粮食单位面积的产量很低，作物亩产在 50 公斤左右。乌兰布和沙漠，在 1964 年调查时，尚有固沙植物梭梭林 2200 平方公里，占沙漠总面积的 17%，现在却已残存无几了。在哲里木盟（今通辽市）科左后旗潮海乡，20 世纪 60 年代后期粮食平均亩产曾达到 700 公斤；到了 80 年代中期，该地 80% 的土地沙漠化，黄沙把 15 年前丰衣足食的年景埋没得干干净净。新中国成立以来，我国被开垦的草原面积达 2700 平方公里，其中 1/3 因沙漠化失去生产力。

滥牧　沙区草场牧畜超载率为 50%—120%，有些地方甚至超过 300%，超载放牧使草场大面积退化、沙化。内蒙古草原牧草平均高度由 70 年代的 70 厘米下降到目前的不足 25 厘米，亩产量由 20 世纪 60 年代的 109 公斤下降到 80 年代的 43 公斤。伊克昭盟（今鄂尔多斯市）所属的伊旗、东胜市、达旗和准旗，1990 年天然草地超载率为 170.6%，

---

① 参见赵济、陈传康主编：《中国地理》，高等教育出版社 2002 年版，第 301 页。
② 参见包庆德：《内蒙古荒漠化现状分析与对策研究》，《内蒙古社会科学》2002 年第 6 期。

其中准旗达 331.7%。内蒙古牧区 90 年代初草场适宜饲养量为 4420 万只羊单位，1998 年年中内蒙古大牲畜与羊合计总头数达到 6201 万头，根据这些数据计算各类牲畜折合羊单位已达到约 9500 万头。其草原载畜量 1988 年为 1.03 只/公顷，1998 年为 1.17 只/公顷。在 80 年代基础上，90 年代草原载畜量又增加了 14%。

滥伐 荒漠化地区燃料缺乏，由于生活贫困、交通不便，煤炭难以购进，农牧民主要以天然植物和畜粪为燃料。而荒漠化地区现有薪炭林面积 2470 平方公里，每年能提供 594 万公斤薪材，仅占实际薪材需求总量 4189 万公斤的 14.2%，缺额巨大。如果缺额完全来自天然植被，每年将破坏草原 23.6 万平方公里，相当于该地区草原总面积的 9%。据伊克昭盟（今鄂尔多斯市）统计，全盟每年砍伐沙蒿、沙柳等估计 5 亿公斤以上，从 20 世纪 60 年代到 80 年代的 20 年中，因滥樵而使草原沙化和退化的面积达 2000 平方公里。滥伐林木使大量最宝贵的荒漠植被遭到破坏。吉兰泰镇 70 年代以来，因当地居民乱砍滥伐，使盐湖西北 105 万亩天然林减少到 30 万亩左右。由于失去植被保护，我国最大的盐生产基地——吉兰泰盐场 5.6 万亩盐矿床，已有一半被流沙埋没。

滥采 沙区滥采中药材，搂发菜以及无序采矿工程建设的问题十分突出，使大量植被遭到破坏，直接导致土地荒漠化。据国家林业局初步测算，内蒙古等地现在已有 2 亿亩草场，因挖发菜而遭到严重破坏。近十年来，来自各地达二百万左右人次的挖发菜者，非法进入内蒙古大草原挖掘发菜，涉及的草场面积约为 2.2 亿亩，遍布内蒙古中西部的锡盟、乌盟、巴盟、伊盟、阿盟等地区。到目前为止，掠夺性的发菜挖掘已经致使当地的 0.6 亿亩草原遭到完全破坏而沦为荒漠化地带，其余一亿多亩草原也遭到严重破坏，目前正处于沙化过程中。这 2 亿亩草原占内蒙古大草原总面积的 18% 左右，对保持生态平衡起着相当重要的作用。草原总面积的急剧减少，导致剩余草场加重了超载放牧的趋势，更加剧了整个草原的破坏。内蒙古为此每年损失近三十亿元，而由此导致或衍生的其他生态灾害和经济损失不可估量。

（二）减灾与可持续发展

可持续发展观的提出，是人类反省传统的发展模式，反思淡漠的生态意识以及极端的人类沙文主义的思维定式，面对人类生存环境的恶化、社会持续发展的受挫而作出的旨在协调并规范人与自然、人与人之间的复杂关系的必然而又最优化选择。

可持续发展的孕育 "可持续发展"这一概念最初由是生态学家提出来的。1972 年联合国环境会议秘书长 M. 斯特朗最初提出"生态发展"一词，后改为"可持续发展"。[①]"可持续发展"一词在国际文件中最早出现于 1980 年 3 月由国际自然保护同盟（IUCN）在世界野生生物基金（WWF）的支持下制定发表的《世界自然资源保护大纲》。该报告首次提到"可持续发展"一词，并明确要求各国政府改变目前开发和保护脱节的做法，把两者有机地联系起来。1981 年美国世界观察所所长布朗的《建设一个可持续发展的社会》一书问世。在该著作中，布朗首次论述可持续发展的思想，提出将控制人口增长，保护资源基础和开发再生能源作为实现可持续发展的三大途径，并探讨了可持续发展社会过渡的问题。

可持续发展的含义 1983 年 12 月，联合国第 38 界大会通过 38/161 号决议，决定成立世界环境与发展委员会。1984 年 10 月，世界环境与发展委员会正式成立。挪威前首相布伦特兰夫人任主席。联合国要求该组织以"持续发展"为纲领，制订"全球的变革日程"。布伦特兰集中了世界上最优秀的环境与发展方面的专家于 1987 年 2 月完成了报告《共同的未来》（1987 年 4 月出版，世界知识出版社 1989 年汉译版译为《我

---

① 参见陈昌笃：《社会、经济发展与生态平衡》，《北京大学学报》1997 年第 3 期。

们共同的未来》)。① 该报告首次系统全面地阐述了"可持续发展"的概念和内涵，正式提出可持续发展的理论，并将其定义为："既满足当代人的需要，又不对后代人满足其需要的能力构成危害的发展。它包括两个重要的概念：'需要'的概念，尤其是世界上贫困人民的基本需要，应将此放在特别优先的地位来考虑；'限制'的概念，技术状况和社会组织对环境满足眼前和将来需要的能力施加的限制。"② 问题是，在以西方为主体的当代学界关于可持续发展以及生态伦理学的相关论述中，经常出现"人类"、"我们"等全称或泛称指谓，面对如此无差别主体的笼统表述，从现实实践格局审视，对其合理的哲学追问便是：谁是"人类"，谁是"我们"，有无抽象的"人类"和"我们"？现实的情形是："人类"已被具体划分为 200 多个国家和地区及各自的领海领空，"我们"亦分属在不同的国家和地区。只有关注现实的多极主体的实践关系，探讨可持续发展问题才有现实的出发点和真实的落脚点。

可持续发展的实质　这里所谓的多极主体，是指"现实的、肉体的、站在坚实的呈圆形的地球上呼出和吸入一切自然力"③ 并处于一定的社会关系之中从事交往实践活动的人（们）。理论地把握，它既包括同一时期不同空间区域的现实的显在的不同个体主体（如作为自然存在物、社会存在物和有意识的存在物相统一的个人）和群体主体（如民族、国家等），又包括不同时期不同空间范围的当代人以及可能的潜在的主体——未来人，但以当代主体之间的关系为主。这是因为当代人与后代人并不生活在同一时间之中，他们不可能构成现实的矛盾。就是说，如果把可持续发展协调的多极主体的利益理解为当代人与后代人关系的处理，而不强调在这个问题上当代人之间的矛盾，那就把问题简单化了；

① 参见包庆德：《更新与转换：可持续发展与人类发展观的嬗变》，《内蒙古大学学报》2001 年第 2 期。

② 世界环境与发展委员会：《我们共同的未来》，世界知识出版社 1989 年版，第 19 页。

③ 《马克思恩格斯文集》第 1 卷，人民出版社 2009 年版，第 209 页。

因为现实而具体的当代人之间的关系远比理论而抽象的当代人与后代人的关系复杂。漠视生存于不同空间区域的"当代人（特别是作为弱势群体的发展中国家或欠发达地区的当代人）的需要"的"满足"，把人们的关注力抽象空洞地引向"后代人"从而妄谈所谓的可持续发展本身的做法，是符合可持续发展的公平性原则的吗？① 此外，我们认为，就可持续发展本身而言，尽管包括的方面颇多，呈现出纷繁复杂的态势，但它的实质与方向只有一个——生态化！换言之，生态化是可持续发展的实质与方向。生态化渗透、辐射并统摄可持续发展的方方面面。其中理论地把握，人的观念特别是人思维的生态化，是可持续发展的关键；人的实践活动特别是科学技术的生态化，是可持续发展的手段；人的社会特别是生产方式与生活方式的生态化，是可持续发展的目标与目的。②

减灾与可持续发展　可持续发展要求的是人口、资源、环境和社会协调持续的发展，遵从代内公平与代际公平的原则，不仅要求经济的可持续发展，还要求生态资源的持续利用和环境系统的有序循环支撑，以及整个人类社会的全面进步。在 1992 年召开的联合国环境与发展大会上，制定了《21 世纪议程》，提出了全球可持续发展的战略框架。至此可持续发展问题成为全球共识，《21 世纪议程》的颁布为可持续发展模式的全面实施提供了政治承诺。随后，中国政府也制定了《中国 21 世纪议程》，规定可持续发展的战略目标是"建立可持续发展的经济体系、社会体系和保持与之相适应的可持续利用的资源和环境基础"。中国作为发展中国家，面临发展经济的迫切任务，各项改革措施正在深入进行；可持续发展战略的提出及其实际操作的运行，使中国肩负的历史责任更加沉重。减灾工作的深入开展，必然减少自然灾害带来的损失，保

---

① 参见包庆德：《生态伦理及其实践格局》，《内蒙古大学学报》2004 年第 1 期。

② 参见包庆德：《理想与现实：可持续发展观分类与比较》，《自然辩证法研究》2001 年第 5 期。

证可持续发展的顺利实现，由此也必将对自然灾害的理论研究及实际操作予以较多的关注，以将其侵害降低到最低限度。减灾与可持续发展之间意义关系重大，可持续发展思想为减灾提供有力的思想支撑，而减灾是可持续发展得以实现的重要保障。二者互相促进，才可能实现减灾与可持续发展的最终目的。

（三）减灾与经济效益

1987 年 12 月 11 日第 42 届联合国大会，通过了 169 号决议，确定从 1990—2000 年为"国际减轻自然灾害十年"，其活动宗旨是通过国际上的一致行动，把当今世界上特别是发展中国家由于自然灾害造成的人民生命财产损失及其对经济社会发展的影响减少到最低的程度。至此减灾也同样成为国际社会的关注点。

减灾与《中国 21 世纪议程》 中国特别是内蒙古是自然灾害多发、易发、重发的地区。自然灾害威胁人民生命财产的安全，制约了经济的发展，并且恶化了生态环境，不利于自然资源的持续利用。同时，由于人口密集及工农业生产的发展加大了灾害的侵害，灾情不断升级，影响了整个经济社会的进步。《中国 21 世纪议程》将防灾减灾列入经济社会可持续发展战略之中，并提出"提高对自然灾害的管理水平、加强防灾减灾体系建设、减轻自然灾害损失、减少人为因素诱发、加重自然灾害"三项方案。表明中国已经注意到减灾与经济社会发展间的意义关系。

减灾与经济效益的提高 减灾工作的深入开展，必然减少自然灾害带来的经济损失，保证经济发展社会进步的顺利实现；可持发展战略的深入人心及实际操作的进行，必将对自然灾害的理论研究及实际操作予以较多的关注。减灾与经济效益之间关系重大，经济发展为减灾提供有力的物质基础支撑，而减灾是经济效益得以实现的必要环节和重要保障。换言之，减灾工作的正常运行，必将带来经济效益的提高。虽然减灾本身并不能产生利润，对减灾的投入是一种负向投入，但减灾的价值体现在经济效益与社会效益的提高，减灾利于增产。

自然灾害对人类生命财产、社会财富造成的灾损数目是触目惊心的。我国每年要有 1/3 的新增国民生产总值被自然灾害所吞噬。另据中国科学院《1999 年中国可持续发展战略报告》研究表明，从区域生态水平看，山西、内蒙古、福建、广西、四川、贵州、西藏、陕西、青海、新疆 11 个省区的生态破坏，损失高于或抵消当年新增国民收入，出现严重的生态赤字，其中，内蒙古、西藏、新疆三区的生态损失是新增 GDP 的 7—8 倍。[①] 减灾的投入与灾损数目相比要小得多，对减灾的必要的投入可以取得很大的经济效益，一般而言，"对减灾的投入与减灾效益比可达 1∶10、1∶20 或更高"[②]。鉴于这种投入与产出的比例，应加大对减灾的投入力度，采取兴建减灾工程、保持水土、植树造林、增强对减灾教育及科学技术方面的投入等一些形式，推进减灾工作的开展。灾害保险就是一项保证减灾效果的有益投入，灾害保险一改往日国家单方面救灾的不利局面，调动国家、集体、个人的救灾积极性，增强救灾的经济实力，保证灾后迅速恢复生产，避免经济发展的断层，取得良好的经济效益与社会效益。

减灾与区域经济的发展　减灾有利于经济效益的提高，对发展区域经济，摆脱贫困具有重要的作用。内蒙古地区在治理生态环境方面也取得了一定的经济效益，"全区用于生态环境保护与建设的投入累计达 60 多亿元，平均每平方公里生态环境保护和建设投入约 3 万元"，"1997 年在遭受特大旱灾的情况下，全区粮食总产量仍达到 142.1 亿公斤，牲

---

① 参见包庆德：《生态哲学操作：西部资源环境与经济生态三题》，《自然辩证法研究》2002 年第 2 期。

② 中国科学院地学部：《关于减轻我国自然灾害的建议》，载《中国自然灾害灾情分析与减灾对策》，第 4 页。

畜总头数在 7112 万头（只）"[1]。可见减灾也是增加财富的一种方式，加大对减灾的投入，保证减灾工作的顺利运行，减少自然灾害造成的经济损失将有利于经济效益的提高，保证经济与社会可持续发展。

（四）减灾与生态环境

可持续发展不仅要求经济持续稳定的发展，社会的全面进步，还注重自然资源的可持续利用和生态环境系统的有序循环支撑。自然资源是国民经济和社会发展的重要物质基础，也是可持续发展得以顺利实现的物质保障。

草原生态与生产力要素　就内蒙古地区的区域特征而言，草场和牲畜是游牧经济生产的最为基本的有机构成要素。依马克思生产力理论的文本理解，生产力实体性的基本要素有三个，即劳动对象、劳动资料和劳动者。前两者又可合称为生产资料，它们构成生产力的物的要素。参照游牧经济的生产力构成，可以看到草场是劳动对象，进而构成游牧经济最大最广的生产资料。[2]就游牧经济而言，"所谓历史，从生态学的观点看，就是人与土地之间发生的相互作用的结果，换言之，即主体环境系统的自我运动的结果。决定这种运动的形式的各种主要因素中，最重要的是自然的因素。"[3]

马克思说，劳动是一切财富的源泉这句话是"在劳动具备相应的对象和资料的前提下是正确的"[4]，并进一步指出，自然界是"一切劳动资

---

① 刘明祖：《搞好生态环境保护和建设，实现经济可持续发展》，《内蒙古日报》1998年 3 月 21 日第 1 版。

② 参见包庆德：《游牧生态经济的生态哲学观》，《生态经济》2001 年增刊。

③ ［日］梅棹忠夫：《文明的生态史观》，王子今译，三联书店上海分店 1988 年版，第166 页。

④ 《马克思恩格斯文集》第 3 卷，人民出版社 2009 年版，第 428 页。

料和劳动对象的第一源泉"①。恩格斯也阐发这一思想："政治经济学家说：劳动是一切财富的源泉。其实，劳动和自然界在一起才是一切财富的源泉，自然界为劳动提供材料，劳动把材料转变为财富。"② 马克思曾更直接说："土地是一切生产和一切存在的源泉"③；"经济的再生产过程，不管它的特殊的社会性质如何，在这个部门（农业）内，总是同一个自然的再生产过程交织在一起。"④ 马克思还指出，使劳动有较大生产力的自然条件，可以说是"自然的赐予，自然的生产力"。⑤ 正是在这个意义上我们不得不肯定，包括草原生态在内的自然环境是生产力发展的构成要素和前提条件。

减灾与环境保护生态建设　自然灾害的存在既是对生态系统的破坏，也是对自然资源的损害，更不利于自然资源的可持续利用和人类生存、生活和生产的生态化发展。减灾工作的积极推行将不仅有利于生态环境的优化，而且从某种意义上可以说，这本身就是对环境资源的有效保护，甚至就是对生态系统的自觉建设。由此保证可持续发展的顺利进行。

自然灾害的破坏性导致水资源匮乏、草原退化、土地沙化、盐碱化、水土流失、森林锐减等问题的出现。以水资源为例，我国北方地区干旱灾害严重，有"十年九旱"之说。内蒙古地区也常年受干旱的困扰，旱灾是本区常见灾害，持续的干旱天气使水资源严重不足，地表径流减小甚至断流，地下水位下降，湖泊萎缩。而水资源的缺乏不利于农牧业经济的发展，农业受干旱的困扰严重，生产力较低，产量不稳定；只在灌溉条件良好的西辽河平原、河套平原、土默川平原等地，农业生产较

① 《马克思恩格斯文集》第 3 卷，人民出版社 2009 年版，第 428 页。
② 《马克思恩格斯文集》第 9 卷，人民出版社 2009 年版，第 550 页。
③ 《马克思恩格斯选集》第 2 卷，人民出版社 1972 年版，第 109 页。
④ 《马克思恩格斯文集》第 6 卷，人民出版社 2009 年版，第 399 页。
⑤ 《马克思恩格斯全集》第 26 卷第 1 分册，人民出版社 1972 年版，第 22 页。

为稳定。在本区，土地沙化、盐碱化问题严重，草场退化、森林资源减少，这些生态问题的存在进一步扼制了农牧业经济的发展。加强对减灾的投入，保护和治理生态环境，将有利于生态系统的恢复，抵御自然灾害的侵扰。

减灾与生物资源保护　生物资源在保护环境方面的价值远大于其经济价值，"在芬兰森林的环境价值与木材值的比例为 3∶1，美国的这一比例为 9∶1"[①]。我国森林覆盖率极为有限，远低于 30% 这一抵御自然灾害的最低覆盖率。并且我国森林受到病虫害、火灾等灾害的威胁，1987 年大兴安岭森林火灾，过火林地面积达 114 万公顷，损失严重。植树造林，增加森林覆盖率，采取必要的防范措施减少自然灾害的侵害，不仅有利于生态环境的优化，还有明显的经济效益。

总之，应加强对减灾工程与非工程方面的投入，减少自然灾害对自然资源的损耗，并注重保护和治理生态环境，使其恢复平衡，从而为经济社会的可持续发展提供有力的资源支撑和生态环境保障。

三、未来抉择

当代社会，生态环境破坏严重，自然灾害愈演愈烈，直接威胁着人类的生存和可持续发展。反思历史，正视现实，我们的减灾工作存在着资金投入明显短缺、理论研讨严重不足、减灾科技较为落后、减灾体系尚未建立等一系列问题，使我国的减灾工作落后于国际水平，这与灾害频发大国的基本格局和经济社会发展的迫切需要是极不相称的。因此，

---

① 王书明、蔡文学：《地球系统环境变化的人为因素——全球问题与可持续发展研究》，《生态环境保护》1997 年第 4 期。

积极有效地推行减灾工作是经济社会可持续发展的必然选择。应提高综合减灾能力，建立科学系统的减灾对策，使减灾工作的推行既符合长远利益，又具有现实可行性，既具有宏观决策上的指导作用，又有微观层次的可操作性，使减灾工作真正有利于可持续发展的实现。

（一）减灾规划与减灾投入

将减灾工程纳入国家、地区的社会经济总体规划之中，有利于从宏观上指导减灾工作，使其取得良好的减灾效益。《中国 21 世纪议程》明确提出"制定国家的减灾总体规划，并将其纳入国家社会经济发展的总体规划之中，使经济建设与减灾工作协调进行"。减灾在国民经济的发展过程中起着非常重要的作用。各省市自治区也应制定符合地方特色的减灾规划，并使减灾规划更为具体、深入、可行。将减灾纳入国民经济和社会发展的总体规划之中，就要加大对减灾的必要投入，在国家和地方财政中抽取一定比例的资金用于减灾建设，对减灾的必要投入将取得可观的经济效益和社会效益。"按我国近年因灾害损失状况估计，如果通过减灾活动逐步减少 20%—30% 的损失，就等于每年为国家增加 10—200 亿元收入。"①

减灾的必要投入可以减少因灾造成的损失，而且可以减轻救灾的压力。自然灾害不仅使我国每年新增国民生产总值的 1/3 流失，而且每年用于救灾和灾后重建的投入也极为可观，"近年来，民政部和财政部每年都要拨出 10 亿元左右的救灾款和几十亿公斤粮食，保障灾民的生活"②。1998 年夏季洪水灾害，国家仅向内蒙古地区就拨救济款 3.43 亿

① 中国科学院地学部：《关于减轻我国自然灾害的建议》，载《中国自然灾害灾情分析与减灾对策》，第 3 页。
② 孙玉科、甘子钧：《灾害研究与减灾对策》，载《中国自然灾害灾情分析与减灾对策》，第 104 页。

元。① 在今后的减灾工作中，应改变被迫被动的"马后炮"型的救灾抗灾投入为积极主动的防范化解型的防灾减灾投入，使有限的资金发挥更大的减灾效用，换取更多更好更可观的经济社会效益和生态环境效益。对减灾的投入应注重工程建设和非工程建设的并重，除投资兴建、改建各种减灾设施外，还要注重对减灾科技、教育、宣传、立法、保险等方面的投入，使减灾工作全面开展，使其走上规范化、制度化和法制化的道路。宜未雨而绸缪，勿临渴而掘井。

内蒙古地区自然灾害较为严重，而减灾工作在决策、组织、机构、人员、科技等方面存在着许多问题。今后应加强对自然灾害的研究，依据自然灾害存在发生的特征、规律，划分出不同的灾害类型区，针对本区农牧业经济发展的重点，全面制定具体的减灾规划，加大减灾投资力度。应对重灾、易灾区予以格外关注，如内蒙古广大牧区的草场保护与生态建设问题，特别是还地区的旱灾以及蝗灾、雪灾、和火灾等比较常见的灾害问题；本区农牧交错地区，生态环境脆弱，自然灾害频繁发生，草场退化，土地三化现象普遍存在，对这一类灾区应增加投资力度，增加防灾、抗灾工程建设，同时有计划地恢复生态环境，控制人口数量合理安排农牧业生产。通过制定减灾规划的短期和中长期目标，改善受灾状况，以促进本区农牧业经济的发展。

（二）减灾时序与减灾体系

减灾是一项复杂的系统工程，需要调动各部门、各地区、各行业的力量，发挥减灾的综合效能。减灾工程要注重灾前防御、抗灾及灾后救治各环节在减灾过程中的重要作用，将三者统一起来，形成系统、科

---

① 参见周维德：《关于我区抗洪救灾工作情况的报告》，《内蒙古日报》1998 年 10 月 6 日。

学、正规的减灾体系。

灾前防御是减灾过程中十分有效的前瞻性环节，它可以有效地减轻自然灾害带来的损失，以较小的投入获得较大的收益。灾前防御包括防灾工程的建设即新的防御设施的兴建及老化失修工程的重建维修工作。对减灾工程的兴建应充分考虑其减灾效益及环境效益，使工程在投入使用后能具有实用价值。另外，工业设施、建筑物及自然资源的开发等工程都要考虑到自然灾害的因素，避免由于不合理的人类活动引发或加重自然灾害。例如，对自然资源的开发应远离自然灾害风险区，尤其是生态环境脆弱地带更应禁止对土地的不合理的开发利用。综合评价自然资源开发的经济效益与可能带来的自然灾害的损失，合理开发利用自然资源。在防灾建设中，还应加大对防灾科技、教育等一些方面的投入，以便更大地发挥防灾的综合效用。

抗灾过程中发挥主要作用的就是抗灾工程，如水利工程、防震工程等在抵御灾害袭击过程中起了关键性的防护作用。今后应注重抗灾工程的兴建和维修，以减小灾害带来的损失。在抗灾过程中要协调组织好各方面力量投入到抵御灾害的过程中。加强国家与地方的联系，统一领导，协调各部门工作，发挥科学技术在减灾中的作用，争取用最少的人员、物资、资金投入取得抗灾的实际效果。

灾后救治与重建关系到灾民的实际生活及生产的恢复，亦是减灾过程中关键的环节。灾后救治需要国家和灾区政府的大力支持及全国各地的支援，安排灾民的灾后生活，防止疫情发生，努力恢复生产，稳定社会秩序。灾后重建工作应做出科学的安排，避免在灾害多发地区重新兴建住宅、厂房，这样可以减轻社会对灾害的放大作用，以减轻灾害带来的损失。开展灾害保险业务也是救灾的有益之举，减轻国家压力，增加救灾资金，迅速恢复生产，有利于灾区灾后重建工作。发挥防灾、抗灾和救灾各环节在减灾中的作用，建立系统科学的减灾体系，有利于减少自然灾害的损失，从而服务于社会可持续发展这一战略。

（三）灾害管理与政府职责

中国政府积极响应联合国"国际减灾十年"的精神，于 1989 年 4 月 21 日正式成立了中国国际减轻自然灾害十年委员会。中国国际减灾十年委员会的成立，有利于国家发挥减灾核心的作用，密切与各级政府特别是减灾部门的关系，以便宏观统筹安排各项减灾工作。但从目前的情况看，我国减灾工作比较分散，形成单个灾种分别管理的减灾体系，这不利于减灾工作的统一管理、协调运行。如何将这些分散经营的减灾部门统一协调行动，是建立以社会为中心的减灾统一管理体制的关键。《中国 21 世纪议程》也将"促进灾害管理方式由部门、区域、环节、学科相分离的封闭式的单项管理向综合、系统、协调式的管理方向发展"作为提高对自然灾害管理水平的一个目标。今后国家应加强对分散的减灾部门的协调管理，避免不必要的重复和浪费，使减灾管理工作走上社会化、科学化的轨道。

各级政府在减灾工作中的作用尤为关键。他们不仅要在防灾、抗灾、救灾过程中发挥积极领导作用，还要密切与国家的联系，使上级单位更精确地了解灾情，以提供科学的援助。政府对减灾工作的重视程度直接影响着各地区减灾工作的开展及本地区社会经济的发展。鉴于政府部门在减灾工作中的突出作用，各级政府应将更多的精力投入到减灾方面，以推动减灾工作的全面发展。内蒙古地区也应大力发展减灾工作，发挥政府部门的领导作用，尽快建立本区的减灾委员会，统一领导，协调各部门工作，使本区的减灾工作能有新突破，在促进农牧业经济发展中发挥积极的作用。

（四）防灾意识与人才培养

减灾活动是一项全社会的活动，全民防灾意识的提高对减灾工作的顺利开展极为有益。加强减灾宣传教育的形式多种多样，可以借助广播、电视、报刊等宣传媒体，也可以举办社会性的减灾宣传活动，如开办知识讲座、示范临灾演习等一些形式，使社会公众直接或间接地了解自然灾害，掌握防御自然灾害的应急方法，既培养减灾意识又积累了一定的减灾知识。

各级政府领导者在减灾工作中是主要的决策人员。决策者灾害意识较强，有必要的组织管理减灾活动的能力，将会有效地指挥防、抗、救等一系列减灾活动，使减灾工作卓有成效。因此要加强各级行政领导者的减灾教育，进行定期的培训，使他们掌握一定的减灾知识。各级领导者应最终树立一种减灾及发展经济的历史责任感。对减灾专业人员的教育、培训，有利于提高他们的业务水平，有效地减轻自然灾害。对减灾人员中科技工作者的培养尤为重要。应该制定一定的优惠政策，吸引更多的年轻人加入减灾科技队伍的行列。在救灾工作中要培养专业救灾队伍，除此之外，可成立群防组织，增强快速应变能力，以提高救灾工作的有效性。

减灾教育除普及减灾知识、培养公民灾害意识、加强减灾专业队伍建设以外，还应大力加强减灾的法制建设，使防灾、抗灾的各项工作都能够有法可依，使中国的减灾真正走上法制化的轨道。

内蒙古地区经济文化较为落后，自然灾害严重，对灾害意识的培养显得尤为重要。一些地区的农牧业生产仍采用粗放式的生产经营方式，受自然灾害干扰强烈。除大力发展经济，变粗放式生产经营为集约式生产经营以外，还应加强对本区的防灾教育，尤其应加强对农牧区减灾知识教育，通过农村广播，村办讲座或科技人员下乡等形式，大力普及减灾知识，使人们增强减灾意识，树立战胜各种自然灾害的信心，以达到减少灾害损失的目的。今后应大力加强减灾的宣传教育，注重对群众及各级行政领导人员的减灾教育、培养减灾专业人员，使减灾真正成为社会化的事业。

（五）减灾技术与能力建设

加强对自然灾害的科学理论研究，提高减灾技术的实际操作能力，发挥科学技术在减灾中的重要作用。现代科学技术在减灾中正日益发挥着重要的作用，依据科技减灾可以取得良好的减灾效果。目前一些先进的科学技术如卫星航天技术、遥感技术、计算机和通信技术、信息处理技术、人工减灾技术等，在减灾中已得到应用，并取得了良好的经济效益和社会效益。新中国成立后我国减灾科技水平有了较大提高，但仍存在许多问题，与国际先进水平有一定的差距。加强自然灾害的理论研究，提高减灾技术的可操作性，是今后减灾工作的一项重要任务。

加强自然灾害的基础理论研究，应协调各研究部门的工作，进行横向联系，学科交叉协作，共同致力于灾害的理论研究。目前，灾害学、灾害地理学、灾害经济学、灾害社会学等一些边缘学科已经产生。通过研究自然灾害的历史，自然灾害现状，灾害的发生规律、特性与成因等，预测灾害的未来演化趋势，分析灾害对社会经济发展的影响，为减灾工作提供强有力的理论依据。减灾技术的研制、推行应注重科学性及实用性，加强高科技在防灾、抗灾、救灾各环节的重要作用，同时注意各地区自然灾害的特征，发展区域性的减灾技术。在对减灾技术研制过程中，资金有限是面临的一项困难。国家与地方政府应多渠道筹措资金，以加大对减灾科技的投资力度。在国民经济和社会发展规划中应有一定比例的减灾技术研制经费，除此之外，应依靠社会筹集资金。可将减灾技术开发经费纳入企业生产成本之中，或从减灾工程建设中抽取一定份额的资金用于技术研制，也可以采取技术入股的方式，增加减灾科技研制开发所需资金。由此使减灾科技有坚实的经济后盾，从而更好地发挥其在减灾中的作用。

内蒙古地区依靠科技进步，使减灾工作取得了一定的成效，但仍未充分发挥科技在减灾中的关键作用。该区自然灾害严重，尤其是气象灾害对农牧业生产威胁极大，针对这一灾害特色，应重点发展监测和预报技术，以提高监测和预报的准确性。另外，要在农牧业生产中注重对减灾技术的应用，例如对于干旱灾害，应发展节水灌溉农业，提高水资源的利用率，推行抗旱保墒耕作技术、节水栽培技术，利用"座水种"、覆盖地膜等。该区生态环境问题严重，应依靠科技加强治理，以缓解本区土地沙漠化、盐碱化、水土流失、草原退化等问题，改善生态环境。针对地区自然条件，可开发利用太阳能、风能等技术，以减轻环境资源的压力，恢复生态平衡。今后该区应加大对科技的投资力度，注重科学技术的研究、开发和应用推广，使科学技术在减灾中发挥更大的作用。

在此仅以现代风能为例。1973 年和 1979 年的石油价格暴涨之后，现代风能工业于 20 世纪 80 年代初在美国的加利福尼亚诞生。全世界利用风能在 1995—2000 年间增长近 3 倍。今天丹麦用电量的 15% 来自风力。在德国最北部的石勒苏益格—荷尔斯泰因州这个数是 19%，而在这个州中的有些地方则达到 75%。西班牙用电量的 22% 来自风力。若论绝对发电量——以 2000 年部分国家风能发电容量为例——德国世界领先，为 6113 兆瓦；美国占第二位，为 2554 兆瓦；西班牙为 2250 兆瓦；丹麦为 2140 兆瓦；印度也已达到 1670 兆瓦。中国的风力利用有很大潜力。单靠风力这种潜力，如能挖掘，就足可使全国的发电量增加一倍。[1]

(六) 环境管理与对策创新

建构生态经济运行机制　在揭示内蒙古地区历史与现实的各类灾害的基础上，应拓展灾害治理的新思路。其中最为关键的是要努力建构符

---

[1]　[美] 莱斯特·R. 布朗：《生态经济——有利于地球的经济构想》，林自新等译，东方出版社 2002 年版，第 116—117 页。

合内蒙古地区的生态经济运行机制。首先，在内蒙古地区发展高效农牧业。现代高新技术的创新为我们努力探索遵循生态系统结构趋向合理，环境有序功能发挥正常，资源环境成本代价较低和经济社会效率效益较高的新路子提供了可能。其次，在还要特别注重集约利用资源。传统的掠夺性、粗放型和外延式的各类自然资源使用模式应该结束，我们在集约利用资源的过程中把许多再生资源的再生时间过程、再生空间范围、再生数量规模和再生质量效果解放出来。最后，更重要的一点还在于，灾害防治是利在当代、造福子孙的伟大事业，必须充分依靠人民群众的积极性；而要充分调动人民群众治理荒漠化的积极性，应该而且必须坚持物质利益原则，以经济杠杆和市场机制引导治理各类灾害，增加农民经济收入，尽快走上脱贫致富之路。换句话说没有经济效益就没有积极性，没有生态效益就没有草原环境的治理。因此我们力主建构生态经济运行机制，就是为了达到经济效益和生态效益的有效统一和有机结合。

提升生态安全责任意识　在新的历史条件下，生态安全已成为国家安全的重要有机构成。由于现实的内蒙古地区荒漠化蔓延和沙尘暴肆虐，已直接影响到经济社会安全、生态环境安全和民族团结发展等国家安全问题；因此要把防治荒漠化等生态灾害提升到维护国家安全的高度来认识，增强紧迫感、使命感和责任感。做到对内蒙古地区灾害的有效防范和科学治理，在操作上，应明确责、权、利，特别是将这一点纳入领导干部政绩业绩考核体系，同时加大法律监督和执法力度。如果责、权、利不明晰，很容易导致或出现所谓的"公用地悲剧"。① 因此，各级领导要牢固地树立起生态安全责任意识，从指导思想上克服先发展后治理的倾向，牢固树立起环境与发展并重的新的科学发展理念。当前在草原生态灾害防治问题上要尽快建立审计制度，对林草植被破坏严重，导

---

① 参见包庆德：《生态哲学操作：西部资源环境与经济生态三题》，《自然辩证法研究》2002 年第 2 期。

致生态环境继续恶化，荒漠化和沙化不断扩展地区的主要领导实行一票
否决制；对林草植被恢复良好，生态环境明显改善，灾害防治卓有成效
地区的主要领导要委以更大的责任，及时提拔重用。本着向最广大人民
群众和子孙后代负责的精神，建立起有效的考核指标体系、监控制约机
制和奖赏激励机制。由此在操作层面上有效制止滥垦、滥牧、滥伐、滥
采，尽快形成突出重点、整体推进的草原环境治理新格局，有效推进经
济社会与资源环境的可持续发展。

设立生态特区加快建设　内蒙古草原环境形势严峻、危害严重，已
成为中华民族的心腹大患、切肤之痛。为此，结合西部开发加强基础设
施、环境保护和生态建设这一千载难逢的历史机遇，同时根据我国改革
开放和现代化建设取得举世瞩目的成就，综合国力显著增强的有力支
撑，建议设立中国西部特别是北方生态建设特区，加快生态环境建设，
实现山川秀美目标。

从内蒙古地区的实际出发，形成国家、地方和农户共同投资的草原
环境治理制度。全国防沙治沙工程涉及 598 个县，"八五"期间总投资
1.1 亿元，平均每年每个县投入仅 4—5 万元，每公顷投入 34.5—42 元；
而像内蒙古地区特别是荒漠化地区的造林成本，20 世纪 80 年代约为每
公顷 225 元，90 年代上升到每公顷 750 元，一些经济发展较快地区甚
至达到每公顷 1500—3000 元。投入与实际需要差距极大，造林及其后
期扶育和管理均没有保障。由此看来，现有草原环境治理的投资体制必
须改变。考虑到内蒙古地区由于经济发展水平不高，社会生产力水平低
下，地方财政普遍困难，贫困人口比重较高，群众承受能力偏低，往往
自我积累和自我发展能力较弱，而如果没有大量的资金投入和国家的支
持，要使草原环境有大的改观是相当困难的。国家在草原环境治理问题
上具有不可替代的作用。因此，必须建立以国家投入为主的投资机制，
把草原环境治理工程纳入国家生态特区建设规划，立项投资；地方按一
定比例配套部分资金；群众投工投劳获取报酬。同时积极向社会融资，

争取国际组织的资助以及农牧民的广泛参与等来增加投入。

　　加强对荒漠化地区的科技支持和科学管理。国家除了资金投入外，还应加强科学技术的投入力度，制定生态特区优惠政策，培养、培训、吸引人才，鼓励东中部地区的林业技术人才到西部工作或开展合作和兼职，大力开发实用技术，特别是名优特新良种的培育技术，耐旱耐盐碱树种选育技术，集水保墒技术，高附加值经济树种的栽培与加工利用技术，防治病、虫、火、鼠等方面的重大技术。[1] 同时强化科学管理制度，制定防治荒漠化的法律法规，尽快出台《荒漠化防治法》，加强荒漠化防治工作的协调监督和组织领导，强化领导干部目标责任制。

　　设立生态特区加快建设，国家应出台对包括内蒙古地区在内的草原环境治理与开发的一系列优惠政策；对所有生态工程建设项目实行招标制审批，合同制管理，公司制承包，股份制经营，滚动式发展机制，自主经营，自负盈亏，独立核算；建立生态效益补偿制度。[2] 这样坚持不懈地干下去，内蒙古地区灾害的有效防范和科学治理才能有真实的立足点。

---

① 参见黄鹤羽：《关于防治荒漠化的对策研究》，《新华月报》2000 年第 7 期。
② 参见樊胜岳等：《中国荒漠化治理的模式与制度创新》，《中国社会科学》2000 年第 6 期。

参 考 文 献

历 史 资 料

[1] 包银海校注：《理藩院则例》（蒙文版），道光本，民族出版社 2006 年版。

[2]（北齐）魏收：《魏书》，中华书局 1975 年版。

[3] 常非撰：《天主教绥远教区传教简史》，内蒙古大学图书馆藏抄本，1962 年版。

[4] 陈炳光：《清代边政通考》，内蒙古图书馆藏本 1934 年版。

[5] 陈高佣等编：《中国历代天灾人祸表》（全二册），上海书店 1986 年版。

[6]（汉）司马迁：《史记》，中华书局 1959 年版。

[7]（汉）班固：《汉书》，中华书局 1975 年版。

[8]（后晋）刘昫：《旧唐书》，中华书局 1986 年版。

[9] 寄湘渔父：《救荒六十策》，文海出版社 1885 年版。

[10] 翦伯赞等主编：《中外历史年表》，中华书局 1991 年版。

[11]（晋）陈寿：《三国志》，中华书局 1975 年版。

[12] 李德贻：《北草地旅行记》，《中国西北文献丛书》第四辑，西北民俗文献。

[13] 李廷玉：《旅蒙日记》，《满蒙丛书》本。

[14] 卢梦兰：《悯灾竹枝词》，载（清）阿克达春、文秀等纂修《清水河厅志》，成文出版社 1967 年版。

[15]《明实录》，中央研究院历史语言研究所校刊，明和美术印刷厂印，1966年版。

[16]（明）宋濂：《元史》，中华书局1976年版。

[17] 祁寯藻：《马首农言》，载道光《秦晋农言》，中华书局1957年版。

[18]《钦定大清会典》，光绪二十五年1899年石印本。

[19]《钦定大清会典事例》，商务印书馆1908年版。

[20]《清代理藩院资料辑录》，全国图书馆文献编微中心1988年版。

[21]（清）德溥撰：《丰镇县志书》，学生书局1967年版。

[22]《清朝续文献通考》（全四册），浙江古籍出版社2000年版。

[23]（清）乾隆官修：《清朝文献通考》（全二册），浙江古籍出版社2000年版。

[24]《清实录》，中华书局第2—12册1985年版，第1、13—42册1986年版，第43—60册1987年版。

[25]（清）张廷玉等撰：《明史》，中华书局1974年版。

[26] 瞿九思：《万历武功录·卷8·俺答列传下》，台北广文书局1961年版。

[27]（宋）范晔：《后汉书》，中华书局2007年版。

[28]（宋）郭茂倩：《乐府诗集》，上海古籍出版社1998年版。

[29]（宋）欧阳修：《新唐书》，中华书局1975年版。

[30]（宋）司马光：《资治通鉴》，中华书局1976年版。

[31]（唐）房玄龄：《晋书》，中华书局1974年版。

[32]（唐）李延寿：《北史》，中华书局1983年版。

[33]《天主教绥远地区传教简史》，政协内蒙古自治区文史资料委员会1987年版。

[34] 王先谦：《东华录》，上海古籍出版社2008年版。

[35] 席裕福：《皇朝政典类纂》，光绪二十八年本。

[36] 贻谷：《蒙垦陈诉供状》，《中国近代农业史资料》（第一辑），三联书店1957年版。

[37]（元）马端临等：《文献通考》（全二册），中华书局1986年版。

[38]（元）脱脱：《宋史》，中华书局1977年版。

[39]（元）脱脱：《辽史》，中华书局1974年版。

[40]（元）脱脱：《金史》，中华书局1975年版。

[41] 张福廷：《察绥之森林》，《开发西北》第三卷第一、二期，西北协会民国24年版。

[42] 张集馨：《道咸宦海见闻录》，中华书局1981年版。

[43] 张鹏翮：《奉使俄罗斯行程录》，中华书局1991年版。

[44] 赵而巽等撰:《清史稿》,中华书局 1976 年版。

[45] 中国第一历史档案馆编:《光绪朝朱批奏折》第 100 辑,中华书局 1996 年版。

[46] 周颂尧:《绥灾视察记》,绥远赈务会印 1929 年版。

[47] 朱寿朋:《光绪朝东华录》,中华书局 1958 年版。

地 方 志

[1] 巴林左旗志编辑委员会编:《巴林左旗志》,巴林左旗林东印刷厂 1985 年版。

[2] 包头市地方志办公室、包头市档案馆、内蒙古社科院图书馆合编:《萨拉齐县志》,远方出版社 2009 年版。

[3] 承德民族师范高等专科学校《承德府志》校点组:《光绪朝重订承德府志》,辽宁民族出版社 2006 年版。

[4] 戴锡章编:《西夏纪》,宁夏人民出版社 1988 年版。

[5] 德溥纂辑:《丰镇厅新志》,光绪七年本。

[6] 钟秀、张曾:《归绥识略》,内蒙古人民出版社 2007 年版。

[7]《归绥县志》,远方出版社 2012 年版。

[8]《怀安县志》,中国社会出版社 1994 年版。

[9]《集宁县志》,成文出版社 1968 年版。

[10]《嘉庆重修大清一统志·山西省》,上海书店 1984 年版。

[11]《口北三厅志》,成文出版社 1968 年版。

[12] 梁方仲:《中国历代户口、田地、田赋统计》,上海人民出版社 1980 年版。

[13] [民国] 马福祥修:《朔方道志·卷 1·天文志》,上海古籍出版社 1991 年版。

[14] 内蒙古图书馆编:《武川县志略》,远方出版社 2009 年版。

[15] 内蒙古师范大学图书馆编:《归化城厅志》(上、中、下三册),远方出版社 2011 年版。

[16] 内蒙古图书馆编:《土默特旗志》,远方出版社 2009 年版。

[17] 潘复:《调查河套报告书》,京华书局 1923 年版。

[18] [清] 阿桂等编纂:《盛京通志》,辽海出版社 1997 年版。

[19] [清] 阿克达春,文秀等纂修:《绥远省清水河厅志》,成文出版社 1967 年版。

[20] [清] 王轩等纂修:《山西通志》,中华书局 1990 年版。

[21] 沈云龙主编:《察哈尔通志》,文海出版社 1966 年版。

[22]《绥远省归绥县志》,1934 年北平文嵐簃印。

[23] 绥远通志馆编纂:《绥远通志稿》,内蒙古人民出版社 2007 年版。

[24]《万会县志》,四川辞书出版社 1995 年版。

[25]《五原厅志稿》(全二册),江苏广陵古籍刻印社 1982 年版。

[26] (清) 夏之璜:《塞外橐中集》,《入塞橐中集》卷 3,清乾隆 19 年 (1754 年) 刻本。

[27]《新修清水河厅志·仓储》,远方出版社 2008 年版。

[28] 许容等监修:《甘肃通志·卷 24·祥异》,文海出版社 1966 年版。

[29] 杨溥:《察哈尔口北六县调查记》,著者自刊 1933 年版。

[30] (清) 谷应泰:《明史纪事本未·卷 58·议复河套》(内部发行),中华书局 1977 年版。

[31]《张北县志》(全二册),成文出版社 1968 年版。

国 内 著 作

[1] 阿岩、乌恩:《蒙古族经济发展史》,远方出版社 1999 年版。

[2] 敖文蔚:《中国近代社会与民政》,武汉大学出版社 1992 年版。

[3] 包文汉等整理:《蒙古回部王公表传》第一辑,内蒙古大学出版社 1998 年版。

[4] 陈栋生:《西部大开发与可持续发展》,经济管理出版社 2001 年版。

[5] 陈耳东:《河套灌区水利简史》,水利电力出版社 1998 年版。

[6] 陈桦:《清代区域社会经济研究》,中国人民大学出版社 1996 年版。

[7] 陈万金、信乃诠主编:《中国北方旱地农业综合发展与对策》,中国农业科技出版社 1994 年版。

[8] 陈文科等:《农业灾害经济学原理》,山西经济出版社 2000 年版。

[9] 陈志仁、李忠孚、王映荣等：《内蒙古历代自然灾害史料》（上下册），1982 年。

[10] 成崇德主编：《清代边疆开发》上册，山西人民出版社 1998 年版。

[11] 成崇德主编：《清代西部开发》，山西古籍出版社 2002 年版。

[12] 崔海亭、陈开瑛：《生态过渡带与气候变化》，海洋出版社 1993 年版。

[13] 达力扎布：《明代漠南蒙古历史研究》，内蒙古文化出版社 1997 年版。

[14] 邓拓：《中国救荒史》，北京出版社 1998 年版。

[15] 丁一汇、王守荣主编：《中国西北地区气候与生态环境概论》，气象出版社 2001 年版。

[16] 杜家骥：《清朝简史》，福建人民出版社 1997 年版。

[17] 额尔德尼编：《蒙古学论著索引》（1986—1995 年），辽宁民族出版社 1997 年版。

[18] 范宝俊主编：《灾害管理文库》，当代中国出版社 1999 年版。

[19] 复旦大学历史地理研究中心主编：《自然灾害与中国社会历史结构》，复旦大学出版社 2001 年版。

[20] 甘肃水旱灾害编委会编：《甘肃水旱灾害》，黄河水利出版社 1996 年版。

[21] 钢格尔主编：《内蒙古自治区经济地理》，新华出版社 1992 年版。

[22] 高文学主编：《中国自然灾害史总论》，地震出版社 1997 年版。

[23] 顾颉刚、史念海：《中国疆域沿革史》，商务印书馆 1999 年版。

[24] 郭书田主编：《中国草地生态研究》，内蒙古大学出版社 1989 年版。

[25] 郭松义、李新达、杨珍：《中国政治制度通史·清代》，人民出版社 1996 年版。

[26] 郭学德等：《百年大灾大难》，中国经济出版社 2000 年版。

[27] 郝维民主编：《内蒙古近代简史》，内蒙古大学出版社 1990 年版。

[28] 河北省旱涝预报课题组：《海河流域历代自然灾害史料》，气象出版社 1985 年版。

[29] 胡鞍钢等：《中国自然灾害经济发展》，湖北科学技术出版社 1997 年版。

[30] 胡鞍钢等：《中国自然灾害与经济发展》，湖北科学技术出版社 1998 年版。

[31] 黄河流域及西北片水旱灾编委会编：《黄河流域水旱灾害》，黄河水利出版社 1996 年版。

[32] 黄丽生：《由军事征掠到城市贸易：内蒙古归绥地区的社会经济变迁》（14 世纪中至 20 世纪初），台湾师范大学历史研究所民国 84（1995）年印行。

[33] 黄万纶、邰霖主编：《中国少数民族地区生态经济研究》，中央民族大学出版社 1994 年版。

[34] 蓝勇编：《中国历史地理学》，高等教育出版社 2002 年版。

[35] 李博主编:《内蒙古鄂尔多斯高原自然资源与环境研究》,科学出版社 1990 年版。

[36] 李锦、罗凉昭等:《西部生态经济建设》,民族出版社 2001 年版。

[37] 李文海等:《近代中国灾荒纪年》,湖南教育出版社 1990 年版。

[38] 李文海等:《近代中国灾荒纪年续编》,湖南教育出版社 1993 年版

[39] 李文海等:《中国近代十大灾荒》,上海人民出版社 1994 年版。

[40] 李文海:《世纪之交的晚清社会》,中国人民大学出版社 1995 年版。

[41] 李文治编:《中国近代农业史资料》第一辑,三联书店 1957 年版。

[42] 李心纯:《黄河流域与绿色文明——明代山西河北的农业生态环境》,人民出版社 1999 年版。

[43] 刘海源主编:《内蒙古垦务研究》第一辑,内蒙古人民出版社 1990 年版。

[44] 刘继纯编著:《人类灾难全纪录》(上下卷),兵器工业出版社 2001 年版。

[45] 刘纪有、张万荣主编:《内蒙古鼠疫》,内蒙古人民出版社 1997 年版。

[46] 刘兴全、刘秀兰、赵心愚等:《中国西部开发史话》,民族出版社 2001 年版。

[47] 罗桂环等主编:《中国环境保护史稿》,中国环境科学出版社 1995 年版。

[48] 罗桂环、舒俭民:《中国历史时期的人口变迁与环境保护》,北京工业出版社 1995 年版。

[49] 骆继宾等:《中国自然灾害灾情分析与减灾与对策》,湖北科学技术出版社 1992 年版。

[50] 马大正等:《二十世纪中国边疆研究》,黑龙江教育出版社 1998 年版。

[51] 马汝珩、成崇德主编:《清代边疆开发》(上下册),山西人民出版社 1990 年版。

[52] 马汝珩等:《清代的边疆政策》,中国社会科学出版社 1994 年版。

[53] 马汝珩、马大正主编:《清代边疆开发研究》,中国社会科学出版社 1990 年版。

[54] 马宗晋主编:《中国重大自然灾害及减灾对策·分论》,科学出版社 1993 年版。

[55] 马宗晋主编:《中国重大自然灾害及减灾对策·总论》,科学出版社 1994 年版。

[56] 孟昭华:《中国灾荒史记》,中国社会出版社 1999 年版

[57] 牧寒编:《内蒙古盐业史》,内蒙古人民出版社 1987 年版。

[58] 《内蒙古历代自然灾害史料续编》,内蒙古自治区人民政府参事室 1988 年版。

[59] 内蒙古畜牧经济研究会编:《蒙古族经济发展史研究》,第一集 1987 年版;第二集 1988 年版。

[60] 内蒙古档案馆编:《内蒙古自治区档案馆指南》,内蒙古人民出版社 1991 年版。

[61] 内蒙古自治区档案馆编:《清末内蒙古垦务档案汇编》绥远、察哈尔部分,内蒙古人民出版社 1999 年版。

[62] 内蒙古自治区畜牧厅修志编史委员会编:《内蒙古畜牧业发展史》,内蒙古人民出版社 2000 年版。

[63] 内蒙古自治区畜牧厅修志编史委员会编纂:《内蒙古畜牧业大事记》,内蒙古人民出版社 1997 年版。

[64]《内蒙古史志资料选编》第二辑,内蒙古地方志编纂委员会总编 1985 年版。

[65] 内蒙古自治区历史档案资料目录中心编:《内蒙古自治区历史档案全宗概览》,远方出版社 1999 年版。

[66] 牛敬忠:《近代绥远地区的社会变迁》,内蒙古大学出版社 2001 年版。

[67] 齐木德道尔吉、巴根那编:《清太祖太宗世祖朝蒙古史史料抄》,内蒙古大学出版社 2001 年版。

[68] 钱钢、耿庆国主编:《二十世纪中国重灾百录》,上海人民出版社 1999 年版。

[69] 乔志强主编:《中国近代社会史》,人民出版社 1992 年版。

[70] 秦国经:《中华明清珍档指南》,人民出版社 1994 年版。

[71] 任美锷主编:《中国自然地理纲要》,商务印书馆 1992 年版。

[72] 萨·那日松(宝音)编著:《蒙古文档案业发展简史》,内蒙古人民出版社 1999 年版。

[73] 色音:《蒙古游牧社会的变迁》,内蒙古人民出版社 1998 年版。

[74] 陕西减灾协会编:《陕西省重大自然灾害综合研究及防御对策》,陕西科学技术出版社 1993 年版。

[75] 申曙光:《灾害生态经济学研究》,湖南教育出版社 1992 年版。

[76] 沈斌华:《内蒙古经济发展史札记》,内蒙古人民出版社 1982 年版。

[77] 史培军、田广金等:《中国北方资源开发与环境研究》,海洋出版社 1992 年版。

[78] 史志宏:《清代前期的小农经济》,中国社会科学出版社 1994 年版。

[79] 世界环境与发展委员会:《我们共同的未来》,世界知识出版社 1989 年版。

[80] 宋乃工主编:《中国人口》(内蒙古分册),中国财政经济出版社 1987 年版。

[81] 宋正海等:《中国古代自然灾异动态分析》,安徽教育出版社 2002 年版。

[82] 宋正海等：《中国古代自然灾异群发期》，安徽教育出版社 2002 年版。

[83] 宋正海总主编：《中国古代重大自然灾害和异常年总集》，广东教育出版社 1992 年版。

[84] 孙金铸、陈山主编：《内蒙古生态环境预警与整治对策》，内蒙古人民出版社 1994 年版。

[85] 谭其骧主编：《中国历史地图集》第八册，地图出版社 1987 年版。

[86] 忒莫勒撰：《建国前内蒙古方志考述》，内蒙古大学出版社 1998 年版。

[87] 王宏昌：《中国西部气候——生态演替：历史与展望》，经济管理出版社 2001 年版。

[88] 王文辉：《内蒙古气候》，气象出版社 1990 年版。

[89] 王玉海：《发展与变革——清代内蒙古东部由牧向农的转型》，内蒙古大学出版社 2000 年版。

[90] 王子平：《灾害社会学》，湖南人民出版社 1998 年版。

[91] 卫建林：《历史没有句号》，北京师范大学出版社 1997 年版。

[92] 乌日吉图主编：《内蒙古大事记》，内蒙古人民出版社 1997 年版。

[93] 乌云毕力格等编著：《蒙古民族通史》第四卷，内蒙古大学出版社 1993 年版。

[94] 夏明方、康沛竹主编：《20 世纪中国灾变图史》（上下册），福建教育出版社、广西师范大学出版社 2001 年版。

[95] 夏明方：《民国时期自然灾害与乡村社会》，中华书局 2000 年版。

[96] 辛培林、张凤鸣、高晓燕主编：《黑龙江开发史》，黑龙江人民出版社 1999 年版。

[97] 信乃诠主编：《农业气象学》，重庆出版社 2001 年版。

[98] 邢野主编：《内蒙古自然灾害通志》，内蒙古人民出版社 2001 年版。

[99] 叶新民等：《简明古代蒙古史》，内蒙古大学出版社 1993 年版。

[100] 亦邻真：《亦邻真蒙古学文集》，内蒙古人民出版社 2001 年版。

[101] 菅光耀、李晓峰主编：《穿越风沙线——内蒙古生态备忘录》，中国档案出版社 2001 年版。

[102] 余新忠：《清代江南的瘟疫与社会》，中国人民大学出版社 2003 年版。

[103] 袁林：《西北灾荒史》，甘肃人民出版社 1994 年版。

[104] 袁森坡：《康雍乾经营与开发北疆》，中国社会科学出版社 1991 年版。

[105] 云峰主编：《内蒙古水利工作手册》，内蒙古人民出版社 1997 年版。

[106] 张海仑主编：《中国水旱灾害》，中国水利水电出版社 1997 年版。

[107] 张兰生主编：《中国生存环境历史演变规律研究》，海洋出版社 1993

年版。

[108] 张丕远主编：《中国历史气候变化》，山东科学技术出版社 1996 年版。

[109] 张文喜等整理：《蒙荒案卷》，吉林文史出版社 1990 年版。

[110] 张研：《清代经济简史》，中州古籍出版社 1998 年版。

[111] 张永江：《清代内蒙古的生态环境、经济类型与社会变迁》，北京师范大学 2001 年，博士后研究报告。

[112] 赵济、陈传康主编：《中国地理》高等教育出版社 1999 年版。

[113] 中国第一历史档案馆编：《明清档案论文选编》，档案出版社 1985 年版。

[114] 中国第一历史档案馆编：《明清档案与历史研究》（上下册），中华书局 1988 年版。

[115] 额尔敦布和、恩和、［日］双喜主编：《内蒙古草原荒漠化问题及其防治对策研究》，内蒙古大学出版社 2002 年版。

[116] 中国科学报社编：《国情与决策》，北京出版社 1990 年版。

[117] 中国科学院地震工作委员会历史组编：《中国地震资料年表》上册，科学出版社 1956 年版。

[118] 中国科学院：《1999 年中国可持续发展战略报告》，科学出版社 2000 年版。

[119] 中国科学院：《2000 年中国可持续发展战略报告》，科学出版社 2001 年版。

[120] 中国科学院：《2001 年中国可持续发展战略报告》，科学出版社 2002 年版。

[121] 中国科学院：《2002 年中国可持续发展战略报告》，科学出版社 2003 年版。

[122] 中国科学院：《2003 年中国可持续发展战略报告》，科学出版社 2004 年版。

[123] 中央气象局气象科学研究院：《中国近五百年旱涝分布图集》，地图出版社 1981 年版。

[124] 周清澍主编：《内蒙古历史地理》，内蒙古大学出版社 1994 年版。

[125] 周清澍：《元蒙史札》，内蒙古大学出版社 2001 年版。

[126] 朱殿英主编：《黑龙江省 240 年旱涝史》，黑龙江科技出版社 1991 年版。

国 外 译 著

[1] [巴西] 约绪·德·卡斯特罗:《饥饿地理》,黄秉镛译,三联书店 1959年版。

[2] [波斯] 拉施特:《史集》第二卷,余大钧、周建奇译,商务印书馆 1985年版。

[3] [丹麦] 亨宁·哈士纶:《蒙古的人和神》,徐孝祥译,新疆人民出版社1999年版。

[4] [德] 汉斯·萨克塞:《生态哲学:自然—技术—社会》,文韬等译,东方出版社 1991 年版。

[5] [俄] 阿·马·波兹德捏耶夫:《蒙古及蒙古人》第二卷,刘汉明译,内蒙古人民出版社 1983 年版。

[6] [俄] 符拉基米尔佐夫:《蒙古社会制度史》,刘荣焌译,中国社会科学出版社 1980 年版。

[7] [法] 魏丕信:《18 世纪中国的官僚制度与荒政》,徐建青译,江苏人民出版社 2003 年版。

[8] [美] 莱斯特·R.布朗:《生态经济:有利于地球的经济构想》,林自新等译,东方出版社 2002 年版。

[9] [日] 后藤富男(后藤十三雄):《内陆亚洲游牧民社会研究》,吉川弘文馆1968 年版。

[10] [日] 后藤富男(后藤十三雄):《蒙古的游牧社会》,生活社 1942 年版。

[11] [日] 后藤十三雄:《蒙古游牧社会》,布林译,内蒙古自治区蒙古族经济研究会。

[12] [日] 菊池杜夫:《鄂尔多斯汉人殖民史》,《内陆亚细亚》第一辑。

[13] [日] 矢野仁一:《蒙古近代史研究》,京都弘文堂 1925 年版。

[14] [日] 田山茂:《清代蒙古社会制度》,潘世宪译,商务印书馆 1987 年版。

[15] [日] 梅棹忠夫著:《文明的生态史观》,王子今译,三联书店上海分店1988 年版。

[16] 苏联/蒙古人民共和国合编:《蒙古人民共和国通史》第一卷,翁独健、邝平章译,科学出版社 1957 年版。

[17] 项英杰等著:《中亚:马背上的文化》,浙江人民出版社 1993 年版。

[18]［意］马可·波罗：《马可·波罗游记》，福建科学技术出版社 1982 年版。

[19]［印度］阿马蒂亚·森：《贫困与饥荒：论权利与剥夺》，王宇、王文玉译，商务印书馆 2001 年版。

[20]［英］汤因比：《历史研究》上册，郭小凌译，上海人民出版社 1985 年版。

[21]［英］A.J. 汤因比、［日］池田大作：《展望二十一世纪：汤因比与池田大作对话录》，荀春生等译，国际文化出版公司 1985 年版。

[22]［英］罗杰·珀曼等：《自然资源与环境经济学》，侯元兆主编，中国经济出版社 2002 年版。

[23]［英］杰弗里·巴勒克拉夫：《当代史学主要趋势》，杨豫译，上海译文出版社 1987 年版。

[24]［英］P. 巴斯克特、R. 韦勒主编：《灾害医学》，张建平译，人民军医出版社 1992 年版。

经 典 著 作

[1] 恩格斯：《自然辩证法》，人民出版社 1971 年版。
[2]《马克思恩格斯选集》第 3 卷，人民出版社 1995 年版
[3]《马克思恩格斯选集》第 4 卷，人民出版社 1995 年版
[4]《马克思恩格斯全集》第 23 卷，人民出版社 1972 年版。
[5]《马克思恩格斯全集》第 24 卷，人民出版社 1972 年版。
[6]《马克思恩格斯全集》第 26 卷第 1 分册，人民出版社 1972 年版。
[7]《马克思恩格斯全集》第 39 卷，人民出版社 1974 年版。
[8]《马克思恩格斯文集》，人民出版社 2009 年版。

期 刊 论 文

[1] 白拉都格其：《关于清末对蒙新政同移民实边的关系问题》，《内蒙古大学学

报》1988 年第 2 期。

　　[2] 包红梅:《清代内蒙古地区灾荒初探及其意义》,内蒙古大学 1999 年硕士学位论文。

　　[3] 包庆德:《内蒙古荒漠化现状与对策研究》,《中国社会科学文摘》2003 年第 1 期。

　　[4] 包庆德:《内蒙古地区灾荒研究的背景及其意义》,《黑龙江民族丛刊》2003 年第 4 期。

　　[5] 包庆德:《清代内蒙古地区灾荒研究之述评》,《中央民族大学学报》2003 年第 5 期。

　　[6] 包庆德:《清代内蒙古地区灾荒研究概况》,《中国史研究动态》2004 年第 4 期。

　　[7] 包庆德:《生态哲学操作:西部资源环境与经济生态三题》,《自然辩证法研究》2002 年第 2 期。

　　[8] 卜风贤:《中国农业灾害史研究综述》,《中国史研究动态》2001 年第 2 期。

　　[9] 蔡运龙:《全球气候变化下中国农业的脆弱性与适应对策》,《地理学报》1996 年第 3 期。

　　[10] 曹树基:《鼠疫流行与华北社会的变迁 (1580—1644)》,《历史研究》1997 年第 1 期。

　　[11] 陈安丽:《论康熙对蒙古政策产生的历史背景和作用》,《内蒙古大学学报》1999 年第 3 期。

　　[12] 陈昌笃:《社会、经济发展与生态平衡》,《北京大学学报》1997 年第 3 期。

　　[13] 陈育宁:《鄂尔多斯地区沙漠化的形成和发展述论》,《中国社会科学》1986 年第 2 期。

　　[14] 陈玉琼、高建国:《中国历史上死亡一万人以上的重大气候灾害的时间特征》,《大自然探索》1984 年第 4 期。

　　[15] 陈玉琼:《中国近五百年的干旱》,《农业考古》1988 年第 1 期。

　　[16] 崔向新等:《土默特川旱涝基本规律的研究 (摘要)》,《内蒙古林学院学报》1995 年第 1 期。

　　[17] 达力扎布:《清初察哈尔设旗问题考略》,《内蒙古大学学报》1999 年第 1 期。

　　[18] 邓亦兵:《清代前期周边地区的粮食运销》,《史学月刊》1995 年第 1 期。

　　[19] 刁书仁:《论乾隆朝蒙地的封禁政策》,《史学集刊》1996 年第 4 期。

　　[20] 董云英:《明代漠南地区灾荒研究及其意义》,内蒙古大学 2000 年硕士学位论文。

[21] 额尔德尼编：《蒙古学论文资料索引》（1949—1985），《内蒙古社会科学》1989 年第 6 期。

[22] 方修琦：《从农业气候条件看我国北方原始农业的衰落与农牧交错带的形成》，《自然资源学报》1999 年第 3 期。

[23] 方修琦：《内蒙古呼和浩特及邻区历史灾情序列的初步研究》，《干旱区资源与环境》1989 年第 3 期。

[24] 方修琦、张兰生：《我国北方农牧交错带 3500a.B.P 的降水突变事件研究》，《北京师范大学学报》（自然科学版）1989 年增刊。

[25] 高和平等：《内蒙古农牧交错地区耕地资源及其开发利用》，《自然资源》1995 年第 2 期。

[26] 葛剑雄、华林甫：《二十世纪的中国历史地理研究》，《历史研究》2002 年第 3 期。

[27] 呼格吉勒：《论清朝前期呼和浩特土默特地区土地的使用状况》，《内蒙古师大学报》1992 年第 2 期。

[28] 胡锦涛：《在内蒙古考察工作结束时的讲话》，《行政管理动态》2003 年第 1 期。

[29] 湖涛：《内蒙古雪灾及减轻其损失对策》，《干旱区资源与环境》1989 年第 3 期。

[30] 华林甫：《2000 年中国历史地理研究概述》，《中国史研究动态》2001 年第 9 期。

[31] 华林甫：《清代以来三峡地区水旱灾害的初步研究》，《中国社会科学》1999 年第 1 期。

[32] 况浩林：《评说清代内蒙古地区垦殖的得失》，《民族研究》1985 年第 1 期。

[33] 蓝勇：《从天地生综合研究角度看中华文明东移南迁的原因》，《学术研究》1995 年第 6 期。

[34] 李保文译：《天命天聪年间蒙古文档案译稿》上中下，《历史档案》2001 年第 3、4 期，2002 年第 1 期。

[35] 李凤飞：《清代对水患与生态环境关系的认识》，《光明日报》1998 年 9 月 4 日第 7 版。

[36] 李世奎：《我国北部农牧过渡带沙漠化发生的气候原因及其防治对策》，《农业现代化研究》1987 年第 1 期。

[37] 李文海：《清末灾荒与辛亥革命》，《历史研究》1991 年第 5 期。

[38] 李向军：《清代救灾的制度建设与社会效果》，《历史研究》1995 年第 5 期。

[39] 李向军：《清代前期的荒政与吏治》，《中国研究生院学报》1993 年第 3 期。

[40] 梁景之:《自然灾害与古代北方草原游牧民族》,《民族研究》1994 年第 3 期。

[41] 刘明祖:《搞好生态环境保护和建设,实现经济可持续发展》,《内蒙古日报》1998 年 3 月 21 日第 1 版。

[42] 卢琦、吴波:《中国荒漠化灾害评估及其经济价值核算》,《中国人口·资源与环境》2002 年第 2 期。

[43] 马永山:《清朝关于内蒙古地区禁垦政策的演变》,《社会科学辑刊》1992 年第 5 期。

[44] 马宗晋、高庆华:《中国 21 世纪的减灾形势与可持续发展》,《中国人口·资源与环境》2001 年第 2 期。

[45] 满志敏:《气候变化对历史上农牧过渡带影响的个例研究》,《地理研究》2000 年第 2 期。

[46] [美] 赵冈:《人口、垦殖与生态环境》,《中国农史》1996 年第 1 期。

[47] 宝玉:《蒙旗垦务档案史料选编》上下,《历史档案》1985 年第 4 期、1986 年第 1 期。

[48] 牛敬忠:《北洋军阀统治时期绥远的匪患》,《内蒙古师大学报》1993 年第 4 期。

[49] 牛敬忠:《近代绥远地区的灾荒》,《内蒙古大学学报》,2000 年第 3 期。

[50] 牛敬忠:《清代常平仓、社仓的社会功能》,《内蒙古大学学报》1991 年第 1 期。

[51] 牛文元:《生态环境脆弱带的基础判定》,《生态学报》1989 年第 2 期。

[52] 沈斌华:《近代内蒙古的人口及人口问题》,《内蒙古大学学报》1986 年第 2 期。

[53] 史培军等:《晋陕蒙接壤区环境演变及环境动态监测研究》,《自然资源》1995 年第 5 期。

[54] 史培军:《中国北方农牧交错带的降水变化与"波动农业"》,《干旱区资源与环境》1989 年第 3 期。

[55] 史培军:《论环境古地理学》,《干旱区资源与环境》1989 年第 2 期。

[56] 史培军、方修琦、赵烨、金争平:《内蒙古"金三角"地区近 500 年来降水与温度变化的研究》,《中国北方资源环境与区域开发研究》,《干旱区资源与环境》1989 年增刊。

[57] 史培军等:《国内外自然灾害研究综述及我国近期对策》《干旱区资源与环境》1989 年第 3 期。

[58] 苏维虎:《晋陕蒙接壤区的环境演变及其对区域开发影响的分析》,《干旱

区资源与环境》1989 年增刊。

[59] 孙金涛：《内蒙古草原的畜牧业气候》，《地理研究》1988 年第 1 期。

[60] 孙喆：《清前期蒙古地区的人口迁入及清政府的封禁政策》，《清史研究》1998 年第 2 期。

[61] 王书明、蔡文学：《地球系统环境变化的人为因素：全球问题与可持续发展研究》，《生态环境保护》1997 年第 4 期。

[62] 王业健：《清代中国气候变化自然灾害与粮价的初步考察》，《中国经济研究》1999 年第 1 期。

[63] 王铮等：《中国自然灾害的空间分布特征》，《地理学报》1995 年第 3 期。

[64] 吴彤、包红梅：《清后期内蒙古地区灾荒初探》，《内蒙古社会科学》1999 年第 3 期。

[65] 夏明方：《从清末灾害群发期看中国早期现代化的历史条件—灾害与洋务运动研究之一》，《清史研究》1998 年第 1 期。

[66] 行龙：《中国近代人口分布及其流迁》，《史学月刊》1988 年第 3 期。

[67] 行龙：《人口压力与清中叶社会矛盾》，《中国史研究》1992 年第 4 期。

[68] 延军平：《减灾决策教育与灾害地理学》，《南京大学学报》1991 年（自然灾害研究专集）。

[69] 晏路：《康熙、雍正、乾隆时期的赈灾》，《满族研究》1998 年第 3 期。

[70] 杨志荣：《内蒙古大青山调海角子地区全新世气候与环境重建研究》，《生态学报》2001 年第 4 期。

[71] 叶依能：《清代荒政述论》，《中国灾史》1998 年第 9 期。

[72] 余新忠：《20 世纪以来明清疾疫史研究述评》，《中国史研究动态》2002 年第 10 期。

[73] 张波等：《中国农业自然灾害历史资料方面观》，《中国科技史料》1992 年第 3 期。

[74] 张瑾瑢：《清代档案中的气象资料》，《历史档案》1982 年第 2 期。

[75] 张兰生、方修琦等：《我国北方农牧交错带的环境演变》，《地学前缘》1997 年第 4 期。

[76] 张植华：《近代内蒙古牧区生产关系及其对生产力的束缚》，《内蒙古大学学报》1989 年第 4 期。

[77] 张植华：《清代至民国时期内蒙古地区蒙古族人口概况》，《内蒙古大学学报》1982 年第 3、4 期。

[78] 赵焕勋、王学东：《内蒙古土壤侵蚀灾害研究》，《干旱区资源与环境》1994 年第 4 期。

[79] 赵毅：《清代蒙地政策的阶段性演化》，《东北师大学报》1993 年第 1 期。

[80] 赵之恒：《清初内蒙古地区流民问题析论》，《内蒙古师范大学学报》2000 年第 6 期。

[81] 方裕谨：《康熙初年有关屯垦荒地御史奏章》，《历史档案》1990 年第 1 期。

[82] 唐益年、李国荣、韩永福：《清代档案与清史修撰》，《清史研究》2002 年第 3 期。

[83] 方裕谨：《顺治八年黄河及其支流河工题本》，《历史档案》1987 年第 4 期。

[84] 张莉：《雍正清理钱粮亏空案史料》上下，《历史档案》1990 年第 3、4 期。

[85] 王澈：《雍正元年垦荒史料选》，《历史档案》1990 年第 1 期。

[86] 周荣：《康乾盛世的人口膨胀与生态环境问题》，《史学月刊》1990 年第 4 期。

[87] 周维德：《关于我区抗洪救灾工作情况的报告》，《内蒙古日报》1998 年 10 月 6 日。

[88] 周源和：《清代人口研究》，《中国社会科学》1982 年第 2 期。

[89] 邹逸麟：《明清时期北部农牧过渡带的推移和气候寒暖变化》，《复旦学报》1995 年第 1 期。

索　引

后　记

　　本书是在笔者博士论文基础之上修改而成的。在博士论文撰写和修改过程中，导师齐木德道尔吉教授给予精心指导，同时也得到了清华大学科学技术与社会研究所吴彤教授，内蒙古大学副校长张吉维教授，内蒙古大学蒙古学学院周清澍教授、郝维民教授、宝音德力根教授、白拉都格其教授、王雄教授、苏德毕力格教授、贺其叶勒图教授，中国人民大学国学院乌云毕力格教授，内蒙古大学历史与旅游文化学院包文汉教授、张久和教授、牛敬忠教授、李玉伟教授、陶继波副教授，内蒙古大学哲学学院赵东海教授、王金柱副教授，内蒙古大学图书馆王秀芬副研究馆员，内蒙古师范大学白音查干教授等专家和学者的指导和帮助。在出版过程中，人民出版社段海宝副编审作了大量细致的编校工作，我的博士生夏承伯和硕士生冯玲玲参与了具体校对工作，在此谨向他们表示衷心的感谢。

　　本书的研究还得到国家社会科学基金项目"清代以来内蒙古地区生态灾荒与经济社会发展研究"（批准号：02BMZ014）和内蒙古自治区高校人文社会科学重点研究基地暨内蒙古地区社会、历史、文化研究基地重点项目"生态哲学视野中的清代内蒙古灾荒研究"的资助，在此表示诚挚的感谢。

包庆德

2015 年 3 月 10 日